盐城滨海湿地生态系统
稳定性评价及景观模拟

田　鹏　李加林　曹罗丹　著

海洋出版社

2023年·北京

图书在版编目（CIP）数据

盐城滨海湿地生态系统稳定性评价及景观模拟 / 田鹏，李加林，曹罗丹著.
— 北京：海洋出版社，2023.11
ISBN 978-7-5210-1216-3

Ⅰ.①盐⋯　Ⅱ.①田⋯②李⋯③曹⋯　Ⅲ.①海滨—
沼泽化地—生态系统—研究—盐城　Ⅳ.① P942.533.78

中国国家版本馆 CIP 数据核字（2023）第 235389 号

责任编辑：赵　武
责任印制：安　淼

海洋出版社　出版发行

http：//www. oceanpress. com. cn
北京市海淀区大慧寺路 8 号　邮编：100081
涿州市般润文化传播有限公司印刷　新华书店经销
2023 年 11 月第 1 版　2023 年 11 月第 1 次印刷
开本：787mm×1092mm　1/16　印张：21.5
字数：390 千字　定价：150.00 元
发行部：010-62100090　总编室 010-62100034
海洋版图书印、装错误可随时退换

前　言

湿地被誉为"地球之肾"，与森林、海洋并称为地球三大生态系统，具有涵养水源、调节气候、维护生物多样性等多种生态功能。滨海湿地作为湿地的重要组成部分，位于海陆交错地带，受海陆系统交互作用影响显著，分布着包括滨海盐沼、红树林、珊瑚礁、海草或海藻床、牡蛎礁、滩涂和砂质海岸等典型生态系统，以及河口、海湾、三角洲、浅海、潟湖等复合型生态系统。滨海湿地是地球生物多样性最丰富、生产力最高、生态系统服务价值最大的生态系统。据统计，全球滨海湿地面积约 142 万 km^2，所有滨海湿地类型提供的生态系统服务价值平均约为 8944 美元 /（年·公顷），在区域物质循环、能量流动、信息传递等方面发挥着至关重要的作用。

21 世纪以来，全球工业化和城市化水平快速提升，人类活动逐渐将经济发展重心从资源日益衰减的陆地转向资源丰富的海洋。如海岸带区域已成为全球经济发展的黄金地带与海洋经济发展的前沿阵地，全球约 40% 的人口集中分布于沿海 100 km 狭窄范围内，且人口比例仍保持增长趋势。而滨海湿地作为陆海交界处，在高强度人类活动的影响下正承受着巨大的生态风险与外在冲击，加剧了全球滨海湿地生态系统的严重退化和景观格局转变。研究表明全球沿海约 50% 的盐沼湿地呈现严重退化态势，已丧失了约 35% 的红树林、29% 的海草床、30% 的珊瑚礁和 85% 的贝类礁等生物栖息地。因此，加强全球滨海湿地生态系统保护和治理迫在眉睫，已成为全球生态学家、地理学家、海洋学家、经济学家等研究的热点领域。

近年来，相关国际组织在全球范围内呼吁高度重视滨海湿地的保护与修复，其中 2015 年联合国峰会正式通过的《2030 年可持续发展议程》，明确了与滨海和海洋直接相关的可持续发展目标。联合国公布了《联合国生态系统恢

复十年（2021—2030 年）》行动计划、《联合国海洋科学促进可持续发展十年
（2021—2030 年）》等实施计划，滨海湿地保护逐渐被全球重视，滨海湿地保
护、管理和修复被提上日程。但在全球气候变化、国际环境不稳定和重大人类
活动多重胁迫下（战争、疾病、贫穷、饥饿等），滨海湿地保护和修复工作仍
面临巨大挑战。高强度开发下的海岸带区域滨海湿地正发生着显著变化，大面
积自然滨海湿地景观逐渐被养殖池塘、农田、建设用地等人工景观所占据，其
滨海湿地内部的景观格局、结构与功能发生巨大转变。滨海湿地系统内部各项
变化逐渐累积，并不同程度作用于滨海湿地系统的结构与功能，导致了滨海湿
地生态系统内部应对外在冲击的稳定性能力下降。故在人类活动对滨海湿地影
响强度愈发增长的背景下，开展滨海湿地生态系统稳定性评价可为滨海湿地制
定科学合理的湿地保护规划与政策提供重要理论与实践支撑，助力滨海湿地生
态系统保护、修复与治理。

　　中国江苏盐城市东靠黄海，拥有着 582 km 大陆海岸线、76.97 万 hm² 湿地，
湿地率达 38%，占江苏省近海与海岸湿地总面积的 56%，孕育着太平洋西岸和
亚洲大陆边缘面积最大、生态保护最好的海岸型湿地。盐城是中国东部沿海发
达地区湿地类型最齐全、连片分布面积最大和保护层级最完整的城市之一，被
誉为"东方湿地之都"。目前盐城已成为全国唯一同时拥有 2 处国家级湿地自
然保护区（江苏盐城湿地珍禽国家级自然保护区、江苏大丰麋鹿国家级自然保
护区）、2 处国际重要湿地、1 处世界自然遗产地［黄（渤）海候鸟栖息地（第
一期）］的地级市，建有九龙口、大纵湖 2 处国家湿地公园，全市受保护湿地
面积达 41.6 万 hm²、湿地保护率达 54%、自然湿地保护率达 62%，创成国际
湿地城市、国家森林城市、国家生态文明建设示范区。此外，盐城的淤泥质潮
间带湿地，是全球 8 条鸟类迁徙通道之一"东亚—澳大利西亚迁飞路线"的重
要补给站，每年约有 300 万只候鸟在盐城停歇、繁殖或越冬，位列该迁徙路线
上 1030 个保护区之首，是目前全球丹顶鹤最大的越冬地，为丹顶鹤、勺嘴鹬、
黑嘴鸥、青头潜鸭、黑脸琵鹭、麋鹿等珍稀濒危动物提供了宝贵的自然栖息
地，支撑了 17 种世界自然保护联盟濒危物种红色名录物种的生存。在 2021 年
10 月，联合国《生物多样性公约》缔约方大会第十五次会议（COP15）上，盐
城黄海湿地遗产地生态修复案例入选《生物多样性 100+ 全球特别推荐案例》，

为全球生物多样性保护树立了中国样本。充分表明了盐城滨海湿地在全球及中国湿地中的重要地位，突出其极高的研究意义。

盐城滨海湿地狭长，分布于江苏省沿海一侧，从南到北主要包括响水县、滨海县、射阳县、大丰区、东台市五个县级行政单位。盐城滨海湿地区位条件好，距离盐城市区约 40 km，通过市和乡镇道路相接。盐城道路交通发达，铁路、高速公路、国道和省道连接，沿海高速公路沟通内地与沿海，故滨海湿地内经济活动、人员信息流动频繁。沿海港口密布，主要港口包括灌河口沿线的嘴头港、海港、团港、扁担港、双洋港、横南港、陡港、新洋港、斗龙港、王港、川东港、川水港、新川港、洋口港等。盐城滨海湿地内部人类活动足迹已广泛分布，且人类活动开发利用强度越发增强，其内部植被、水质、土壤、景观格局等均发生不同程度变化，削弱着滨海湿地生态系统服务功能。

本书以江苏盐城滨海湿地为研究对象，利用盐城滨海湿地 1987—2019 年的遥感影像数据，基于研究区生态环境的土壤、植被、水质、景观格局现状特征，运用地理学、海洋学、环境与自然资源经济学、生态学和管理学等多学科相关理论，采用理论分析与实证研究相结合、时间更替与空间演化相结合、定性分析与定量研究相结合的研究方法，对盐城滨海湿地生态系统进行全面系统的研究。探究盐城滨海湿地生态系统稳定性现状、碳足迹时空变化特征及模拟未来景观格局，可为盐城滨海湿地生态系统保护、恢复与治理提供理论实践指导，并为其他全球重要滨海湿地研究提供典型案例。

本书由宁波大学东海研究院田鹏、李加林和曹罗丹负责提纲拟定、全书的汇总与写作工作。此外，田鹏、曹罗丹主要参与了第 1、2、3、4、5 章的写作，童晨主要参与了第 6、7 章的写作。钟捷和艾顺毅参与了书稿的校正和图件的修改，最后由李加林、田鹏完成了全书的统稿工作。书稿在撰写过程中参考、引用了大量的国内外文献资料，但限于篇幅未能在书中一一列出，在此谨向该文献作者表示敬意与感谢。

本书得到 NSFC—浙江两化融合联合基金项目《基于多源 / 多时相异质影像集成的滨海湿地演化遥感监测技术与应用研究》（U1609203）的资助，为在江苏盐城滨海湿地现场采样，以及滨海湿地土壤、水质、植被等信息数据获取

提供了必要的数据资料、实验条件和资金资助。揭示人类活动影响下江苏盐城滨海湿地生态系统稳定性及碳足迹特征，开展未来不同情境下滨海湿地景观格局模拟，并提出盐城滨海湿地生态系统保护与修复路径，进一步丰富和补充了滨海湿地生态系统研究工作。但该课题涉及多学科知识交叉，故仍需不同学科背景的广大学者继续探索。由于作者水平有限，加之撰写时间较短，书中难免有不足之处，敬请广大读者谅解并指正。

作者

目　录

1 绪 论

1.1 选题背景及意义

1.1.1 选题背景

湿地是介于水体与陆地的独特生态系统,处于水生、陆生生态系统的重叠扩展界面,更是作为地球三大生态系统之一[1]。湿地以其"天然蓄水库"美誉起着涵养水源、调蓄洪流、保持水土的生态作用;以其"物种基因库"美誉起着维护生态多样性、提供野生动植物栖息地和各种候鸟迁徙停留越冬地的作用;以其"人类食品库"美誉盛产各种水产品,为人类社会提供食品保障;以其"地球之肾"美誉调节地球气候、稳定海岸线、降解各种污染等,并且在保护生态环境、保持生物多样性、促进社会经济发展起着显著作用[2, 3]。故湿地的动态变化和环境问题已成为国内外专家学者的研究重点[4-6]。

滨海湿地作为湿地的重要组成部分,主要指介于海岸线浅水区域的最低潮位至最高潮位与大陆区域的过饱和状态低洼地,并受海域影响的自然综合体,是水陆交界混合作用下形成的[7]。滨海湿地拥有湿地的所有生态价值,并且还具备一些特殊价值,它不仅是各种生物的繁殖地和重要的栖息地,更是盐、泥炭、煤、铁、石油等资源的理想成矿区。滨海湿地在稳固岸线、维护区域生物系统稳定、提供物质资源等方面发挥着不可替代的作用[8, 9]。我国滨海湿地以占15%的全国总面积,承担着我国40%的人口和全国60%以上GDP产值,区域经济发展速率不断增快,人类活动对滨海湿地的开发利用强度愈发增强[9]。

湿地生态系统具有多功能性,以其具有丰富的生物多样性和最高的生态功能而著名。随着对湿地作用、功能等重要性认识的不断加深,各国学者对湿地开展广泛研究,主要集中在湿地的形成、湿地面积变化、湿地生态系统现状及未来评价、湿地生态系统服务能力评价、湿地生态风险和生态系统健康评价、湿地与周边环境和气候关系等主题。湿地生态系统稳定性是某一生态系统的基本特征，是表征区域生态系统健康、质量情况的重要环节和指标，也是当前湿地研究的热门概念、领域和内容，更是生态系统稳定性的重要研究方向。而随着工业化和城市化进程快速推进，陆地资源在高强度的经济开发利用下不断被消耗，人地矛盾、经济开发与资源有限矛盾的压力不断增长。于是海岸带及海洋的开发利用成为沿海国家和地区的战略选择，滨海湿地作为靠近海洋的屏障及前沿，首当其冲地受到较大影响[10, 11]。在人类活动的干扰下，滨海湿地的生态价值功能开始削弱，经济价值功能愈发明显，滩涂围垦、水产养殖、矿产开发、港口建设等经济利用方式加快了区域经济发展的步伐，但同时滨海湿地面积开始萎缩，生态系统服务功能下降，珍稀动植物的栖息地被破坏，生态系统的自净能力和服务能力减弱[12, 13]。

联合国政府间气候变化专门委员会（Intergovernmental Panel on Climate Change，IPCC）的报告显示，全球气温在1951—2015年间上升了0.72℃，化石能源燃烧导致的温室气体排放是其主要原因，而其中主要的温室气体——二氧化碳排放则是人类活动引起气候变化的主因[14]。在2002年前后，作为衡量温室气体排放的工具，碳足迹的定义应运而生。经过短短十几年的发展，每年以碳足迹为主题的文献都有上百篇之多，就目前的研究来看，对碳足迹的定义、方法等研究还有很大的空间。滨海湿地拥有丰富的植被、土壤、水域，蕴藏着巨大的碳，一旦遭受破坏，就会导致大量的温室气体散逸到空气中，造成严重的温室效应。而滨海湿地景观变化又会引起碳足迹的变化，但两者之间具体的作用机制如何还存在许多空白，也缺乏较为成熟的经验以供借鉴。故开展湿地生态系统稳定性评价和碳足迹研究，对于了解湿地生态系统现状、制定科学合理的湿地保护规划与政策有着极大的现实意义，将滨海湿地景观演变与碳足迹结合起来，既有利于滨海湿地的保护，也可为碳足迹研究提供新的领域方向。

盐城滨海湿地拥有太平洋西海岸、亚洲大陆边缘最大的海岸型湿地，又称为"东方湿地之都"[15]。盐城滨海湿地拥有盐城国家级珍禽自然保护区和大丰麋鹿国家级自然保护区，是丹顶鹤、黑嘴鸥、麋鹿等珍稀野生动物的重要栖息地。早期研究表明[16-18]，1987—2007年盐城滨海自然湿地面积从42.45%下降到21.44%，随着对盐城滨海湿地经济开发强度越发增大，在围垦、养殖和其他开发利用方式下，盐城滨海湿地面积和生态服务功能更是大幅下降。面对盐城滨海湿地日益退化的严峻现实，针对盐城滨海湿地生态系统结构、功能、环境、外界压力等进行生态系统稳定性评价，根据景观格局在生态系统的重要性，分析景观格局及碳足迹变化特征，为区域生态系统保护、科学合理开发利用滨海湿地提供一定的理论与实践指导。

1.1.2 滨海湿地概念、类型及分布

滨海湿地作为湿地的重要类型之一，海陆交界的地理位置特殊性、湿地各种资源的丰富性和自身生态环境的脆弱性使得对滨海湿地的研究日益频繁。国内外专家对滨海湿地的概念探讨由来已久。国内学者陆健健借鉴国际湿地保护公约内容以及英美等对湿地的界定，结合我国滨海湿地的实际，对滨海湿地进行定义，并得到湿地学者的普遍认可和采纳[19, 20]。滨海湿地的主要定义为：陆缘包括 60% 及更多湿生植物的植被区、水缘是低于海平面 6 m 的近海区域，其中含有内陆及外流江河流域内天然的，或者人工的，咸水的或者淡水的全部富水区域（不包括枯水期水深大于 2 m 的水域），无论区域里的水为流动的还是静止的、间断性的还是持续性的（图 1.1）。

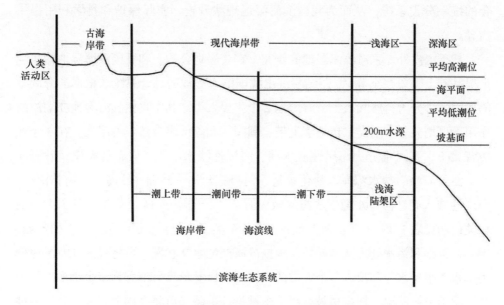

图 1.1 滨海湿地生态系统组成（钦佩等，2004）

此外，陆健健基于海潮和河间带距离，把滨海湿地分成 4 个主要的子系统及相关下一级类型，并对其具体含义进行界定，其中 4 个子系统包括潮上带淡水湿地、潮间带滩涂湿地、潮下带近海湿地、河口沙洲离岛湿地。该系统为我国滨海湿地调查研究奠定了重要基础[19, 21]。而后国内不同湿地专家根据研究区的实际情况对滨海湿地进行分类。如朱叶飞等[22]根据江苏省滨海湿地实际情况，区分景观为近海及海岸带湿地、河流湿地、鱼塘水库和河口湿地 4 个大类。沈永明等[23]在对盐城滨海湿地研究中，基于下垫面植被的分布，将其分为自然和人工景观湿地：自然景观包括光滩或潮滩、芦苇、碱蓬、茅草、互花米草和河流；人工景观主要为农田、鱼塘、盐田、干塘、建筑用地等。张绪良等[24]基于黄河三角洲植被状态，对其湿地分类成灌丛（小乔木）湿地和草本湿地 2 个亚型，柳丛湿地、柽柳丛湿地、白刺丛湿地、高草湿地等 7 个群系及 51 个群丛。孙永涛等[25]根据长江口北支湿地的成因、类型等，对湿地分为 3 级：1 级包括天然和人工湿地，2 级包括滨海、河口、沟渠和坑塘湿地，3 级包括淤泥质海岸潮滩、河口沙洲、河口水域和河口漫滩。由于各研究区具有特殊性和差异性，使得前人对滨海湿地的分类研究缺乏普遍性。因此，根据中国滨海湿地研究的实际情况，急需建立起与我国滨海湿地实际相符合的统一分类系统，从而为我国滨海湿地现状调查、实际保护和科学利用提供指导。

基于国内外专家对滨海湿地的研究，在《湿地公约》和我国滨海湿地的实际情况基础上，牟晓杰等[21]总结凝练出我国滨海湿地的综合系统。根据滨海湿地的成因，可分为自然和人工滨海湿地 2 个主要大类。其中自然滨海湿地在潮汐的作用下可划分 3 个亚类，包括潮上带、潮间带和潮下带自然滨海湿地。在 3 个亚类背景下，又可细分为海岸性淡水湖、海岸性淡水沼泽、岩石性海岸、砂石海滩、泥质海滩、盐水沼泽、盐化草甸、河口三角洲—沙洲—沙岛、红树林沼泽、海岸性咸水湖、河口水域、浅海水域、海草层、珊瑚礁 14 个类型。各个类型的相关说明见表 1.1。人工滨海湿地主要为 6 个类型，包括盐田、稻田、养殖池塘、库塘、沟渠和污水处理池。此外，根据滨海湿地水文状况，可将我国滨海湿地分为咸水（半咸水）和淡水两个大类的滨海湿地，其后又可细分为多个类型。基于滨海湿地植被状况，根据植被型组、植被型和群系又可将我国滨海湿地分为多种滨海湿地。故滨海湿地的分类需要根据研究区的特殊性和实际性进行操作，这对于我国滨海湿地的资源现状调查、生态系统现状评价、生态环境保护等均有极大的理论与实践指导意义。

表 1.1　中国滨海湿地综合分类系统

大类	亚类	主要类型	详细说明
自然滨海湿地	潮上带	海岸性淡水湖	起源于潟湖，与海水隔离后演化而成的淡水湖泊
		海岸性淡水沼泽	以水生和沼生草本植物群落为主要植被的常年积水的海滨淡水沼泽
	潮间带	岩石性海岸	包括岩石性岛屿
		砂石海滩	包括沙滩、砾石滩，植被盖度 < 30%
		泥质海滩	淤泥质海滩，植被盖度 < 30%
		盐水沼泽	常年积水或过湿的盐化沼泽，植被盖度 ≥ 30%
		盐化草甸	间歇性积水或过湿的盐化草甸，植被盖度 ≥ 30%
		河口三角洲、沙洲、沙岛	冲积形成的河口沙滩、沙洲、沙岛和三角洲，植被盖度 < 30%
		红树林沼泽	以红树林为主要植被的潮间沼泽
		海岸性咸水湖	有一个或多个狭窄水道与海相通的湖泊（潟湖）
	潮下带	河口水域	从近口段的潮区界（潮差为零）至口外海滨段的淡水舌锋缘之间的永久性水域
		浅海水域	低潮时水深 < 6 m 的浅海水域，包括海湾、海峡
		海草床	也称潮下水生层，包括潮下藻类和海草生长区
		珊瑚礁	包括珊瑚礁及基质由珊瑚聚集生长而成的邻近浅海水域
人工滨海湿地			盐田、稻田、养殖池塘、库塘、沟渠、污水处理池

我国滨海湿地的空间分布上呈现为以杭州湾为界，北部集中为砂质和淤泥质滨海湿地，南部集中为基岩质滨海湿地[26]。杭州湾北部，就山东半岛和辽东半岛的小部分海滩为基岩，其余海滩都为砂质和淤泥质，主要分布在环渤海和江苏滨海湿地，前者包括辽河三角洲和黄河三角洲，后者包括长江三角洲和废黄河三角洲。杭州湾南部，主要包含滨海湿地的区域有钱塘江—杭州湾、晋江口—泉州湾、珠江口河口湾和北部湾等地。

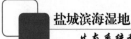

1.1.3　选题意义

环境变化是全球性的研究课题，尤其是自近代工业化以来，以消耗环境为代价的人类社会快速发展并取得显著进步，但自然生态环境急剧恶化，世界各地极端环境事件频繁发生，生态系统稳定性降低，脆弱性上升。滨海湿地介于水、陆、大气等系统界面，物质循环和能量转换迅速，且区域社会经济发展水平高、人口密集，由此衍生的人地矛盾和生态环境问题尤为突出[27]。因此研究滨海湿地生态系统稳定性情况更具有理论和现实意义。

1.1.3.1　理论意义

盐城滨海湿地生态系统在高强度的开发利用下日益退化是不可否认的事实，而对于当前盐城滨海湿地生态系统稳定性评价的具体情况研究较少[28, 29]。盐城滨海湿地生态系统稳定性评价，主要包括生态系统结构、生态系统功能、生态系统环境和外界压力等。通过实地考察获取盐城滨海湿地土壤、水环境具有代表性的数据，获取盐城滨海湿地植被的分布、类型等植被指标，较为全面地评价盐城滨海湿地生态系统的现状，对于滨海湿地生态系统评价结果更具有科学性和合理性。在当前滨海湿地生态系统日益退化的背景下，研究滨海湿地生态系统稳定性问题，更有利于清楚认识滨海湿地生态系统稳定性现状，而基于景观格局变化的情景模拟更可以为当前及未来环境保护提供一定的理论指导，更有利于合理地制定滨海湿地开发利用和保护政策，加快促进滨海湿地生态系统的修复和稳定。

将碳足迹引入滨海湿地保护中，从降低碳足迹的角度提出滨海湿地保护的对策，可以为滨海湿地保护提供新的视角与思路。目前对于湿地的研究已经较多，主要集中于景观分类、景观演变与驱动力、湿地土壤理化性质等，对于如何定量分析湿地在不同人类干扰强度下的演化还有许多可供研究的空间。而碳足迹作为相对较新的概念，在全世界的研究方兴未艾。中国的相关研究主要集中在城市能源碳足迹、土地利用碳足迹、旅游交通碳足迹等方面，很少聚焦于滨海湿地。同时，因滨海湿地是重要的碳汇和碳源区域，故对其碳足迹的研究有利于碳足迹领域的深入研究，有利于厘清滨海湿地碳排放和碳足迹的作用机制。另外，现有研究大多数集中在单一的景观演化研究或碳足迹研究，而将其结合起来，并且从生态、地理、经济等多学科角度切入的相关研究还较少。本研究拟对不同人类干扰强度下湿地演化与碳足迹进行研究和评估，有助于推动滨海湿地开发与保护，丰富滨海湿地开发与评价的理论体系。同时，滨海湿地演化和碳足迹研究所反映出的生态健康问题、湿地保护利用问题等对建立我国沿海地区该类研究的经验模型也具有重要的理论意义。

本研究拟结合地理学、生态学、经济学、环境学等多学科的理论对盐城滨海湿地生态系统稳定性进行评价和碳足迹研究，构建较为科学合理的评价指标体系，较为全面地了解滨海湿地生态系统的稳定性和碳足迹现状，丰富盐城滨海湿地生态系统研究内容和理论。

1. 1. 3. 2　现实意义

滨海湿地的大规模开发利用，已严重威胁到了滨海湿地区域生态系统的稳定。江苏盐城滨海湿地自然湿地面积不断减少，人工湿地面积不断增加，相关研究表明，盐城滨海湿地自 20 世纪 60 年代到 2015 年间，自然湿地面积从 1999. 58 km^2 减少到了 420. 81 km^2，减少了 1578. 77 km^2，下降幅度达到 78. 96%，而人工湿地面积从 69. 84 km^2 增加到了 1110. 87 km^2 增加了 1041. 03 km^2，增长幅度为 93. 71%[16]。人类活动不断侵占自然湿地，人工湿地不断代替自然湿地，原来稳定的自然环境生态系统越发变得脆弱，滨海湿地生态系统服务功能逐渐下降[30, 31]。

因此，盐城滨海湿地生态系统稳定性评价更具有紧迫性和现实性，且基于滨海湿地生态系统结构、功能、环境和外界压力等条件构建盐城滨海湿地生态系统的稳定性评价指标体系，为合理评价盐城滨海湿地生态系统稳定性现状、科学合理制定滨海湿地生态系统修复政策和措施、维护滨海湿地生态系统与经济开发的协调和可持续发展奠定基础。盐城滨海湿地面临着围垦养殖、城镇扩张、经济建设等经济活动的严重影响，其景观格局变化反映了滨海湿地生态环境的变化。为了发挥景观生态系统的重要作用，有必要开展未来景观模拟，并对未来景观格局进行分析和评价。这样可以促进生态保护政策和景观资源规划的合理制定，也可以为滨海湿地开发与管理提供参考依据。

积极响应国家保护湿地的政策方针，对湿地碳足迹的研究有利于发挥自然保护区的碳汇功能,对于建立区域碳补偿和碳交易机制有着重要的实践意义。由于城市的不断扩张,沿海地区可利用的土地面积越来越有限,向湿地和向海要地成为新增建设用地的新途径,但由此也带来了极其严重的负面影响。目前滨海湿地碳足迹研究还处于初期,在其基础上的单一生态系统和自然保护区物种生境评价还较为滞后,因此亟待从碳足迹测算的三个方面(土地利用、能源消费、生物消耗)建立和发展有关滨海湿地碳足迹的指标体系。这对于评估湿地内国家级自然保护区的建立所带来的影响以及后续的开发和保护情况,处理好湿地保护与开发之间的关系有着积极的作用,对滨海湿地乃至整个区域的碳减排、碳交易、碳补偿的开展也有重要的意义。

1.1.4　选题依据

1.1.4.1　丰富盐城滨海湿地生态系统研究内容

基于已有研究,当前国内对盐城滨海湿地研究大多集中在盐城海岸冲淤动态研究、盐城滨海湿地生态系统及环境演变研究、盐城滨海湿地外来物种研究、盐城滨海湿地野生动物保护研究、3S 技术(遥感、地理信息系统、全球导航卫星系统)在江苏盐城滨海湿地研究中的应用等领域[15, 32–34],而较少聚焦于生态系统稳定性方面。对盐城滨海湿地生态系统稳定性评价研究,以及模拟不同情景下的景观变化,可为盐城滨海湿地生态系统、景观资源保护及合理开发利用提供极为重要的参考价值,并有助于推进江苏省海洋强省建设,促进盐城滨海湿地经济发展与生态环境协调发展。

1.1.4.2　科学减排研究的需要

湿地作为全球三大生态系统之一,有着丰富的动植物资源,滨海湿地则作为其中一环异常活跃。沿海地区土地优越的地理位置和独特的生态环境,使得其土地具有开发方式多样、开发程度集中等特征。随着人类社会的演进,对于湿地的利用和开发不断得到加强,特别是湿地类型转变造成的景观破坏和生物多样性减少等正使滨海湿地生态系统遭受缓慢持续的破坏。同时,滨海湿地作为巨大的碳源和碳库,其变化趋势如何却完全取决于人类活动的强弱,在当前的开发状况下，对滨海湿地的破坏必将导致温室气体的大量排放，使其成为巨大的碳源。鉴于其在人类生存和发展中的重要地位，各国政府对滨海湿地的研究均相当重视，大量关于滨海湿地的研究课题和研究论文不断涌现，成为地球系统研究中的重要方向。

随着全球变暖程度与日俱增，采取有效措施减缓或减少温室气体排放已成为世界各国关注的热点课题，科学评估人类活动的碳排放是制定减排计划的前提与基础。碳足迹以其独特的视角和简洁的指标，受到了社会各界的广泛关注和热烈讨论，成为当前温室气体排放领域一项最为重要的评估工具，是"足迹"家族中当之无愧的"明星"。在当前背景下，低碳研究已经成为热点、焦点问题。但相对国外，国内的研究仍处于起步阶段。

分析研究区域湿地演化过程、规律及影响因素，了解人类干扰在其景观演替中所起的作用，明确滨海湿地景观演变对区域碳足迹的影响，可以为滨海湿地的科学合理开发，为自然保护区的进一步建设，推动自然经济社会的良性发展提供科学的决策依据。

1.1.4.3　响应国家生态文明建设和绿色发展的政策

生态系统是由相互影响、相互作用的各类生物及其生存的外界环境构成的一个完整系统，在生态系统中，某个组成部分或环节发生变化都会对整个生态系统产生或大或小的影响[35, 36]。人类相关活动会对生态环境中景观类型、生态系统的某个组成部分等产生一定影响，其后果具有区域性和累积性，更直接作用于区域生态系统[37]。随着社会经济快速发展，人类活动对滨海湿地的利用强度逐渐加深，人类活动对生态系统的影响不断累积，滨海湿地生态系统正遭受着前所未有的冲击。

在"绿水青山就是金山银山"理念指导下，国内特别是沿海各省市加快了对滨海湿地的保护、恢复、合理规划的研究步伐。江苏省制定了《江苏省湿地保护规划（2015—2030 年）》，推进了对滨海湿地的保护进程。在当前高强度的经济开发背景下，对滨海湿地生态系统稳定性评价为科学合理制定滨海湿地保护发展政策提供理论依据，更是政策制定和运行的实践指导。生态系统评价是滨海湿地开发利用保护的理论与实践指导，更是当前及未来滨海湿地的一个重要研究和应用方向。

1.1.4.4　湿地保护的需要

改革开放以来，我国沿海地区经济迅速发展，滨海湿地保护通常让位于经济开发。目前，中国滨海湿地遭受严重损害，滨海湿地面积快速减少，生境质量明显下降，生物多样性遭受严重破坏。最新遥感解译数据[38]显示，我国滨海湿地、内陆湿地和人工湿地三大湿地总面积为 32.4 万 km^2，与 1990 年相比减少了 4.2 万 km^2。同时，自江苏省"海上苏东"发展计划实施以来，江苏沿海大量的滨海湿地被围垦、开发，土地利用类型发生了较大的变化，滨海湿地生态环境面临日益严峻的破坏，生态系统发生明显退化。如何应对湿地受损给环境和人类生产生活所带来的不利影响，成为沿海地区、沿海国家以及全世界的重大议题。

随着滨海湿地的面积骤减与环境恶化，国家和有关部门渐渐开始重视滨海湿地的保护修复工作。2014 年国家林业局在《推进生态文明建设规划纲要》中提出划定"到 2020 年全国湿地面积不少于 8 亿亩"的湿地保护红线。2015 年，国家环境保护局出台《生态保护红线划定技术指南》，推进全国和地方的滨海湿地生态红线划定工作。2016 年，国务院办公厅印发了《湿地保护修复制度方案》，提出持续发力，着力增强保护力度，推动修复整治受损的滨海湿地。为切实提高滨海湿地保护水平，严格管控围填海活动，在 2018 年国务院发布了《国务院关于加强滨海湿地保护严格管控围填海的通知》。这些文件的出台为滨海湿地的开发和保护指明了方向，它们也是本研究选题的重要依据。

1.1.4.5　关于滨海湿地研究内容的课题项目支撑

本课题得到 NSFC—浙江两化融合联合基金项目《基于多源 / 多时相异质影像集成的滨海湿地演化遥感监测技术与应用研究》的支撑，盐城滨海湿地作为完全开敞型滨海湿地，是此项目的重要研究区域，所以江苏盐城滨海湿地生态系统退化评价及碳足迹研究选题也主要来自课题项目内容。

1.1.5　课题支撑

本课题得到 NSFC—浙江两化融合联合基金项目《基于多源 / 多时相异质影像集成的滨海湿地演化遥感监测技术与应用研究》（U1609203）的支撑，为在江苏盐城滨海湿地现场采样，以及滨海湿地土壤、水质、植被等信息数据获取提供了必要的数据资料和实验条件。

1.2　国内外研究进展

1.2.1　生态系统健康评价研究进展

"健康"一词最初被用来形容人体各种机能能够正常维持，随着环境污染问题慢慢凸显逐渐被广泛应用于环境健康学中[38]，然而这个概念被用来描述生态系统并且其内涵不断深入拓展的过程又经历了漫长的时间。生态系统健康这一理念最早由 Rapport 等[39]提出，他认为生态系统健康是生态系统的关键成分能得到保护，生态系统对外界干扰具有抵抗力和恢复力，即生态系统能够使自身不被外界干扰所影响。Scheaffer 等[40]没有给出生态系统健康的明确定义，但他第一次对生态系统的度量进行了研讨，他认为生态系统遭受外界损伤而造成衰退时，生态系统就是不健康的。国际生态系统健康学会提出，生态系统的健康研究应涵盖生态系统健康评价体系的构建及评价，并探讨生态系统健康状况对人类社会可持续发展的影响[41]。Keiter 将生态保护与法律结合起来，提出现行法律管理下的生态系统与合法所有权的概念相反，是不平衡和不稳定的，生态系统健康需要进行生态管理及生物多样化保护[42]。

Costanza[43]认为"若生态系统相对稳定且可持续，具有活性，还能始终维持自身组织并抵抗外界干扰影响，那么该生态系统即为健康的"。Costanza 提出VOR 框架（活力 vigor、组织 organization、恢复力 resilience）进行生态系统健康评价[44]，首次为生态系统健康评价提供了理论框架，其在当时获得了国际生态学界的一致认可，但其缺点在于评价模型过于单一，缺乏实践价值。Wells、Xu等国外学者各自选取诸如热力学、生物学和社会经济指标以海洋、湖泊、海湾等生态系统为例进行了健康评价。Wells[45]主要讨论了生态系统健康的概念和框架，对加拿大芬迪湾生态系统进行了健康评价，并探讨生态系统健康状况对人类健康状况的影响及联系，评价体系选取的指标有代表性，但不好测量，也没有考虑人类社会经济指标；Xu 等[46, 47]在充分考虑人类活动对生态系统产生压力的前提下，以中国香港吐露港为研究对象进行了海岸带生态系统健康评价，指标有针对性，但水质因子指标占比太大，评价体系全面性不足，评价结果为吐露港健康状态随着时间推移由好到坏，空间顺序为通道子区＞缓冲子区＞港口子区；随后，Xu 等以湖泊生态系统为研究对象，采用生态系统健康指数 EHI（Ecosystem Health Index）值来评价生态系统健康状况，EHI 值从 0 到 100 对生态系统健康状况进行等级评价。EHI 法易于操作，实用性广，可广泛用于湖泊生态系统的健康评价。

Halpern 等[48]对生态系统健康的看法与传统的保护主义观点有所不同，认为生态系统健康状况的评价不应只着眼于生态系统目前的状态，而要受到人类与生态系统相互作用的影响和限制，他将健康的生态系统定义为能够持续地为现在和将来均带来收益的生态系统。他以美国 5 个沿海分区为研究区，构建了 OHI（The Ocean Health Index）指标体系，选取粮食供应、自然产品、碳储存等 10 个指标对海洋生态系统进行了健康评价。Hong 等[49]以哈德逊河流域的美国纽约杜奇斯县为研究区，应用社会经济子模型、土地利用子模型及生态系统评估子模型来对人类经济活动影响下的溪流流域进行生态系统健康评价，这 3 个子模型分别基于社会核算矩阵（SAM）来反映家庭收入群体和社会机构之间经济活动和相互联系、二元 logistic 回归模型来估算模拟研究区内闲置土地的开发潜力及一系列多元线性回归模型来模拟溪流条件变量。Breaux 等[50]在 WRAP（the Wetland Rapid Assessment Procedure）的基础上进行修改和调整，加入了野生动物栖息地这一影响因子，构建了湿地生态评价体系，以植被、水文、周边土地利用情况、缓冲区数量和质量以及野生动物栖息地作为评价指标，对旧金山地区的生态服务价值健康状况进行了评价。

相对而言，我国的生态系统健康评价研究起步较晚，对于评价生态系统健康状况一般使用指标体系评价法，主要评价系统框架基于联合国经济合作开发署提出的 PSR 评价模型及 Costanza 提出的 VOR 模型。刘永等[51]根据湖泊生态系统健康理论，从外部因素、内部因素及生态因素三个方面构建评价体系，计算综合健康指数（CHI），并以云南滇池作为研究案例，验证了该模型的实用性。蒋卫国[52]基于 PSR 框架，以辽河三角洲盘锦市为研究区，应用 3S 技术，选取人口密度、人类干扰指数等社会经济数据指标，以及初级生产力、湿地面积变化比例等遥感解译数据指标和景观多样性指数等景观数据指标进行评价系统构建，将指标数据提取标准化后运用综合评价方法计算研究区生态系统健康状况，最终将研究区分为 5 个健康等级区。马兰[53]采用 PSR 框架，以江苏海岸带为研究对象，基于研究区景观格局进行评价体系的构建，侧重于景观格局的变化及人类活动干扰因素对其施加的影响，结合 AHP 法及熵值法进行权重确定，运用综合指数法计算研究区健康指数，并根据健康指数进行健康等级划分。吴珍[54]将上海海域的生态系统健康状况结合 OHI 框架及 PSR 框架进行评价体系构建，并对评价结果分别进行基于 OHI 框架的分析及 PSR 框架的分析，并对两个框架评价结果进行比较分析。姚萍萍等[55]以长江流域湿地生态系统为研究区，基于 PSR 框架对大尺度研究区的生态系统健康状况进行了健康状况综合评价，其研究对象不仅包括湿地，还包括长江流域范围内的水域，从流域层面对生态系统健康状况进行了分析与评价。杜雯[56]在环境–生态模型的基础上，以江苏省大丰港为研究区，基于 PSR 框架对港口海域生态系统健康状况进行评价。其评价标准主要参考国家现行出台的海域生态安全标准，如《海水水质标准》（GB3097—1997）等。最后根据环境–生态模型及 PSR 模型分别计算健康相对隶属度得出评价结果并分别进行分析。王春叶[57]运用 RS 手段，基于 VOR 框架对浙江省海岸带进行生态系统健康评价，评价指标的信息提取主要基于 RS 技术，并将研究区分为陆域、海岸线及水域三个层面，对评价结果分别进行不同层面的分析总结。俞鸿千等[44]刘兴元等[58]、马青青等[59]在 VOR 框架的基础上，结合 CVOR 框架对草地生态系统进行健康评价，CVOR 框架在 VOR 中加入土壤因子，对譬如草地等与土壤因子密切相关的生态系统具有广泛的实践价值。高安社[60]参考美国于 2000 年提出的草地生态系统健康状况评价方法，进行多因子综合评价，但这种评价方法主观性过大，定量指标偏少，虽然易于操作，但不够精确。根据中国实际情况结合数学模糊分析法进行修改及调整，对内蒙古自治区赤峰市克什克腾旗西部达里诺尔国家级自然保护区进行生态系统健康评价。马丽[61]基于结构—功能指标法，对福建省的 5 个主要海湾的生态系统健康状况进行评价。该评价体系主要考虑环境、生物、功能及人类社会经济活动 4 个方面，选取了海水水质方面，如：海水重金属指数；有机碳、重金属等沉积物质量方面；石油类生物体质量和海洋生物量及种群结构这 4 类指标。崔保山等[62, 63]认为生态系统健康评价体系指标的选取必须涵盖结构、功能、变化及干扰这 4 个方面，并以黑龙江省挠力河流域为研究对象进行案例分析，选取了生态特征方面（如物种多样性）、功能整合方面（如水文调节）、社会政治环境（如周边人口素质）这三个方面共 28

个指标进行评价，得出健康度排名并进行健康预警。杨俊等[64]以城市为研究对象，基于 DPRSC 框架对其由空间分异所带来的城市环境安全问题进行了分析，为城市发展及决策提供了参考价值。王博[65]基于 DPRSC 框架结合 3S 技术对辽东湾生态系统健康状况进行综合评价，并对研究区景观格局进行 Markov 预测。DPRSC 模型是在 PSR 的基础上，结合了 DSP 和 DPSIR 框架的优势构建的综合评价体系，既兼顾自然 – 经济 – 社会三者的相互影响关系，又能通过其对生态系统的影响采取措施调节后所表现出的状态进行综合分析。

1.2.2　生态系统稳定性研究概述

生态系统稳定性借鉴系统控制论的含义，作为表征区域生态系统的重要指标，较多运用于湿地研究中，如湿地生态系统健康和安全评估、湿地生态环境治理和保护、湿地综合管理、湿地功能、湿地生态服务能力和生态风险评价等内容[66]。湿地生态系统稳定性作为生态系统的重要功能，主要指某区域湿地生态系统自身的一种能力，即低于湿地生态系统阈值的外界干扰，其系统利用自我调控能力来减弱和消解干扰力，最后促进自身生态系统恢复至最初稳定状态。湿地生态系统稳定性主要内容：一是生态系统在干扰下自身产生的抵抗力和能长期对抗的持久力，二是生态系统在干扰下促进自身回归到原始状态的恢复力[67-69]。但若外界干扰超过湿地生态系统的阈值，则该生态系统自身的抵抗力、持久力和恢复力被破坏，难以通过自我调节恢复，对区域湿地生态系统危害较大，湿地生态系统稳定性降低，生态系统面临巨大威胁。

生态系统稳定性研究起源于 20 世纪 50 年代，由动物生态学家 Elton、植物生态学家 Mac Anhur 等提出[70, 71]，借助植物学、动物学、生态学等理论与方法，对生态系统稳定性概念进行界定和讨论。由于不同角度和学科的差异性，故并未形成一致的意见。但对于生态系统稳定性这个概念成为一个重要的不可忽视和回避的内容。20 世纪 70 年代，Westoby 和 Archar 等学者分析了不同情景状态下的区域生态稳定性的阈值。Westoby 等[72]认为生态系统包含着众多情形状态，且各个状态间存在不一样的界限。Archer 定量分析了草原生态系统的稳定性与食草动物的对草原的利用阈值[73]。20 世纪 80 年代，Bormann 等[74]分析了威胁区域生态系统稳定性的潜在干扰因素，如风、天气、水资源、重力和辐射等外部能量输入因素，从区域生态系统的结构组成上对生态系统稳定性进行分析，其研究结果显示，要保持区域生态系统的稳定性，需要去减弱或控制区域的干扰因子。20世纪90年代，随着对生态系统稳定性研究的不断深入，部分学者从阈值、敏感性、恢复力三个不同方面分析生态系统稳定性，黄建辉等[75]提出了经典生态系统稳定性的概念，即生态系统稳定性为调节外界干扰后自身恢复到原始状态的能力与抵抗外界干扰能力。Grimm等[76]不赞同经典生态系统稳定性的概念，并提出生态稳定性应该包括生态系统的恢复力、持久性和恒定性。自1992年Odum等[77]提出冗余假说后，该结构理论得到较大的关注和热烈讨论，Odum等将冗余定义为拥有一种或以上成分或物种某种功能的能力，有助于提高生态系统稳定性。Walker[78]将冗余假说运用到生态系统稳定性的研究中。国内学者党承林和黄瑞复[79]认为区域生态系统需要拥有一定或足够的冗余，以保证其在干扰下维持自身稳定和促进恢复的能力。

国内对生态系统稳定性研究源于20世纪80年代，韩博平[80]较为详细地论述了生态系统稳定性概念及国外对生态系统稳定性研究的现状，提出生态系统稳定性中的两个主要指标，即自身抵抗力和恢复力。柳新伟等[81]提出了生态系统稳定性的定义，指出生态系统稳定性为不超过生态阈值的生态系统敏感性和恢复力；其中也强调了生态系统在外界干扰下自身的阈值，阈值是区域生态系统承受外界干扰的上限，敏感性是在外界影响下生态系统自身变化及促进自身持续发展的，恢复力则是在受到外界干扰下自身恢复初始状态的能力。20世纪80年代初，国内学者岳天祥和马世俊[82]借助热力学稳定性理论，对生态系统稳定性进行了研究和详细说明，评价了甘肃省河西地区的生态系统稳定性。此外，部分学者通过其他学科理论对生态系统稳定性进行研究，Wu[83]运用景观生态学理论分析生态系统稳定性，将其分析为生态系统的变异性或恒定性、持续性或持续力、抗变性或抵抗力、复原性或恢复力等不同含义。张继义等[84]从群落角度分析了生态系统稳定性，主要包括该生态系统自身的抵抗力、持久力和恢复力。

当前国内对生态系统稳定性研究区域集中在湖泊湿地、河口湿地、干旱区绿洲等生态脆弱区，基于当地生态系统的脆弱性和人工干扰性较大，生态系统稳定性评价极具现实意义。王玲玲等[85]基于生态系统的稳定性，以系统整体稳定性和系统结构稳定性为研究对象，构建了生物多样性指数、自然保护区比重和自然灾害等级来表征区域生态系统的稳定性评价指标体系，从而分析了湖滨地区生态系统稳定性及生态效益。韩洪凌等[86]运用生态学和系统学，分析了新疆内陆的玛纳斯河流域生态系统稳定性状况。研究方法上可以总结为两种，包括数学生态学研究和野外生态学研究，前者通过构建生态系统模型，借助食物网模型、微分方程等求取区域生态系统的平衡点，Giavelli 等[87]提出环分析（loop analysis）来确定区域生态系统的稳定性情况，分析外界干扰使得生态系统平衡破坏后生态系统自身的恢复情况。后者通过野外实践调查区域生态系统的稳定性，Godron 等[88]利用野外植被群落的种类数量和频度分析区域生态系统的稳定性；刘小阳等[89]提出应从多角度分析区域群落的稳定性，包括群落的结构、物种、生境等。

1.2.3　湿地生态系统稳定性评价方法研究动态

生态系统稳定性评价是研究人员根据特定的判定依据对区域生态系统及生态系统内部组成部分进行详细研究和分析。评价区域生态系统整体的稳定性状况，可为区域生态系统恢复、保护与治理提供一定的实践指导。研究方法主要包括定性评价和定量评价，两种方法均是对生态系统稳定与否进行回答。区别定性与定量基于在进行生态系统稳定性评价时是否需要对评价指标量化处理。对于生态系统稳定性定性评价，学者利用调查观察和分析能力，根据自身的经验和阅历，不需要量化处理评价指标，侧重于将某生态系统稳定性指标与标准、同类较好指标进行对比，从而判断区域生态系统稳定性状况和分级。但相关研究对定性研究较少，故主要介绍生态系统稳定性定量研究。

生态系统稳定性定量评价，是在生态系统稳定性评价过程中量化处理评价，定量分析其稳定性程度，并定性分析其当前生态系统稳定性强弱的原因、机制以及恢复策略。故较为准确地分析区域生态系统稳定性的基本情况，得到较为广泛利用。当前生态稳定性定量评价方法主要包括层次分析法、变异系数法、综合评价法、灰色关联度、景观生态学方法、GM（1，1）模型预测、灰色聚类分析法、经济评价方法等[85, 90]。其中综合评价法应用最广泛，它结合了层次分析法、综合指数法和模糊评价法等，利用层次分析法构建生态系统稳定性评价指标体系，并赋予相应权重，然后利用综合评价法得到生态系统稳定性等级。如渠晓毅[91]、韩洪凌等[86]运用层次分析法定量分析了宁夏银川市湖泊湿地、玛纳斯河流域生态系统的稳定性，较为准确地评价了区域的生态系统现状。而在国际上，利用模糊决策分析的生态系统稳定性评价方法的研究较多，该方法适用于区域不同尺度的生态系统评价，在评价过程中定量化评价指标，保证指标信息的完整性和简易性，既提高了评价精度，也简化了评价过程。1993 年美国国家环境保护局进行的流域评价及 1996 年对哥伦比亚河盆地评价，主要利用了 FDA 方法和框架，并得到区域综合科学评价等结果[92]。

生态系统稳定性评价指标体系的构建对评价生态系统稳定性至关重要，指标体系的构建需要较为科学合理地体现生态系统的稳定性，包括生态系统的功能、生态系统的结构、生态系统的服务能力、生态系统的环境、生态系统面临的外部压力等指标。但实际操作中，基于区域生态系统的复杂性和动态变化，以及指标的易操作性和获得性，如何科学合理地度量生态系统的稳定性存在一定难度。故针对不同的区域生态系统，稳定性评价指标体系也存在一定的差异。Odum 等[77]较为全面地提出了代表区域生态系统的状态、功能、结构、环境等 7 个层次 22 项指标的评价体系。李晓秀[93]从农业生态、环境污染、生态稳定度和水土流失程度四个方面，分别用气候、地貌、自然灾害类型、土壤环境质量、农膜使用量、污水灌溉率、农药使用量、水环境质量、大气环境质量、生态能源结构、保护区面积占国土率、生物多样性指数、地表物质、植被覆盖度 14 项指标定量评估了北京山区生态系统的稳定性。选取评价指标构建体系时，取决于指标能否表征区域生态系统稳定性，能否在一定程度上反映区域生态系统的结构、功能、环境等特征。故指标的生态学意义和生态学特征需要具有典型代表性。而且不同区域范围内的生态系统，其表征区域生态系统的生态特征因子具有特殊性和差异性，也代表着用选取指标来反映特征因子的指标具有区域性。如张平等[94]分析干旱荒漠的瓜州绿洲区域生态系统稳定性时，选取了自然资源状况、环境压力、社会经济状况三个准则层及 14 个决策层，从而构建了干旱区绿洲生态系统稳定性评价指标体系。而姚秀粉[90]在对黄河三角洲河口湿地生态系统稳定性评价中，指标体系与干旱区发生了显著变化，利用生态系统结构、生态系统功能、生境条件及环境压力 4 个准则层、7 个约束层、21 个决策层构建了河口湿地的稳定性评价指标体系。

我国当前对滨海湿地生态系统稳定性评价研究较少，对湿地生态系统稳定性评价指标体系的理论研究逐渐增多，但具体运用实践上还存在不足。王玲玲等[85]从理论上构建了湖滨湿地的生态系统退化评价指标体系，主要包括生物多样性指数、自然保护区比重和自然灾害等级指标，利用能值分析方法度量区域生态系统稳定性状况，但只是提出了理论框架，并没有实际的研究案例。王茜等[95]在对洪湖湿地进行生态系统稳定性评价时，选取了湿地功能、湿地环境和人为影响三个主要准则层指标来反映洪湖湿地的生态系统稳定性。任宪友[96]也选取了湿地功能、湿地环境和人为影响三个主要准则层来分析两湖平原生态系统稳定性状况。这也表明在表征生态系统稳定性特征因子选取中，需要选取包括湿地的功能、环境及外界干扰影响力等能够强烈反映区域生态系统稳定性的指标。综合分析国内湿地生态系统稳定性评价研究进展可知，国内对湿地生态系统稳定性研究依旧处于起步阶段，建立适合多个区域的评价指标体系对我国区域湿地生态系统稳定性评价具有重要的实际指导意义[90]。借鉴国内外生态系统稳定性评价研究进展，选取稳定性评价指标时应避免指标的模糊性，减少指标间交叉和重叠现象。此外，同一层次的指标需要同等性和等价性，避免同一等级的指标存在层次差异性和不对等性。鉴于指标的易获取性和可操作性，需要选取反映区域典型和代表性的指标且该指标容易获取，这也对构建湿地生态系统稳定性评价提出一定的挑战。

1.2.4 景观模拟研究动态

德国地理学家 Carl Troll 首先提出"景观"一词并概括其定义，景观是覆盖区域地面的自然综合体，具有高度的空间异质性[97]。景观格局是各种各样的景观嵌块体在空间上的分布排列，景观格局变化更在一定程度上体现了外在因素对区域生态系统的影响，且景观格局变化和景观模拟更是当前景观生态学研究的重点和热点，对认识和了解人类活动与自然环境的关系有着重要指示意义[98]。

元胞自动机（cellular automata，CA）由美国数学家 Von Neumann 在 20 世纪50 年代提出，在 80 年代后期，CA 逐渐应用于地理学，到 90 年代后期，随着城市的日益扩张，CA 更被广泛应用于城市扩张模拟、土地利用变化模拟等方面，成为城市地理学及相关空间分析的研究热点[99]。Tobler 第一次采用元胞空间分析地理学方面的空间变化，成功模拟了美国底特律地区城市的发展情况，从此元胞自动机模型更得到了广泛应用和推广[100]。由于 CA 模型和马尔可夫（Markov）模型分别具有较强的空间和时间模拟能力，在研究中 CA-Markov 模型常被联合运用，且模拟效果空间效果和时间效果较好。Batty 等[101]利用 CA 模型成功模拟了佐治亚州的城市发展情况；Mitsova 等[99]应用 CA-Markov 模型，预测了区域城市增长及土地覆被变化。Thapa 等[102]认为城市系统的复杂性需要借助集成的工具和技术来理解城市发展的空间过程并规划未来的情景，于是借助元胞自动机模拟尼泊尔加德满都市区的城市成长模式，利用卫星遥感影像（30 m 分辨率）时间序列土地利用图来阐明城市化的空间过程，采用元胞自动机框架中集成的权重证据方法，模拟得到研究区 2010 年和 2020 年的城市发展情况。

　　20 世纪 90 年代末起，国内专家学者应用元胞自动机对城市土地利用变化进行了大量研究，集中在城市土地扩张模拟、土地利用格局模拟、景观格局模拟等方面[103, 104]。黎夏等[105]较早深入地研究了城市与土地模拟，应用元胞自动机并结合神经网络模型等，成功模拟和分析了我国广东省东莞市及其他区域城市土地利用情况、城市土地利用空间分布、城市土地利用变化对碳储量的影响等，并提出了地理模拟优化系统（GeoSOS）理论框架，更为准确地模拟了城镇化扩张下的景观格局变化[105, 106]。吴晶晶[107]联合 GIS 和 CA-Markov 模型对乌江下游地区的土地利用变化进行模拟，结合高程、坡度、距离河流、主干道路、城镇中心等多个影响因子构建适宜的土地利用适宜性图集，并在模拟成功后分析了快速城镇化情景、规划情景、生态保护情景三种不同情景下的生态环境效应。崔敬涛[108]、林晓丹[109]、何丹等[110]联合 Logistic-CA-Markov 模型分别对山东省临沂市、福建省龙海市、京津冀都市圈的土地利用和景观格局进行了模拟，利用 Logistic 回归模型选择适宜的模拟尺度，利用 CA-Markov 构建合理适宜性图集，得到模拟结果。国内学者在景观模拟方面不断创新，运用多种模型来联合 CA-Markov 模型，模拟过程趋于科学化、合理化，模拟结果可信度大幅提高。

　　盐城滨海湿地的景观模拟已有较多研究，且研究主要基于不同时期盐城滨海湿地遥感解译影像数据，借助 CA 模型或 MATLAB 编程的 CA 空间优化模型实现对盐城滨海湿地景观模拟。王艳芳[30]在 1992 年、2000 年和 2008 年景观数据基础上，结合 CA-Markov 模型，实现了对盐城湿地自然保护区部分 2016 和 2024 年的土地覆被预测，其研究发现盐城湿地景观呈破碎化上升趋势，故需要加强对景观的合理利用和保护。孙贤斌等[111]利用盐城海岸带 1991 年、1997 年和 2007 年景观数据，结合 CA-Markov 模型成功模拟了 2017 年海岸带互花米草的扩散，为盐城海岸带互花米草物种入侵管理提供了一定的决策依据。闫文文[112]利用

1991 年、2000 年和 2008 年景观数据，结合 CA 扩展模块的 Geo CA-Urban 模型预测得到盐城海岸带 2018 年滨海湿地景观分布图像。前人对盐城滨海湿地的研究年份较早，方法上大多以 Markov 转换概率作为约束实现空间的模拟，而未注重外部环境中的人为影响因素。文章研究利用的遥感影像时间跨度较大且数据时效性强，6 期影像跨度 26 年，包括 1991、2000、2004、2008、2013 和 2017 年，在时空模拟过程中，结合 CA-Markov 模型，选取景观内部转换概率和道路、河流、城镇等适宜性因子生成转移图集，模拟得到盐城滨海湿地 2021 和 2025 年景观图像。分析当前及未来景观动态变化，及景观生态效应评价，以期为盐城滨海湿地保护提供理论和实践指导。

1.2.5 生态风险评价研究动态

风险评价起源于 20 世纪 80 年代，被美国环保局应用于身体健康风险评价上，并且评价框架不断被完善。20 世纪 90 年代，生态风险评价开始出现，身体健康风险评价逐渐转向生态风险评价，风险因子也由单一化学因子转向多种化学因子，风险受体从人类视角向自然环境生态系统转变，集中在城市、河流流域、生态保护区等[113, 114]。如 Skaare 等以北极地区作为研究区，考察杀虫剂对北极熊物种的影响，对其生态风险评价[115]。Kienast 等以气候变化为风险源，分析了山区气候变化对植被和物种丰度的影响，并以马鹿、狍子和羚羊等动物的觅食行为为风险源，分析动物外出觅食对山区森林资源的潜在长期影响，这也可以看出风险源的多样化[116]。此后，20 世纪 90 年代末至 21 世纪初，生态风险评价的领域开始扩大，进入了区域生态风险评价阶段（流域或更大尺度）。Graham 等通过建立与森林地区臭氧升高相关的环境风险模型，描述和论证了一种区域尺度生态风险评估方法，使得生态风险评价运用于较大范围尺度成为可能[117]。Biksey 等[118]整合了大量的例子以分析压力源效应，暴露可能性和生态系统风险的关系，并详细介绍了生态风险评价的流程。Munns 等将生态系统服务纳入生态风险评价的框架中，考虑到生态系统对人类的服务能力[119]。Harris 等评估了当前流域生态服务（人类健康、水质、休闲和渔业）的风险水平，减少流域污染对人体健康的威胁[120]。

国内生态风险评价起步较晚，但发展迅速，其研究尺度不断扩大，包括县级市、地级市城镇、省域、流域、自然保护区等多种尺度[121-123]；研究方法上，构建风险源与风险受体的关系模型，借助空间计量模型进行空间展示和空间分析，如空间自相关模型、半变异函数拟合模型等；风险受体集中在景观格局、地类覆被、生态系统及其组成要素。谢花林[124]基于景观格局变化评价了江西兴国县土地利用生态风险；李谢辉等[125]研究了干旱、洪水、污染和水土流失四种不同风险源对区域7种景观类型风险受体的影响。国内生态风险评价研究正走向多样化，方法与技术不断创新，特别是随着3S技术的推广和应用，生态风险评价理论与实践研究变得更加广泛[126, 127]。

当前生态风险评价研究也存在一定的问题。理论上，需要加强对风险评价结果与区域生态环境、生态系统的内涵探究，分析不同尺度下的生态风险评价结果误差[128]。方法上，如何科学合理地建立生态风险源与风险受体之间的有效联系对于准确进行生态风险评价尤为关键，有利于对自然环境–人类活动开展科学评价[129]。以上研究表明生态风险评价的最终目的是为社会和人民服务，只有将生态风险与人类福祉联系起来，才能实现生态风险评价价值的最大化。这也表明，生态风险评价的风险源和风险受体在不断变化，其中风险源从工业化引起的化学污染物到全球气候变化，以及生态系统的组成部分；风险受体从人体健康到自然环境生态系统再回到人类社会，可见风险源和风险受体呈现多样化和复杂化，生态风险评价的最终服务对象是人类社会[130-132]。

1.2.6　碳足迹定义与测算方法

"碳足迹"来源于"Garbon Footprint"，表示个人和群体所消费的碳量。Wiedman等[133]认为碳足迹是指产品或服务在生命周期内二氧化碳的排放量；Hertwiche等[134]将碳足迹视为最终消费及其生产过程所产生的所有温室气体排放量；Peters[135]则将土地利用、地表反射率等因素也纳入其中，将碳足迹定义为特定时空下生产和消费过程以及土地利用等导致的温室气体的总的排放量。目前关于碳足迹的定义多种多样，但综合来看，主要有三种代表性观点。第一种观点认为"碳足迹"源自"生态足迹"理论，于是将"碳足迹"定义为中和化石燃料所产生的二氧化碳所需要的森林面积[136]；第二种观点认为"碳足迹"是仅从化石燃料燃烧后直接或者间接排放的二氧化碳量[137]；第三种观点认为"碳足

迹"原为生命周期评价体系中的"气候变化"影响评价指标,是从生产到消费整个过程所产生的碳排放当量[138]。

碳足迹的核算方法主要包括清单因子法、生命周期评价和投入产出分析[137, 139]。从碳足迹的第二、三种含义来说,主要有两类碳排放研究方法:一是"自下而上"模型,以过程分析为基础;二是"自上而下"模型,以投入产出分析为基础,这两种方法都建立在生命周期评价的基本原理之上。同时,比较有代表性的改进模型有两种:一是尝试用区域净初级生产力来代替区域的碳吸收能力[140];二是尝试用净生态系统生产力来代替区域的碳吸收能力[141]。此外,也有学者利用数学模型来进行碳足迹的研究。庞军等[142]基于 MRIO 模型,通过制定 2007 年中国 12 个省的区域投入产出表,估算了这些区域的碳足迹特点和省际碳转移情况。陈操操等[143]将 STIRPAT 模型和偏小二乘模型结合,研究了北京市 1990—2011 年间的城市能源消费碳足迹。Wang 等[144]基于能量消费,结合 LCA 和地理位置加权回归模型,对 2010 年中国省域碳足迹的空间分布特征及影响因素进行了研究,结果发现经济规模增长、人口增长和城市化是碳足迹的主要驱动因素。对碳排放源的测量和计算主要有三种方式,包括实地测量法、物料衡算法和排放系数法,这三种方法各有所长,互为补充[145]。但针对不同的碳排放源,应该采用不同的测算方法。排放系数法能较好适用于统计数据不够详尽的情况,对我国小规模、小范围的区域碳排放估算能产生较为理想的结果[146]。碳足迹评价可以对碳排放分布、强度、碳循环等进行分析,对于区域碳交易、碳补偿、碳减排都有很重要的作用。

综上所述,虽然目前碳足迹还没有统一的定义,但主要包含两层含义,一是碳排放,二是碳排放转化而来的具有生产力的土地面积,两者的侧重点不同[147]。本研究主要基于碳足迹的第一种观点,将碳足迹定义为吸收由人类活动产生的二氧化碳所需要的生产力土地面积。同时,将碳排放定义为一项服务于整个周期或者某一地理区域内直接和间接产生的二氧化碳量,用质量来衡量。碳排放和碳足迹两者关系密切,碳排放是原因,碳足迹是结果,而且碳排放量和碳吸收能力会影响碳足迹的大小。碳足迹的这种定义和生态足迹的观点可能更接近,更有利于揭示滨海湿地生态环境问题。本研究以盐城的滨海湿地自然保护区作为研究区域,与其他区域既有相似之处,又有许多不同之处,例如:滨海地区涉及海域,芦苇地、碱蓬地和互花米草地这些植被用地类型相比内陆地区的草地更具有独特的碳吸收作用。滨海湿地碳足迹研究，更能突出滨海湿地的重要生态作用。本研究碳足迹计算方法中，生命周期和投入产出方法都需要大量数据支撑，而排放系数法相比于实地测量法、物料衡量法更适用于小范围的区域碳足迹评价，更有效率，便于计算和比较，因此本研究主要采用排放系数法来进行碳排放和碳足迹的计算。

1.2.7 滨海湿地碳研究进展

湿地地区生物生产力较高，但长期处于水淹状态，致使植物残体分解十分缓慢，是单位面积碳封存速率高的生态系统之一。湿地作为重要的碳库，储量高达 770×10^8 t，仅次于热带雨林[148]。相关研究表明，全球范围内红树林沼泽、盐沼和海草床的总碳封存速率超过 100 Tg/a（以 C 计），因此滨海湿地在温室气体排放的减缓和降低方面具有重要潜力[149]。但是，气候变化和湿地的开发利用，造成了湿地退化，改变了湿地生境条件和碳循环过程和机理。

湿地碳循环的基本过程主要包括垂直方向土壤（水）– 大气界面和植被 – 大气界面 CO_2、CH_4 交换和沉积过程驱动的碳封存，以及水平方向与近海的碳交换。这个过程主要受微生物、酶、团聚体、盐分、季节、土地利用、潮汐 / 流、辐射、温度、盐度、水位、植物群落特征等因素的影响[150, 151]。滨海湿地植被的演替顺序主要是：红树林 / 互花米草群落→碱蓬群落→大穗结缕草群落→芦苇群落→白茅群落。滨海湿地的土壤有机碳含量呈现逐渐增加的态势。每一种植被类型的碳含量、碳储存等都各不相同。沼泽植被的有机碳含量为 312.66 g/kg，草甸植被有机碳含量 248.13 g/kg，盐、碱生植被有机碳含量最低，只有沼泽植被的 50% 左右[152]。滩涂盐沼湿地的主要碳排放形式是 CH_4 和 CO_2，其中 CO_2 的排放强度和通量都较大，且以红树林盐沼湿地最高，芦苇和互花米草的土壤碳排放强度相比于光滩要大很多[153]。杭州湾河口潮滩盐沼湿地的研究表明，不同盐生植被下土壤表层（0 ~ 20 cm）有机碳含量为芦苇＞互花米草＞海三棱藨草＞光滩[154]。2013 年的研究表明，芦苇、互花米草和海三棱藨草的年固碳能力分别是中国陆地植被平均固碳能力的 380%、376% 和 55.5%，以及全球植被平均固碳能力的 463%、458% 和 67.7%。对于其他不同地区不同湿地植被碳吸收、碳排放的研究也十分丰富[155–157]。

湿地因泥炭层厚度及埋藏速率、pH 等的不同产生了 CO_2 排放通量上的差异[158]。不同深度的土壤有机碳含量不同，这也造成了潮上带的土壤有机碳含量比潮中带和潮下带的高。盐生植被覆盖区域土壤有机碳含量比光滩区域要高[159]。随距海距离增加，河漫滩土壤无机碳含量总体呈现先降低后升高的趋势[160]。滨海湿地 CO_2，CH_4 通量特征与季节和时间也存在关系，宋鲁萍等[161]通过对黄河三角洲的研究，发现碱蓬和芦苇土壤的 CO_2 排放强度在中午最高，且夏季最为明显，分别约为 120 和 160 mg/ $(m^2 \cdot h)$。

人类活动，特别是围垦、土地利用等，也会对滨海湿地的碳含量产生影响。张容娟等[162]研究表明，长江河口盐沼湿地围垦后不同农作物土壤 0 ~ 5 cm 微生物碳含量存在明显差异，其中耕地最高，林地次之，鱼塘和荒地最低。滩涂围垦后土壤有机碳含量呈先降后增的趋势，且这一过程要持续 30 年左右，围垦前滩涂湿地表现为较强的碳汇，而围垦后表现出较为明显的碳源[150]。

随着盐度的增加，盐析作用增强，微生物的新陈代谢能力减弱，从而使得高盐环境下土壤有机碳的分解效率变慢，有利于碳的积累与储存[163]。盐度还会对湿地植被固碳能力、分解能力以及土壤碳循环造成较大影响。

随着对碳研究的不断加深，海洋蓝碳、海岸带蓝碳逐渐进入研究者的视野。两者的定义较为相似，也正好属于滨海湿地碳研究的范畴。海水中的藻类利用叶绿素吸收阳光，通过光合作用固定 CO_2，并通过生物捕食、微生物分解以及海底沉积来吸收。而其中的大型藻类具有很强的碳吸收能力，全球范围的吸收量大约为 173 Tg/a（以 C 计）。藻类的养殖也有可能成为潜在的碳汇[164]。大型藻类除自身生物量外，其净初级生产力固碳总量的 43% 会以可溶性碳和颗粒碳的形式排放到海洋中，并有部分可溶性碳转化为惰性可溶性碳，保留于海洋之中[165]。海岸带蓝碳单位面积的固碳能力远大于陆地碳库，盐沼、红树林和海草床等具有强大的光合作用能力和微小的分解作用，因此具备很高的单位面积生产力和固碳能力，是海岸带蓝碳的主要贡献者[166]。

滨海湿地碳库既具有陆地生态系统碳循环所需的土壤、植被和人类活动等核心影响因素，也具有海洋碳循环所具备的水文潮汐系统、碳沉积与埋藏等条件，是目前各生态系统碳库中较为特殊的类型[167, 168]。随着研究工具的精细化、观测技术的提升、研究视角的拓展，滨海滩涂湿地的碳循环研究逐渐深入，并已经成为全球关注的焦点。随着研究的不断深入，对于碳循环的相关研究也在不断开展[169]。上述滨海湿地碳循环、碳排放、碳吸收等研究为本研究碳足迹的测算奠定了理论基础。将各种湿地景观类型综合起来，选择一个合适的滨海湿地类型，利用各种碳排放和碳吸收系数来进行综合计算的研究还较少，特别是将海洋和海岸带蓝碳纳入碳足迹计算的研究更是少之又少，而这些方面的深入研究恰可以为滨海湿地碳的相关研究注入新的活力，提供新的案例和视角。

1.2.8　土地利用碳足迹和碳补偿研究

土地利用变化的碳排放与碳足迹研究有助于了解人类活动对生态环境的扰动程度及其机理，对制定有效的碳排放政策具有重要意义。土地利用的变化会引起碳排放、碳储量等的变化，进而导致碳足迹发生变化。夏楚瑜[170]通过建立土地利用类型与不同碳排放项目之间的对应关系，利用 IPCC 清单法和经验系数法测算了 1995—2015 年杭州不同土地利用类型碳排放和碳吸收的时空分布特征，并对未来情景进行模拟预测。付超等[171]构建了一套符合《2006 IPCC 清单》土地利用分类的土地利用面积数据集，估算了 1990 年以来土地利用对中国陆地碳收支的影响。赖力[172]通过对碳排放量和碳固定量的估算，分析了 1985—2009 年间中国的碳排放特征、格局和趋势。杨文等[173]利用遥感影像，提取上海地区的土地利用数据并分析其土地利用特点，根据《IPCC 国际温室气体清单指南》中的缺省值法，结合社会统计年鉴，对上海市不同土地利用类型的碳足迹进行核算。彭文甫等[174]采用 1990—2010 年四川省能源消费数据和土地利用数据，发现土地利用变化的碳排放和能源消费碳的足迹呈显著增加趋势，建设用地和林地分别为四川省最大的碳源与碳汇，土地利用结构与碳排放、碳足迹存在一定的相互关系。田志会等[175]则对 2005—2014 年京津冀地区农田生态系统碳足迹进行了研究，发现农田生态系统的碳汇功能、碳排放量、碳足迹呈下降趋势，为京津冀一体化的规划和产业布局提供理论依据。

对于土地利用碳足迹研究，有的使用碳足迹的第一种观点，有的采用第二、第三种观点，因采取的测算方法不同，故结果不具有可比性。同时，大多数研究将森林和草地作为碳汇，农田、建设用地等作为碳源，却忽略了景观生态系统作为一个整体既可以是碳源，也可以是碳库。因此，本研究以盐城自然保护区多种景观（土地利用）类型为基础，既考虑到每一种用地类型的碳排放量，又考虑到每一种用地类型的碳吸收能力，利用碳排放系数法计算净碳排放的综合能力，可以更好、更全面地估算区域碳排放和碳足迹的价值。

"碳补偿"是在全球变化和低碳经济背景下产生的生态补偿研究的新领域[176]。最早由《京都议定书》初步提出了"碳交易补偿"。此后，碳补偿、碳交易、碳市场逐步得到完善并成为资本流通、技术转移的新方式。近年来，国内学者从不同角度研究了碳补偿，主要涉及森林碳补偿[177]、旅游碳补偿[178]、碳汇渔业碳补偿[179]、区域碳补偿[180]等领域，这些研究为建立系统的碳补偿模式和方法提供了积极的经验和案例。

虽然碳补偿研究逐渐增加，视角也逐渐扩大，但将碳足迹与生态补偿有机结合起来，根据碳足迹与碳吸收能力的差额（碳盈余或赤字）来确定区域生态补偿标准，并且核算碳吸收能力的研究较少[181]。而对区域在不同人类活动干扰下的碳排放进行碳补偿的研究极少，尚未成为学界关注的焦点问题。本研究试图将土地利用碳排放、碳足迹和碳补偿结合起来，构建自然保护区碳补偿的基本框架，为碳补偿的研究提供新的可供借鉴的理论和实践样本。

1.3 本文研究思路

1.3.1 研究内容

利用盐城滨海湿地 1987—2019 年 26 年跨度的遥感影像数据，基于研究区生态环境的土壤、植被、水质、景观格局情况，运用地理学、海洋学、环境与自然资源经济学、生态学和管理学等多学科相关理论和方法，采用理论分析与实证研究相结合、时间更替与空间演化相结合、定性分析与定量研究相结合的研究方法，对盐城滨海湿地生态系统和碳足迹进行全面而系统的研究。主要研究内容如下。

（1）滨海湿地生态系统健康评价指标体系构建及评价：通过对盐城滨海地区生态系统健康现状进行调研和分析，参考 DPSRC 框架，即 Driving force（驱动力）–Pressure（压力）–State（状态）–Response（响应）–Control（控制）指标体系框架，建立相应的评价标准和健康等级标准，结合前人经验和研究区实际情况，选取相应指标，结合综合评价模型，分别对 1990 年、2001 年、2008 年和 2018 年的盐城滨海地区生态系统健康状况进行综合评价。研究区均受到如围垦工程、港口工业等人类活动的强烈干扰，对盐城滨海地区生态系统健康状况进行比较分析，可揭示不同自然生态过程和社会经济活动影响下的不同类型滨海地区生态系统健康状况的异同，从而为长三角地区乃至全国滨海地区生态资源的保护、利用及可持续发展提供参考价值。

（2）滨海湿地生态系统稳定性评价指标体系构建及评价：基于盐城滨海湿地生态系统生态环境特征、湿地生态系统功能变化、湿地景观格局变化等分析，并遵循选取指标的整体性原则、科学性原则、可操作性原则、动态性原则、敏感性原则，从土壤、水、植被环境状态、生态系统功能状态、湿地功能、人类健康和生活等方面选取了多个评价指标构建了盐城滨海湿地生态系统稳定性评价指标体系，并对其进行稳定性评价。

（3）滨海湿地景观格局粒度变化：粒度效应作为景观生态学的研究热点，充分体现了景观空间异质性，有利于探究景观格局时空变化特征、揭示景观生态结构和功能变化规律。盐城滨海湿地景观效应研究选取了 1991 年、2000 年、2008 年、2017 年四期影像数据，借助 ArcGIS10.5 空间分析的重采样模块，生成研究区 20 个栅格像元边长大小分别为 30 m、50 m、100 m、150 m、200 m、250 m、300 m、350 m、400 m、450 m、500 m、550 m、600 m、650 m、700 m、750 m、800 m、850 m、900 m、1000 m 的不同空间粒度文件，分析景观水平和类型水平下的空间粒度变化特征，基于空间粒度变化特征及景观对粒度变化响应，结合最小空间粒度信息损失值，确定研究区较为适宜的空间粒度，为景观未来情景模拟奠定基础。

（4）滨海湿地未来景观变化情景模拟研究：在快速城镇化和工业化背景下，江苏盐城滨海湿地景观格局正发生显著变化，对滨海湿地生态系统也造成了不可忽视的影响。基于已有的遥感影像数据，选取 1991 年、2000 年、2004 年、2008 年、2013 年、2017 年 6 个时间段的遥感影像，通过遥感数据解译得到研究区 6 个时期的景观类型分布图。结合盐城景观分布实际情况和研究需要，将研究区景观类型分为海水、潮滩、盐田、农田、鱼塘、干塘、建设用地、芦苇地、碱蓬地和互花米草十类[182]。基于 IDRISI 软件平台，借助元胞自动机和马尔可夫耦合模型（CA-Markov）研究不同情景下盐城滨海湿地未来景观变化情况。在盐城滨海湿地景观变化及政府对滨海湿地生态保护的背景下，假设了两种情景模拟方案，分别是自然增长情景模拟、生态环境保护情景模拟，并通过模拟得到两种不同情景下的景观类型分布图。在景观模拟的基础上，对盐城滨海湿地不同情景下景观变化进行生态风险评价，借鉴景观指数法利用景观相应指标的定量化，清楚地反映区域景观格局的动态变化，选取景观干扰度指数和脆弱度指数来构建景观损失度指数，表示各景观受到外界影响时其自身的损失大小。在选取适合的研究尺度下，把盐城滨海湿地划分为不同的生态风险小区，结合风险小区面积和风险小区的损失度大小得到各风险小区的生态风险指数，通过 ArcGIS10.5 空间分析模块的克里金插值得到盐城滨海湿地不同情景下生态风险空间分布图，并进行相关分析。

（5）滨海湿地碳足迹研究及未来碳足迹变化情景模拟研究：运用直接和间接碳排放系数法，测算出盐城滨海湿地 1987—2017 年各类型地类的碳排放、碳足迹，研究盐城滨海湿地近 30 年间湿地演化的碳足迹时空变化特征、机制及其生态效应。以格网为空间单位，将滨海湿地碳足迹空间分布可视化表达，并对比分析每一期碳足迹的计量、空间变化分析。同时还分析碳足迹与景观指数之间的关系，以此探讨人类活动对盐城自然保护区碳足迹的影响。基于 IDRISI 软件平台，借助元胞自动机和马尔可夫耦合模型（CA-Markov）研究 2026 年现状利用、自然发展、政策规划和生态保护等不同情景下盐城自然保护区未来景观变化情况。在景观模拟的基础上，相应地得到 2026 年碳排放和碳足迹的预测模拟值，对其变化特征进行分析。并将碳排放与生态补偿有机结合起来，揭示滨海湿地保护区的碳补偿对象、补偿标准、补偿原则和补偿对策等。

1.3.2 研究方法

本文结合自然地理学、人文地理学、景观生态学、海洋地理学等地理学科理论以及经济学、管理学等多学科方法与理论，借助 3S 和 CA 技术，对该文章进行较为全面的梳理和研究。

1.3.2.1 文献管理法

在前期准备文章阶段，梳理研究区滨海湿地的相关研究，包括研究内容、研究方法，整理盐城滨海湿地当前研究的热点和不足。查阅分析国内外湿地生态系统评价指标体系构建的相关研究成果，收集研究区多时相的航片、卫片、地形图、海图、围填海工程及其他盐城滨海湿地开发利用等历史资料、数据、图件等。收集盐城滨海湿地相关水文、围垦、海岸侵蚀等数据，建立数据库，并对收集的资料进行综合分析与研究，为本项目研究提供背景资料及研究基础，为本研究和方法创新寻找突破口。积极查阅关于滨海湿地采样文献，整理盐城滨海湿地土壤、水质、植被采样方法和技术，为野外考察实验奠定基础。

1.3.2.2 实地调研法

为了加深对盐城滨海湿地的了解，除了大量阅读相关文献外，野外实地调研必不可少。2019 年 3 月 19—24 日，课题组前往盐城滨海湿地进行第一次实地考察，从研究区的响水县的扁担港，从北向南沿着 G228 国道和大丰海堤，对射阳河口、双阳河口、新洋港、盐城丹顶鹤湿地生态旅游区、斗龙港、王港口、大丰区滨海地区、东台市滨海地区等多个滨海湿地，在加深对湿地景观类型认识的基础上，初步确认野外湿地的采样地点。

1.3.2.3 系统分析法

利用自然地理学、人文地理学、景观生态学、海洋地理学等地理学以及经济学、管理学等多学科方法与理论，辅以 GIS 和 RS 等软件，建立盐城滨海湿地生态系统的评价体系和系统，以及景观未来模拟的景观模拟系统，从而实现对盐城滨海湿地生态系统评价及未来情景景观模拟。

1.3.3 研究技术

滨海湿地生态系统是湿地保护的核心。了解和评价当前滨海湿地生态系统所处的现状，对湿地保护与恢复政策制定和规划起到十分重要的作用。滨海湿地景观格局变化更是景观生态学的研究热点。景观格局变化是滨海湿地生态系统的主要组成部分，反映了地面覆被的演变情况，是对区域人类活动的响应，对区域生态系统有着重要促进或抑制作用。为了较为全面系统地了解盐城滨海湿地生态系统健康和安全情况，对盐城滨海湿地主要景观类型土壤、河流水质、植被进行收集采样，对其土壤养分、水质和植被情况进行分析，借助综合评价法反映研究区

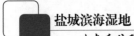

生态系统的健康情况。此外，选取长时间序列的盐城滨海湿地景观影像，分析研究区景观格局变化，结合 3S 技术和 CA-Markov 技术对其进行时空模拟，并模拟设置不同情景下未来景观变化情况。

1.3.3.1　3S 技术

文章借助 3S 技术在滨海湿地采样过程中精确定点，并建立各个采样点和整个采样区的数据库，并为景观模拟做数据准备。3S 技术包括 GPS（全球定位系统 global positioning system）、RS（遥感 remote sensing）、GIS（地理信息系统 geographic information system），是地理学的主要技术手段，更是分析景观格局变化的重要工具。

1.3.3.2　CA-Markov 技术

元胞自动机（Cellular Automata，CA）作为空间模拟的主要模型，其空间运算能力十分强大，能够较好地模拟简单到复杂不同系统的空间变化情况，常用于模拟生态环境变化、控制自然灾害、防范生态风险等重要工具。Markov 马尔可夫，作为预测时间变化的主要模拟方法，从自身的转换概率出发，得到未来一定时间上的状态，常用于土地利用模拟中。故结合 CA-Markov 技术对盐城滨海湿地景观进行模拟，了解不同情景下湿地景观的变化状态，为盐城滨海湿地生态系统和景观变化提供理论和实践指导。

1.3.4　技术路线

文章以江苏盐城滨海湿地为研究对象，通过对盐城滨海湿地采样获取湿地土壤、水质数据，通过对盐城滨海湿地遥感影像解译得到研究区多期景观类型数据。采用压力状态响应模型构建盐城滨海湿地生态系统稳定性评价指标体系，以层次分析法确认权重，利用综合评价法得到滨海湿地压力、状态、响应评价结果。在盐城滨海湿地生态系统稳定性评价结果的背景下，分析生态系统中景观生态系统当前及未来变化。故采用 CA-Markov 模型对研究区景观进行未来情景变化模拟，在此基础上分析研究区的景观演变特征、景观生态风险特征、碳足迹演变特征，并从碳补偿的角度为滨海湿地的进一步开发和保护提供对策和建议。具体技术路线图如图 1.2 所示。

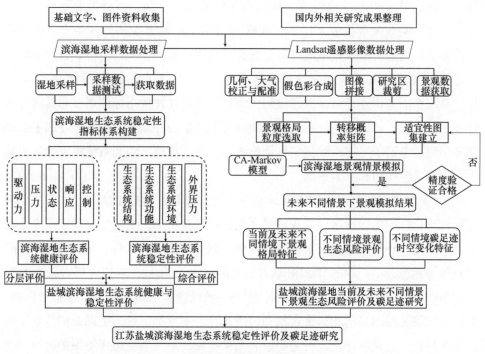

图 1.2　技术路线图

1.3.5　创新点

2019 年盐城自然湿地被纳入世界自然遗产目录，其滨海湿地在国内乃至世界的重要性受到广泛重视，加强盐城滨海湿地生态环境保护的呼声日益高涨，而湿地区域内依然存在较多生态环境问题，如由滩涂围垦、港口工程造成的岸线变迁、水污染、物种入侵等问题，生态环境面临着严峻的形势和难题。故文章以盐城滨海湿地作为研究区，对盐城滨海湿地生态系统健康、稳定性进行评价及未来景观模拟，可为盐城滨海湿地生态环境保护提供一定理论指导，为其他重要湿地研究提供区域典型案例。文章的主要创新点有以下几点。

（1）健康、稳定性作为表征区域生态系统的主要指标，生态系统健康、稳定性研究具有较高的现实和科学研究意义。而且当前生态系统健康、稳定性评价还未形成统一和比较标准的评价指标体系，对于生态系统健康、稳定性评价方法、评价内容、判断依据等还处于广泛探讨和摸索阶段。文章以盐城滨海湿地作为研究区，基于生态系统健康、稳定性评价的基本内涵，综合考虑驱动力、压力、状态、响应及调控五个层次，选取 14 个指标，构建滨海地区生态系统健康评价体系；遴选了反映盐城滨海湿地内在环境因子和外在社会经济、自然环境因子等 33 个评价指标，包含了区域自然环境、土壤、水质、景观、社会经济等数据，系统全面地构建了盐城滨海湿地生态系统稳定性评价指标体系，对其进行分级和总体评价，可详细地分析当前影响滨海湿地生态环境稳定性的主导因子。该部分研究也丰富了生态系统稳定性评价内容，为其他地区生态系统稳定性评价提供一定的借鉴作用和典型案例。

（2）本文将滨海湿地生态系统稳定性评价与景观模拟相结合，生态系统稳定性评价指标中也包含区域景观格局变化，对景观格局模拟也是对区域未来景观生态系统的一种探索。通过对盐城滨海湿地景观粒度分析，得到最佳粒度 30 m，以此作为元胞大小，利用 IDRISI 软件的 CA-Markov 模型，模拟得到研究区 2021年和 2025 年三种情景下的景观数据，图像一致性检验达到 0.9562，模拟效果好。并对盐城滨海湿地当前和未来现状利用情景、自然发展情景、生态保护情景模拟的景观进行生态风险评价，可为当前和未来盐城滨海湿地生态环境保护政策的制定 提供指导。

（3）以盐城滨海湿地自然保护区为研究区，基于 1987 年、1991 年、1996年、2000 年、2004 年、2008 年、2013 年和 2017 年 8 期土地利用数据，利用景观格局指数、空间分析等方法，分析盐城自然保护区 30 年间的景观时空演化特征。在景观变化分析的基础上，结合碳排放系数，分析盐城自然保护区碳排放、碳足迹的时空演变特征，进而探讨景观变化与碳足迹之间的相关关系，以揭示不同人类活动干扰下碳足迹的状况。利用 IDRISI 软件，模拟预测 2026 年不同人类活动干扰下盐城自然保护区的景观类型和碳足迹结果，并从碳补偿的角度出发提出盐城自然保护区的保护对策，为盐城自然保护区的后续开发和保护提供理论依据和决策参考。

2　研究区概况和数据来源及预处理

2.1　研究区概况

2.1.1　地理位置与区位

　　盐城滨海湿地位于江苏省中部沿海地区，地理位置介于 32°34′—34°28′ N，119°48′—120°56′ E，从南到北区县主要包括东台市、大丰区、射阳县、滨海县、响水县[20]。盐城滨海湿地主要在黄海和东海的波浪和潮汐作用及黄河三角洲和长江三角洲的沉积物沉积下形成，属于粉砂淤泥质海岸。江苏省的陆地面积为101 800 km²，该省拥有较为宽阔的沿海地区，且盐城市大陆岸线占江苏省大陆岸线长度的 60%，长度为 530 km[183]。文章对盐城滨海湿地范围的选取：以盐城市主要的道路和河流分界作为研究区的陆侧，以滨海湿地影像景观最大覆盖陆地边界，并略微向海扩展为海侧边界，北部边界为灌河，南部边界为盐城南部的行政界线[184]，研究区面积约为 3402.49 km²。研究区内还包括盐城湿地生物保护区，即核心区、缓冲区和过渡区。

　　盐城滨海湿地区位条件较好，距离盐城市区约 40 km，通过市和乡镇道路相接。盐城滨海湿地距省会南京市约 300 km，南部与上海相接，约 120 km，靠近大都市，经济腹地宽阔和实力强大[185]。此外，盐城市内道路交通发达，铁路、高速公路、国道和省道连接，沿海高速公路沟通内地与沿海，经济活动、人员信息流动频繁。沿海河流密布，大多由东向西注入东海，主要河流有灌河、中山河、废黄河口、扁担河、射阳河、东台河、王港河、三仓河等[183]。故沿海港口密布，对外联系繁多便利，主要港口包括灌河口沿线的嘴头港、海港、团港、扁担港、双洋港、横南港、陡港、新洋港、斗龙港、王港、川东港、川水港、新川港、洋口港等。由于陆地资源有限而海岸带湿地资源丰富，且当前陆地开发已经十分剧烈，因此向海洋进军已是世界沿海各国的共识。特别是 21 世纪以来，海洋开发强度越发增大，盐城滨海湿地南部靠近上海这一国际大都市，在上海巨大经济能力的辐射带动下，南部地区经济发展水平加快，对外贸易和港口经济发达。

2.1.2 自然地理环境特征

主要从地质地貌、气候条件、水文条件和土壤条件来概括介绍自然地理环境特征。

2.1.2.1 地质地貌

盐城滨海湿地处于扬子准地台区江苏北部的拗陷地带，基于前震旦纪结晶基底，在震旦纪晚期到中下三迭世间形成了较为系统的地台型地层，主要包括海相碳酸盐和碎屑岩。苏北—南黄海南部盆地就是在印支—燕山褶皱上发育来的陆相沉积盆地。而盐城滨海湿地主要是由燕山运动促成的断拗，且区域不断沉降，其新生界厚度约 2000~3000 m，其断拗中心厚度最大值约 6000 m。盐城滨海湿地自北向南主要为盐阜拗陷、建湖隆起和东台拗陷，盐阜拗陷包括射阳、阜宁和盐城，集中布局为古近系的三垛组。建湖隆起主要是中生代隐伏构造带，有助于控制白垩纪、古近纪和新近纪沉积，分布于大丰区龙王庙。东台拗陷分带明确，内箕凹陷，东西横向布局，覆盖松散层约 3000 m 及以上[20]。

盐城滨海湿地内的滩涂源于 1128—1855 年黄河携带入海沉积的泥沙及在海洋动力条件影响下部分沉积的泥沙，故盐城滨海湿地即为粉砂淤泥质滨海平原。1855 年黄河改道，河流携带泥沙量大幅减少，使得盐城滨海湿地射阳河口以北地区海岸侵蚀加剧，北部海岸线趋于平滑和规则，潮滩面积小而窄，约 500~1000 m。1855—1983 年，灌河口岸线倒退了 7.6 km，废黄河口三角洲面积缩减了 1400 km²，海堤修建后，岸线向陆停止缩减，但沿海地区受台风和风暴潮作用，潮滩的侵蚀主要为下蚀。而射阳河口南部泥沙继续淤积，其核心区内的滩涂不断增长，增长速度为 50~200 m/a。从射阳河口到新港，泥沙不断堆积，少量分布辐射状沙洲，沙洲脊呈现的沙脊为灰色颗粒，沙脊间隔约 10~20 m 深槽[20,185]。

2.1.2.2 气候条件

盐城滨海湿地在受纬度、海陆、洋流等综合作用下，其气候具有季风性、海洋性和过渡性。在东亚季风的热带海洋和极地大陆交替影响下，盐城滨海湿地成为亚热带季风气候，雨热充沛。盐城滨海湿地南北跨度约 200 km，温度带跨越了暖温带到北亚热带，扁担港北部为北亚热带，南部为暖温带。盐城滨海湿地受沿海寒流、冬季季风的影响，春季的气温与同纬度地区相比较低，且气温回升趋缓；而在秋季，受海洋作用的影响，气温下降速度变缓，且秋季气温大于春季。

盐城滨海湿地的 1 月均温位于 0～2.5℃，7 月均温位于 26.5～27.5℃，年均温介于 14～15℃，全年无霜期约 230 天。气温空间差异呈现西高东低、南高北低，但差异较小，年均温东西差异 0.5℃，南北差异 0.7℃。盐城滨海湿地年均降水量处于 900～1060 mm，空间分异呈现南多北少，大丰和东台降水集中。降水集中于夏秋季节，约 65～70 天，5—9 月降水量最大，约占全年降水总值 70%[20]。盐城滨海湿地年日照时数介于 2100～2400 h，空间分布呈现西少东多，南少北多，年太阳总辐射量约 110 kcal/cm²。

2.1.2.3 水文条件

盐城滨海湿地由西向东的河流较多，并注入黄海，其中较大的河流有灌河、中山河、废黄河口、扁担河、射阳河、黄沙港、新洋港、斗龙港、东台河、梁操河、竹港、川东港、王港河、三仓河等。河流流量充足，但时空不均，呈现南多北少、夏多冬少。盐城滨海湿地除灌河外，区域其余河口设有闸门，以控制入海河流水量。众多入海河流中，射阳河多年平均入海流量最大，其次为苏北灌溉总渠、新洋港、废黄河和斗龙港，其他河流多年平均入海流量较小。盐城滨海湿地沿海潮流为正规半日潮，呈现落潮历时高于涨潮，时差 0.5～1.0 h，平均潮差 2～3 m，其历史上最高的潮位约 7.7 m[20, 30]。

2.1.2.4 土壤条件

盐城滨海湿地土壤与海陆位置有显著关系，距海越近，受潮汐作用越大，并在潮汐淹没不同程度下形成相应的土壤类型。海堤内部潮土分布，海堤外部滨海盐土分布，细分为潮滩盐土、草甸滨海盐土和沼泽滨海盐土，各土壤分布与海水冲淤密切[186]（表2.1）。淤积型岸线，潮滩土壤扩张，如射阳县中部以南的大丰和东台；侵蚀型岸线，潮滩土壤缩减，如射阳县中部以北的响水和滨海。

表 2.1 盐城滨海湿地主要土壤类型

土壤类型	形成过程	成土阶段	土壤有机质含量	土壤含盐量	空间分布
潮滩盐土	在现代海水的作用下，母质沉积与盐分积累作用同时进行的原始成土过程形成	滨海盐土的最初成土阶段	一般低于0.5%	0.6%~2.0%	分布在幽禁型海岸月潮淹没带（含月潮淹没带）以下的碱蓬滩、光滩、浮泥滩和板沙滩以及蚀退型海岸的整个潮间带内
草甸滨海盐土	脱盐过程与草甸化过程结合而成的土壤	潮间带土壤发育的最高阶段	1.5左右，最高可达2%~4%	0.1%~0.6%	集中于年潮淹没带多年生草甸生态下
沼泽滨海盐土	有成片的沼生植物（芦苇、互花米草）下发育	潮间带土壤发育的中级阶段	1.0%左右	0.2%~0.8%	咸淡水交汇的河口边滩

2.1.3 自然资源特征

盐城滨海湿地自然资源多样，沿海有潮滩分布，其生态系统包括湿地、水域、海洋等，是各种鸟类、鱼类、植被栖息和生长的理想地（表2.2）。这也为区域生物多样性保护、生态环境质量改善及社会经济发展奠定坚实基础。

根据江苏盐城湿地珍禽国家级自然保护区植被资源统计结果显示[186]，盐城滨海湿地植被多样性复杂，其中包括高等植物111科346属559种。盐城滨海湿地植被主要为盐生植被，且随着距海远近具备显著的分带性和过渡性，芦苇（Phragmites australis Trin.），碱蓬（Suaeda salsa Pall.）和互花米草（Spartina alterniflora L.）为研究区主要植被类型，广泛分布于沿海地区，对盐城滨海湿地生态保护起到重要促进作用。此外盐城滨海湿地植物群落可分为3种类型，包括盐地植被类型，盐沼植被类型和盐水水生植被类型，其中盐地植被类型可以分为：盐蒿、碱蒿群落；盐角草群落；大穗结缕草群落；獐茅群落；茵陈蒿群落；白茅群落。盐沼植被类型包括大米草、互花米草群落；糙叶苔群落；扁杆藨草群落；芦苇群落；狭叶香蒲群落。盐水水生植被包括川蔓藻群落；穗花狐藻群落；
菹草群落。盐城滨海湿地浮游植物作为水生生态系统的初级生产者，保护区记录
在册的淡水浮游植物包括 96 种，近海浮游植物 190 种，其中包括浮游硅藻 166
种，甲藻 21 种，蓝藻和金藻分别为 2 种和 1 种，集中分布在盐城滨海湿地的潮
滩湿地、河流入海口及河道口。

表 2.2 盐城物种多样性

分类	中国已知物种数（万种）	全球已知物种数（万种）	有待发现物种估计数（万种）	盐城已知物种数（种）
昆虫	3.4	95	800 ~ 10000	508
原生动物	—	4	10 ~ 20	50
脊椎动物	0.6	4.5	5	740
软体动物	0.35	7	20	561
甲壳动物	0.38	4	15	86
螨、蜘蛛	0.7	7.5	75 ~ 100	100
藻类	1.14	4	20 ~ 1000	286
线虫	0.065	1.5	50 ~ 100	12
病毒	0.04	0.5	约 50 万	50
细菌	0.05	0.4	40 ~ 300	150
真菌	0.8	7	100 ~ 150	50

资料来源：盐城国家级珍禽自然保护区管理处

　　盐城滨海湿地地处暖温带到北亚热带，气候温和湿润。优越的气候条件和海
岸滨海湿地位置使得盐城滨海湿地享誉中外，更是一些鸟类尤其是珍稀鸟类的栖
息地。东南亚及澳大利亚与西伯利亚苔原南北候鸟迁徙路经于此，并在此停歇，
滨海湿地内部也有各种鹤类、大雁和野鸭等，它们在此栖息越冬。盐城滨海湿地
拥有国家 II 级重点保护鸟类 65 种，如丹顶鹤、白头鹤等。《中国濒危物种红皮
书》中介绍，研究区包括 15 种稀有种，7 种濒危种，11 种不确定种。在 Birds
to Watch 目录中，研究区有 22 种易危种、5 种濒危种、1 种极危种和 15 种接近
受危种。这也表明保护区自然资源丰富，为众多濒危野生动物资源提供优越的
栖息地[20]。

2.1.4 社会经济概况

盐城滨海湿地处于江苏省东部沿海，其岸线占江苏省总岸线长度的60%，也表明盐城滨海湿地在江苏省海洋经济发展中占重要地位。在2009年，国务院发布的《江苏省沿海地区发展规划》，将江苏省海洋经济发展提升为国家战略层次，而后颁布了很多促进海洋经济发展的条例和措施，最新政策与2019年颁发的《江苏省海洋经济促进条例》。这也促进了盐城滨海湿地经济的开发和建设，2017年盐城地区生产总值达到5082.69亿元，在2016年地区生产总值基础上增长了9.71%，就其地区产业组成来看，相较于2016年，第一产业生产总值增长了30.27亿元，第二产业生产总值增长了169.33亿元，第三产业生产总值增长了250.05亿元，其中第三产业增长最快，增长率达到12.43%。城市居民可支配收入36 927元，农民纯收入18 711元。盐城滨海湿地所涉及的5个县区市（表2.3），其经济发展水平也存在较大差异，呈现南高北低的特征。南部地区靠近上海、南京等大都市，经济受其辐射带动明显。盐城滨海湿地北部产业集中为盐业和水产养殖，经济附加值较小，而南部海洋开发方式多样化，港口密布，工业化水平高于北部，港口城市建设发达、经济水平高。

表2.3 研究区涉及县区市主要经济指标

地区	地区生产总值（亿元）	第一产业（亿元）	第二产业（亿元）	第三产业（亿元）	人均地区生产总值（元）
响水县	319.91	42.36	156.35	121.20	63 854
滨海县	442.53	62.11	179.67	200.75	47 355
射阳县	500.02	86.08	181.94	232.00	56 531
大丰区	647.48	82.07	253.98	311.43	92 220
东台市	812.82	97.33	329.29	386.20	82 906

盐城滨海湿地产业活动频繁，其中特色产业主要为渔业养殖、盐业、港口物流、滩涂采集、生态旅游等。盐业历史悠久且制盐工艺水平高超，历史记载战国时期已有产盐工艺。当前盐田约673 km²，年生产能力达到115.4×10⁴ t，著名盐场包括灌东盐场、新滩盐场和射阳盐场等。水产养殖业遍布盐城滨海湿地，其

独特的地理位置适宜水产养殖，包括内陆养殖和海洋养殖。港口物流依靠便利的海运交通，滩涂采集包括对大面积芦苇的收割、贝类采集等。生态旅游业依托滨海湿地较好的生态环境，旅游资源包括湿地景观、生物和海滩等，著名景点包括大丰麋鹿自然保护区、大丰港海洋世界、丹顶鹤自然保护区等，游客主要为科研人员和学生[20, 183]。

2.2 数据来源与预处理

2.2.1 数据来源

2.2.1.1 湿地野外采样数据

盐城滨海湿地野外采样数据主要包括土壤、水质和植被数据，其中反映盐城滨海湿地土壤环境状态的具体指标包括：有机质含量、铵态氮、有效磷、速效钾、pH、盐度等；反映盐城滨海湿地水质环境状态的具体指标包括：总氮、总磷、氨氮、化学需氧量等指标；调查盐城滨海湿地植被状态主要包括湿地主要植被生长地分布、生长情况、周边环境等。湿地野外采样按照国家规定的行业标准，对盐城滨海湿地土壤、水质和植被进行现场采样调查，并按照采样点有序装袋和标注，带回实验室进行数据处理。

2.2.1.2 遥感影像数据

文章采用的 Landsat Thematic Mapper（TM）和 Operational Land Imager（OLI）卫星图像影像数据均由美国地质调查局（USGS）网站（http://glovis. usgs. gov/）、地理空间数据云提供，空间分辨率均为 30 m，选取了 8 个年份的影像，包括1987 年、1991 年、2000 年、2004 年、2008 年、2013 年、2017 年、2019 年，共 16 张图像。时间以春秋季和冬季（10 月至翌年 5 月）为主。其卫星轨道号如表 2.4 所示。因研究需要，各章节选取的影像具有差异性，详见各章节具体内容。

表 2.4 卫星遥感数据表

卫星	传感器	轨道号	成像时间	卫星	传感器	轨道号	成像时间
Landsat5	TM	120/36	1987–12–24	Landsat5	TM	119/37	1987–12–19
Landsat5	TM	120/36	1991–11–19	Landsat5	TM	119/37	1991–11–28
Landsat5	TM	120/36	2000–12–13	Landsat5	TM	119/37	2000–12–06
Landsat5	TM	120/36	2004–12–08	Landsat5	TM	119/37	2004–11–15
Landsat5	TM	120/36	2008–12–19	Landsat5	TM	119/37	2009–01–13
Landsat8	OLI	120/36	2013–12–01	Landsat8	OLI	119/37	2013–12–10
Landsat8	OLI	120/36	2017–12–01	Landsat8	OLI	119/37	2017–12–10
Landsat8	OLI	120/36	2019–04–22	Landsat8	OLI	119/37	2019–05–08

2.2.1.3 行政边界、社会经济等其他相关数据

在对文章进行生态系统退化评价和未来情景景观模拟中，除景观影像、湿地采样数据外，还需要另外一些关键数据。

主要包括：盐城行政边界、盐城道路交通、盐城城镇分布、盐城水文水系分布、1987—2019 年《江苏省统计年鉴》和《盐城市统计年鉴》、盐城气象情况、盐城 DEM 数据、江苏省和盐城市规划文本数据、盐城滨海湿地自然保护区数据。其中江苏省和盐城市的河流、道路、行政区划等矢量数据来源于全国地理信息资源目录服务系统（http://www.webmap.cn/main.do?method=index）和中国科学院资源环境科学数据中心数据注册与出版系统（http://www.resdc.cn/DOI），2018.DOI:10.12078/2018110201，气象数据来源于中国气象数据网，社会经济数据来源于相关城市统计年鉴。

2.2.2 数据预处理

2.2.2.1 采样数据预处理

文章利用的样品主要包括土壤和水质样品，其中土壤样品的预处理步骤如下。

将四次采样密封，带回实验室的土样进行风干，有顺序地放置在通风处，并将大块土样压碎，捡出其中较大的石块、植被根系和动物尸体等。然后将风干好的土样进行研磨，研磨包括粗研磨和细研磨，两道不同工序。粗研磨时，将土样磨碎、过筛，去除里面的杂质，利用四分法取样，再采用 0.25 mm 孔径的尼龙筛过筛，保存样品并作为下一步实验的样品。细研磨时，对粗研磨的样品利用四分法取样，并对其再一次研磨，过筛。过不同孔径尼龙筛的土样需要测量的土样指标不一样。如过 0.25 mm 孔径的尼龙筛土样支持有机质、全氮等指标，而过 0.15 mm 孔径的尼龙筛土样支持土壤元素全量分析等。将研磨好的样品装入密封袋，并记录样品信息，如编号、土壤类型、采样点等，多余样品风干密封，放在干燥、通风、无阳光直射和无污染处，以便下次实验使用。

水质样品预处理：本研究利用水样采集器，对盐城滨海湿地河流、湖泊和各景观类型附近的水质进行表层采样，大约深度为 0.3~0.5 m。使用无菌无污染的化工瓶盛装水样，并在瓶身编号。文章对水质的测定选用了美国哈希 DR1900 便携式分光光度计，该仪器便于携带和快速测量水质情况，此外搭配 DRB200 消解仪对水质进行预处理。DRB200 消解仪由是哈希公司开发，主要对水质样品进行消解装置，如消解总磷、总氮、TOC、COD 水质指标。消解仪可根据实验标准自由选择消解时间和温度，其时间和温度范围为 0~480 min、37~165℃。消解的主要作用为将水质中各种价态的欲测元素氧化为单一高价态或转变为易于分离的无机化合物。对消解后的水样进行测量得到样点的水质指标含量值，并记录。

2.2.2.2 遥感数据预处理

遥感数据解译中产生的一些技术及人为因素的干扰会使得到的影像结果与实际产生误差，从而降低图像质量及图像分析的精度。故在进行解译和分析前，需要对原始遥感影像进行预处理，主要包括研究区的裁剪、几何纠正和配准、波段合成、影像镶嵌和图像增强。主要步骤介绍如下。

1）研究区影像裁剪

文章对盐城滨海湿地范围的选取：以盐城市主要的道路和河流分界作为研究区的陆侧，以滨海湿地影像景观最大覆盖陆地边界，并略微向海扩展为海侧边界，北部边界为灌河，南部边界为盐城南部的行政界线，研究区面积约为

3402.49 km^2。以此得到的研究区范围对 8 期影像进行裁剪，从而得到研究区 8 期影像数据。

2）几何校正、大气校正和配准

Landsat5 影像数据需要进行几何校正，而 Landsat8 影像数据已经经过 DEM 数据的地形校正，其坐标精度满足要求，故不需要对其进行几何校正，但需要进行辐射定标和大气校正。文章采用 ENVI5.2 遥感数据处理软件的 Basic Tools 模块下的 Layer Stacking 工具将原始多个单波段的遥感影像进行多波段组合，对获取的已经经过几何粗校正的遥感影像进行几何精校正。主要步骤包括：确定原图像与校正图像一致的坐标系；明确 GCP；选取畸变数学模型；精度分析。文章利用 ENVI5.2 选取控制点对地形图进行分幅地理配准。以地理配准完毕后的地形图作为参考，分别对 1987—2019 年共 8 期遥感影像进行几何精校正。为提高校正精度，选取容易识别在图像上均匀且地理位置变化较小的标志点作为控制点。对于 Landsat8 影像数据在 ENVI5.2 进行辐射定标（Radiometric Calibration），大气校正（FLAASH Atmospheric Correction）处理。

3）波段合成和影像镶嵌

遥感影像自身携带的波段较多，各波段都拥有自身独特而丰富的光谱信息，且相关性较强，但波段的增加也提高了数据处理的难度和工作量，以及波段间的干扰影响准确景观分类，因此波段的组合在目视解译中对于解译影像至关重要。

基于不同的研究领域和研究目的可选择不同波段进行组合，因此为了更好地进行对地物信息的提取，应选择最佳的波段进行组合。本研究对 TM 影像采用标准假彩色 4、3、2 波段组合，OLI 影像采用标准假彩色 5、4、3 波段进行组合，该组合方式可用于植被分类以及水体的识别，图像较为丰富、有层次，有助于目视解译，也能较好地辨识出不同地物的差异。对处理好的单幅影像进行影像镶嵌，利用 Seamless Mosaic 工具对其进行无缝拼接，经匀色处理、接边线与羽化使得两幅同期影像拼接成一幅影像，为分类做好准备。

4）遥感影像分类和人工目视判读

以盐城市植被分类图、土地利用图、河流水系分布图等为参照，基于地面覆被物的光谱和纹理特征，结合课题组野外实际植物样本考察，对各期影像数据进行解译。辅以 ENVI 软件对其监督分类处理，再结合人工目视解译修正解译后的影像，最后对其精度评价。通过遥感数据解译和野外实地调研，得到研究区

1991年景观类型分布图，各类型的精度验证都大于85%，数据合格可进行下一步处理。结合盐城景观分布实际情况和研究需要（表2.5），将其景观类型划分成自然和人工湿地景观，自然湿地景观为海水、潮滩、芦苇、碱蓬和互花米草，人工湿地景观包括盐田、农田、鱼塘、建设用地。按照此方法，得到了研究区各时期景观类型分布图。

表 2.5 盐城滨海湿地景观解译分类

一级分类	二级分类	具体含义
自然湿地	芦苇	主要覆被为天然芦苇及半人工芦苇塘，地处小潮高潮位以上，主要分布于河口地区
	碱蓬	主要覆被类型为碱蓬草甸，地处高潮滩和中潮滩上部
	互花米草	主要覆被类型为米草草甸，下部植被较为稀疏，地处中潮滩逐渐过渡到光滩
	潮滩	滩涂分布在米草以下、潮侵频率在以上的地带。地处小潮高潮位以下，盐城滨海广泛分布
	海水	天然形成及拥有人工改造堤岸的河流，盐城滨海河流内陆部分基本已经渠化，入海部分仍然保持自然状态
人工湿地	盐田	人工围垦所形成的晒盐场，主要分布于灌东、射阳等地
	鱼塘	人工修建用于养殖鱼、虾、蟹及贝类等水产品的蓄水区，水位一般相对较浅，在盐城滨海地区广泛分布
	农田	包括无灌溉水源设施，依靠天然降水生长作物的旱地和有水源保证及灌溉设施以种植水稻等水生农作物的水田，盐城滨海湿地以水田为主
	建设用地	主要包括城镇用地、农村居民点建成区、货场、港口以及工业园区地等

3 盐城滨海湿地生态环境特征

湿地土壤环境、水文环境和植被环境是湿地生态系统的主要构成要素，且彼此相互作用、影响和制衡，构成了湿地生态系统独特而统一的结构与功能机制，维护和协调着整个湿地生态系统的稳定与持续发展[187,188]。而湿地生态系统的某一要素的变化会对其周围湿地生态系统产生影响，迫使其生态系统各组成要素的结构与功能发生转变，从而影响整个湿地生态系统环境[187,189]。研究滨海湿地土壤环境、水文环境、植被环境和景观格局变化，分析盐城滨海湿地生态环境特征，有利于较为全面了解滨海湿地生态系统状况，为有效保护盐城滨海湿地生态系统提供理论与实践指导。

在 2018 年 11 月中旬、2019 年 2 月下旬、5 月中旬、8 月初四个时段选择一周对盐城滨海湿地进行野外采样考察，较为均匀地将盐城滨海湿地分为了 11 条采样线路进行调查，采样线路以内地向沿海滩涂较为垂直分布，部分线路考虑到交通可达性，垂直有一定偏差。首次采样确定采样地点地理坐标，而后在不同季节重复采样三次，以保证采样数据综合了区域的季节变化，鉴于采样时间跨度较短，故以四次采样的平均值来分析。采样线路以沿海附近的港口、河流命名，从南至北依次为新川港线、梁垛河线、川东港线、王港口线、晚庄港线、斗龙港线、新洋港线、射阳河线、双洋港线、扁担港线和新淮河口线。对野外获得的采样样品，在实验室进行处理，获得了盐城滨海湿地土壤、水质、植被的基本数据，以此来分析盐城滨海湿地生态环境特征。

3.1 基础生态环境特征

3.1.1 湿地土壤环境

盐城滨海湿地土壤样品包括 59 个采样点，在确定的地理坐标点进行重复采样，采样点优先选择具有代表性的地点。取土样时先去除样地土壤表层凋落物，用实验室小取样铲刀采集土样，对采样点进行混合采样，即采取 3~4 个重复样混合采集。样品装封后，带回实验室，自然烘干水分后初步研磨，去除根系、动物尸体等杂物，过实验指定的细筛，最后采取四分法取土样作为实验样品。土壤各指标测定方法参照《土壤农化分析》的指导方法[190, 191]。

土壤养分指标检测是测算湿地土壤肥力条件的主要途径，土壤养分含量对湿地生物的类型、动植物的生长发育与繁衍、水化学环境等产生重要影响，从而影响着区域湿地生态系统的稳定性、可持续性和生产力[192]。盐城滨海湿地作为江苏省重要的沿海天然湿地，除射阳建立的核心区严禁人类活动外，其他区域鱼塘养殖规模仍处于扩大趋势，围垦活动并未停止，大量的新挖鱼塘破坏了原来的湿地环境，湿地土壤养分在不同区域差异较大。

文章主要选取了有机质来反映湿地土壤的肥力状况，土壤有机质作为土壤的重要组成部分，更是土壤氮、磷等各种营养元素的基本来源，其含量影响着土壤的生产力条件，是湿地土壤质量的最基本和核心指标（表 3.1）。pH、盐度反映湿地土壤的基本性质，也是湿地土壤的重要属性，影响着生物的生长发育。此外，可以通过铵态氮、有效磷、速效钾来反映湿地土壤的速效养分情况，它们是植物生长发育吸收利用的重要营养元素。对四次采集样品检测得到的 59 个样品数据输入 SPSS 软件进行描述，可以发现：盐城滨海湿地有机质处于 2.1~60.86 g/kg，平均值为 19.01 g/kg，按全国土壤肥力分级标准，处于四级标准，为中等肥力地，但区域差异明显，其标准差和方差较大，方差达到了 234.99。湿地 pH 位于 7.1~9.3，平均值为 7.75，表明盐城滨海湿地土壤以碱性土为主，区域 pH 差异较小，标准差和方差低。湿地土壤盐度处于 0.11~2.28 g/kg，平均值为 0.61，区域为盐渍化土，对盐分敏感的植物影响较大。湿地土壤速效养分中，速效钾成为土壤中易被作物吸收利用的钾素，在盐城滨海湿地含量较大，范围为 60.73~869.7 mg/kg，远大于铵态氮和有效磷，但速效钾区域差异显著，方差达到了 30 917.4。有效磷含量范围为 7.7~41.45 mg/kg，平均值为 45.05 mg/kg，区域差异也较大。土壤铵态氮含量为 6.3~41.45 mg/kg，区域差异相对较小。

表 3.1　土壤主要指标数据描述

指标	采样个数	最小值	最大值	平均值	标准差	方差
有机质（g/kg）	59	2.1	60.86	19.01	15.33	234.99
pH	59	7.1	9.3	7.75	0.37	0.13
盐度（g/kg）	59	0.11	2.28	0.61	0.43	0.19
铵态氮（mg/kg）	59	6.3	41.45	18.32	6.95	48.29
有效磷（mg/kg）	59	7.7	166.7	45.05	31.84	1013.63
速效钾（mg/kg）	59	60.73	869.7	319.55	175.83	30 917.40

　　对各线路的土壤采样数据整理（表 3.2），采用多次平均值表示线路的土壤养分指标，可以发现：有机质含量最高值出现在新洋港、斗龙港和射阳河附近，这里靠近盐城滨海湿地的核心保护区，受人类活动影响较小，土壤植被覆盖较高，常年累积的土壤有机质肥力较高，而新川港有机质含量最低，仅为 8.21 g/kg，这也与人类活动影响较大。从区域上看，中部有机质含量最高，而南部大于北部地区，如梁垛河线、川东港线、王港口线、晚庄港线大于北部的双洋港、扁担港和新淮河口线。土壤 pH 盐城滨海湿地差异较小，碱性土为主。土壤盐度北部大于南部，如新川港土壤盐度含量低于扁担港和新淮河口的土壤盐度含量，这也与盐田集中分布在湿地的北部相关。土壤铵态氮含量区域差异较小，最大值出现在新淮河口线，达到 24.03 mg/kg，但附近的扁担港、双洋港铵态氮含量较低。土壤有效磷含量区域差异较大，差异值约为 35.21 mg/kg，最大值位于晚庄港、王港口附近，最小值则分布在北部的双洋港、新淮河口附近，受土地利用方式的影响，土壤有效磷含量南北差异较大。土壤速效钾区域含量较高，其值都大于 100 mg/kg，且区域差异较大，射阳河和梁垛河附近的土壤速效钾含量较高，最小值出现在双洋港附近，土壤速效钾含量仅为 107.35 mg/kg，核心保护区受人类活动影响较小，土壤速效钾含量略低于南部的王港口和北部的射阳河。

表 3.2　不同采样线路指标数据

采样线路	铵态氮（mg/kg）	有效磷（mg/kg）	速效钾（mg/kg）	有机质（g/kg）	pH	盐度（g/kg）
新川港线	20.40	51.48	334.51	8.21	7.64	0.45
梁垛河线	22.29	53.44	401.99	21.55	7.74	0.49

采样线路	铵态氮 （mg/kg）	有效磷 （mg/kg）	速效钾 （mg/kg）	有机质 （g/kg）	pH	盐度 （g/kg）
川东港线	19.16	39.04	235.75	21.11	8.18	0.59
王港口线	10.36	59.81	388.19	16.82	7.85	0.69
晚庄港线	20.43	60.11	273.83	16.21	7.78	0.92
斗龙港线	20.87	40.92	279.22	24.54	7.78	0.52
新洋港线	16.94	35.12	225.27	25.80	7.72	0.41
射阳河线	21.22	38.77	479.74	24.10	7.64	1.00
双洋港线	14.61	24.90	107.35	13.78	7.60	0.51
扁担港线	13.24	32.09	244.00	18.53	7.58	0.67
新淮河口线	24.03	27.28	286.87	9.09	7.93	0.51

　　为从空间上更清楚地显示土壤养分指标的空间分布差异，利用 ArcGIS 对采样点的各属性值平均值进行克里金插值。克里金插值充分考虑了某一空间属性在区域空间位置的变异分布特点，预测待插点值影响的有效距离范围，并以此范围内的采样点来评估待插点的属性值，较为广泛运用于土壤制度领域中。通过插值结果可以发现：各土壤养分指标空间分异较为显著，土壤有机质含量中部最高，集中分布在核心保护区附近，南部大于北部，考虑到南部农田和鱼塘利用面积较广，而北部盐田、干塘面积较大，故土壤肥力大于南部。pH 高值区位于大丰区和东台市交界处，碱性值较大，南部大于北部，射阳县区域的土壤碱性含量最低。土壤盐度含量北部大于南部，响水县、滨海县盐田分布较多，南部较少，东台市区域的湿地土壤盐度最低，其次为射阳和大丰交界处土壤盐度较小。土壤有效磷和速效钾含量都呈现南部大于北部的差异特征，有效磷高值区集中分布在大丰区区域，速效钾则集中于东台市区域。铵态氮高值区位于南部的东台市和中部的射阳县与大丰区交界附近，其他地方土壤铵态氮含量较小。此外，湿地土壤铵态氮、有效磷、有机质含量在空间上也呈现内地向海洋减小的趋势，而 pH、盐度和速效钾则在海洋一侧大于内地侧，越靠近海域，土壤盐度上升，土壤碱性增加，而肥力养分含量降低，速效钾含量空间分布在东台市呈现与其他肥力养分指标相反的分布趋势，也考虑到河流携带养分在河口的沉积作用。

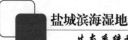

3.1.2 湿地水环境

滨海湿地水环境质量对区域生态系统的重要性不言而喻，水作为生物的生命源泉，水质条件对于湿地生物有着至关重要的作用。盐城滨海湿地地形平坦，最大高程不超过 90 m，地势西高东低向海倾斜，狭长的盐城滨海湿地汇集了几十条大大小小的河流，且形成了许多较为优良的港口。在人类活动影响下，水环境正日益发生变化，影响着区域生态系统的稳定性。研究盐城滨海湿地水环境条件，对其水质进行评价显得尤为重要。

盐城滨海湿地水质共采集了 64 个样品，重复采样四次，采样点优先选择具有代表性的地点，主要选择了河流及不同景观类型下的水质情况，且主要选择了水质的常量指标，如总磷、总氮、氨氮和化学需氧量，水样各指标测定方法参照《水和废水监测分析方法》[193, 194]。对水环境评价主要利用实测值与标准值对比差异进行评价。

对水质采样的线路与土壤采样基本一致，但采样点略有差异。采样数据输入 SPSS 软件进行数据描述且与地表水环境质量标准值进行对比（表 3.3 与表 3.4），可以发现：盐城滨海湿地水质平均值都大于地表水环境质量标准的 V 类，也表明当前湿地地表水环境较差。其中湿地水质总氮含量范围为 0.3 ~ 110 mg/L，平均值为 4.92 mg/L，大于地表水环境质量 V 类的标准值 2.0 mg/L，方差较大，湿地区域水质总氮含量差异显著。水质总磷含量从 0 ~ 97.4 mg/L，平均值为 3.16 mg/L，大于地表水环境质量 V 类的标准值 0.4 mg/L，方差较大，区域分布具有差异性。水质氨氮含量从 0 ~ 120 mg/L，平均值为 3.01 mg/L，大于地表水环境质量 V 类的标准值 2 mg/L，方差为 224.41，区域氨氮含量差异明显。湿地水质的化学需氧量最大，范围为 2 ~ 3000 mg/L，平均值为 454.7 mg/L，远大于地表水环境质量 V 类的标准值 40 mg/L，表明区域水质的化学需氧量超标严重，方差达到了 49 3760.5，更表明区域化学需氧量的分布不均。

表 3.3　水质主要指标数据描述

指标	单位	采样个数	最小值	最大值	平均值	标准差	方差
总氮（TN）	mg/L	64	0.3	110	4.92	14.16	200.47

指标	单位	采样个数	最小值	最大值	平均值	标准差	方差
总磷（TP）	mg/L	64	0	97.4	3.16	13.38	179.02
氨氮（NH$_4^+$-N）	mg/L	64	0	120	3.01	14.98	224.41
化学需氧量（COD）	mg/L	64	2	3000	454.7	702.68	493 760.5

表 3.4　地表水环境质量标准基本项目标准限值　　　　　　　（mg/L）

指标	I 类	II 类	III 类	IV 类	V 类
总氮≤	0.2	0.5	1.0	1.5	2.0
总磷≤	0.02	0.1	0.2	0.3	0.4
氨氮≤	0.15	0.5	1.0	1.5	2.0
化学需氧量≤	15	15	20	30	40

从不同线路来看（表 3.5），盐城滨海湿地水质总氮含量最高值出现在川东港附近，最小值出现在扁担港和梁垛河附近，且最大值与最小值相差 18.77 mg/L。其次，新洋港的总氮含量也较高，达到了 8.56 mg/L，而其他地区的总氮含量较小。各线路总氮含量只有扁担港的水质符合地表水环境质量的 IV 类，梁垛河、射阳河满足地表水环境质量的 V 类，其他线路总氮含量均超标。湿地水质总磷和氨氮含量最大值也分布在川东港附近，最小值集中在梁垛河附近，且最大值与最小值差异较大，分别是最小总磷含量中值含量的 543、45 倍左右，总磷含量的空间分布差异大于氨氮含量。对于湿地总磷含量，梁垛河附近水质满足地表水环境质量的 II 类，新川港附近水质满足地表水环境质量的 IV 类，其他路线附近的水质均超标。从湿地氨氮含量看，梁垛河、晚庄港附近水质满足地表水环境质量的 II 类，王港口、射阳河附近水质满足水质的 III 类标准，新淮河口附近水质满足水质的 IV 类标准，新川港、斗龙港、新洋港附近水质满足地表水环境质量的 V 类标准，而川东港和双洋港附近水质超标，特别是川东港附近水质氨氮含量达到 20.33 mg/L。湿地化学需氧量仅在扁担港附近水质达到地表水环境质量的 II 类指标，其他线路附近的水质均处于超标状态，以梁垛河为最高值，化学需氧量到达了 1235 mg/L，其次为王港口、新川港、双洋港等附近区域，水质化学需氧量均严重超标。

表 3.5　不同采样线路指标数据

采样线	总氮（mg/L）	总磷（mg/L）	氨氮（mg/L）	化学需氧量（mg/L）
新川港线	4.14	0.30	1.91	692.43
梁垛河线	1.51	0.03	0.45	1235.00
川东港线	20.27	16.29	20.33	245.33
王港口线	2.16	1.70	0.61	773.00
晚庄港线	2.24	0.77	0.40	161.86
斗龙港线	5.14	9.72	1.82	154.00
新洋港线	8.56	4.68	2.00	82.20
射阳河线	1.90	0.98	0.88	83.67
双洋港线	5.80	1.05	3.65	409.00
扁担港线	1.50	0.50	0.65	20.00
新淮河口线	3.75	0.62	1.22	224.17

　　通过对四次 64 个采样点各水质指标平均值插值可以发现：盐城滨海湿地水质总氮和氨氮分布特征较为类似，以大丰区和东台市交界为高值区，主要在川东港线的指标数值较高。此外，总氮含量在新洋港、双洋港附近也较大。在水质总磷含量空间分布上，南部小于北部，且以川东港为高值区，射阳和大丰交界处次之，其他区域含量差异较小，南部东台市水质总磷含量最低。湿地水质的化学需氧量，在南部大于北部，中部地区水质化学需氧量最低，以东台市区域为化学需氧量高值区。此外，总氮、总磷和氨氮在空间呈现内陆侧大于沿海侧的特征，而化学需氧量相反，以东台市区域较为显著。

3.1.3　湿地植被

　　由江苏盐城湿地珍禽国家级自然保护区对区域统计可知，保护区内有动植物 2600 余种，其中国家一级保护野生动物 14 种，二级保护野生动物 85 种；鸟类 402 种（11 种为一级保护动物），植物 450 种，两栖爬行类 26 种，鱼类 284 种，哺乳类 31 种。

　　盐城滨海湿地植被种类科目繁多，如芦苇、盐地碱蓬、碱蓬、盐角草、大穗结缕草、拂子茅、大米草、互花米草、糙叶苔草、白茅、獐毛、中华补血草、束尾草、罗布麻、竹叶菊、丝草、匍地黍、珊瑚菜、绢毛飘拂草、肾叶天剑、长穗飘拂草、川蔓藻、狐尾藻、水烛、空心莲子草等[195]。盐城滨海湿地野外考察中，对主要的滩涂植被类型、特点和分布进行记录，如表3.6所示。

表 3.6　盐城滨海湿地主要植被

主要植被类型	主要特点	分布区域
芦苇	禾本科多年生草本，具粗壮匍匐的根茎。秆高可达3 m，径可达1 m，节下通常具白粉。芦苇在幼嫩时可作饲料秆，可供造纸、编席同时具有固堤作用。	以核心区、射阳河三角洲分布面积、盖度为最大，扁担港以北有零星分布，射阳河以南，以梁垛河口、新川港南部附件分布较集中。其他地方零星分布。
互花米草	1982年引进，2003年被列入《中国第一批外来入侵物种名单》。禾本科多年生草本植物，高约1.5 m，根系相当发达，草籽可随海潮四处漂流，迅速蔓延。	各河口均有分布，靠近海洋，生长在潮间带的常被潮水淹没。核心区及以南地区分布密集于沿海滩涂。
大米草	禾本科大米草属多年生草本，宿根植物。株高一般为0.3~0.7 m，最高可达1 m多，根系发达，茎秆直立、坚韧、不易倒伏。	与互花米草混生于盐城保护区核心区的潮间带。其他地方与互花米草也零散分布。
盐地碱蓬	藜科一年生肉质草本，在盐碱地上可长到一米，在海滩上长度一般为30~40 cm，生长期为每年的十月，耐盐性强，可以在海水中生长。可食用，营养价值较高。	集中分布在射阳盐场周边地区、新洋港核心区、大丰港至王港。王港至竹港滩涂南部中潮位附近呈狭窄带状分，其他地方分布零散。
碱蓬	藜科一年生肉质草本，高约30~150 cm，茎直，枝细长，斜伸或开展，叶无柄。不能食用，但全草可入药。	射阳境内的滩涂上成片分布，振动闸、三里闸、兴垦闸等地也多分布。
盐角草	藜科一年生草本植物，耐盐，茎、叶肉质，表面薄而光滑，气孔裸露，它能生长在含盐量高达0.5%~6.5%高浓度潮湿盐沼中。	多分布在潮上带边缘上，含盐量较高。从灌河口至古黄河口滩涂，中心港南滩涂等海堤外零星生长。
川蔓藻	眼子菜科柔弱沉水植物，茎多分枝，叶丛状，一般形成川蔓藻单种群落。	零散部分在沿岸滩涂的积水洼地。
白茅	禾本科多年生草本，根茎呈细长圆柱形，长30~90 cm，直径3~5 mm，表面白色或黄白色，有光泽，具明显隆起的环节，体轻质韧，不易折断，药用植物。	盐度较低的极大高潮位以上，在射阳港、新洋港、三里闸、竹港、川东港、梁垛河等海堤外有分布。

主要植被类型	主要特点	分布区域
獐毛	禾本科多年生草本，具短而坚硬之根头，须根较粗壮而坚韧，秆直立或倾斜，高 15～25 cm。为沿海地区优良固沙植物。	在核心区中部的盐地碱蓬群落和芦苇群落间。
狐尾藻	小二仙草科多年生水生草本，为沉水植物，叶对生、互生或轮生，花小无柄，具羽毛状柱头。生于滩涂池塘和湖泊中，可作绿肥。	集中于中路港及其周边。

3.2 湿地景观格局特征

3.2.1 景观格局指数变化

文章主要选取了 1991—2019 年共 7 期影像数据。在景观水平和类型水平上选取了反映研究区景观格局变化的面积－边缘、形状、聚集度和多样性变化的相应景观指数，其中面积－边缘指数包括 CA、LPI 和 MPS，形状指数主要选取 FRAC，聚集度指数选取 NP、AI、PD、LSI，多样性指数选取 SHDI、SHEI[196]。其各景观指数的具体含义见第 5 章。

景观水平上（表 3.7），盐城滨海湿地自 1991 年来，景观破碎化波动加深，景观斑块数量 NP 快速上升，在 2004 年景观斑块数量最多，斑块破碎化程度最高，而后缓慢下降，2017 年末增加了 859，增长率达到 23.93%，在 2019 年 NP 数量降低，与 1991 年相比增长了 262，破碎化程度趋缓。平均斑块面积 MPS 呈下降趋势，研究期末下降幅度约为 6.89%，2017 年下降幅度最大，达到了 19.30%，表明该区域景观破碎化现象明显，在 2004 年破碎化程度最深，总体上先快速下降而后上升。景观斑块分维数 FRAC 反映了区域景观形态特征，FRAC 值越趋近于 1，表示景观形状越简单，趋近于 2，表示区域景观状态越复杂。盐城滨海湿地 FRAC 值下降且趋近于 1，表明区域景观形状较为简单，斑块区域规则，尤其是湿地内大量较为规则和四方形的鱼塘、干塘和盐田广泛分布。景观形态指数 LSI 和聚集度指数 AI 反映了研究区景观的复杂和集聚程度，LSI 值先上升而后下降，波动起伏，也表明在人类活动影响下，盐城滨海湿地形态变化较大和不稳定，受外界影响较大。AI 反映了景观内部的集聚度，其值大小反映了区域景观是由连接紧密的大斑块或离散小斑块的组成情况。AI 指数呈上升趋势，也表明原来的较小斑块趋于结合为较大且连接紧密的斑块，这也突出了盐城滨海湿地景观的整体利用，如大面积的滩涂围垦为养殖潮滩等。多样性和均匀性指数 SHDI、SHEI 都趋于上升，表明研究区景观多样性增大，异质性上升，景观均匀性波动上升。

表 3.7　景观水平景观指数变化

年份	NP	MPS	LSI	FRAC	SHDI	SHEI	AI
1991	3590	94.78	27.36	1.0619	1.7885	0.7768	97.47
2000	5375	63.30	29.13	1.0636	1.853	0.8048	97.30
2004	5380	63.25	26.84	1.0565	1.7899	0.7774	97.53
2008	4723	72.05	25.83	1.0518	1.8401	0.7991	97.63
2013	3921	86.79	25.38	1.0570	1.8328	0.7960	97.68
2017	4449	76.49	26.02	1.0547	1.8557	0.8059	97.62
2019	3854	88.25	24.06	1.0490	1.8180	0.7896	97.82

在类型水平上（表 3.8），海水斑块面积 CA 上升，增长了 11 138.58 hm²，潮滩面积大幅下降，28 年间减少了 72 353.25 hm²，下降了 64.23%，这也表明人类活动对潮滩的利用强度增大。盐田面积减少了 25 399.53 hm²，盐田面积减少受政府政策的影响较大，特别是当前制盐工艺的提高使得盐田更趋于集中。农田面积增长了 27 522.63 hm²，鱼塘在不断围垦下增长了 82 270.71 hm²，干塘面积上升了 3034.98 hm²，建设用地在人类活动对滨海湿地开发强度增大的过程中趋于扩散，面积增长了 9421.65 hm²。芦苇和碱蓬地面积快速下降，分别减少了 25 404.39 hm²，24 360.12 hm²，下降幅度达到 68.10% 和 89.47%，两者作为滨海湿地植被生态用地，不断被占用和转换。互花米草作为外来入侵物种，扩张了 15 062.76 hm²。在斑块数量 NP 上，潮滩、盐田、芦苇和碱蓬 NP 下降，其中碱蓬 NP 下降幅度最大，下降了 623，斑块被其他地类占用。而其他地类 NP 上升，其中干塘和互花米草 NP 增长最快，分别增加了 882 和 231。在平均斑块面积 MPS 变化上，潮滩、农田、干塘、芦苇和碱蓬 MPS 下降，其他地类 MPS 上

升。其中自然湿地的 MPS 快速下降，而人工湿地 MPS 迅速上升，表明人类活动对盐城滨海湿地干扰较大，干塘、农田和潮滩 MPS 下降幅度最大，鱼塘、建设用地和互花米草 MPS 扩张明显。在斑块密度 PD 上，海水、潮滩、盐田、芦苇和碱蓬密度下降，其他地类 PD 上升，潮滩、盐田、芦苇和碱蓬的形态指数 LSI 值下降，其他指数上升。在最大斑块指数 LPI 上，潮滩、盐田、农田、干塘、芦苇和碱蓬下降，其他地类上升。其中潮滩 LPI 值最大，也表明盐城滨海湿地潮滩资源丰富，更是盐城市和江苏省重要的后备资源。在分维数 FRAC 上，除建设用地、芦苇、互花米草景观内部趋于复杂外，其他地类指数都下降，FRAC 值变化都较小，趋近于 1，景观内部趋于简单。在聚集度 AI 上，海水、鱼塘、建设用地和互花米草增长，鱼塘和建设用地增长源于人类活动的干扰增大，而互花米草具有较强的繁殖生长力，扩散速度快，聚集度明显。其他地类聚集度下降，其中碱蓬聚集度下降最大，碱蓬地变化明显。

表 3.8　类型水平景观指数变化

景观类型	年份	CA（hm²）	NP	MPS	PD	LPI	LSI	FRAC	AI
海水	1991	18 148.86	793	22.89	0.2331	1.9556	34.78	1.0541	92.45
	2000	21 076.74	1257	16.77	0.3694	1.9774	39.64	1.0449	92.00
	2004	20 524.23	1099	18.68	0.3230	1.9423	36.36	1.0499	92.57
	2008	21 016.35	880	23.88	0.2586	2.0932	36.67	1.0517	92.60
	2013	24 704.37	957	25.81	0.2812	2.0778	41.49	1.0521	92.26
	2017	23 688.09	892	26.56	0.2621	2.0664	40.56	1.0540	92.27
	2019	29 287.44	782	37.45	0.2292	2.2841	35.60	1.0521	93.10
潮滩	1991	112 645.35	522	215.80	0.1534	28.6966	17.77	1.0643	98.50
	2000	91 872.63	808	113.70	0.2375	11.9621	21.41	1.0622	97.98
	2004	78 712.20	1067	73.77	0.3136	15.2418	20.37	1.0473	97.93
	2008	68 170.59	1476	46.19	0.4337	9.6017	21.42	1.0427	97.65
	2013	52 945.56	752	70.41	0.2210	3.2644	18.09	1.0562	97.77
	2017	46 056.69	483	95.36	0.1419	2.6817	13.95	1.0563	98.19
	2019	40 292.10	464	86.84	0.136	1.7727	13.67	1.0516	98.28
盐田	1991	36 527.22	154	237.19	0.0453	5.5764	6.17	1.0571	99.19
	2000	36 240.39	57	635.80	0.0168	5.7420	5.05	1.0427	99.36
	2004	30 370.59	29	1047.26	0.0085	5.4956	3.93	1.0429	99.49

续表

景观类型	年份	CA（hm²）	NP	MPS	PD	LPI	LSI	FRAC	AI
盐田	2008	23 400.00	11	2127.27	0.0032	5.0102	4.39	1.0392	99.33
	2013	15 318.18	39	392.77	0.0115	2.0754	4.07	1.0429	99.25
	2017	14 159.16	44	321.80	0.0129	2.0050	4.54	1.0433	99.10
	2019	11 127.69	41	271.41	0.012	1.4609	4.46	1.0495	99.00
农田	1991	85 641.84	152	563.43	0.0447	6.3298	9.16	1.0488	99.16
	2000	104 099.85	287	362.72	0.0844	7.9482	11.62	1.0453	99.01
	2004	109 975.23	365	301.30	0.1073	8.0527	11.83	1.0535	99.02
	2008	107 630.10	271	397.16	0.0796	8.5251	10.51	1.0492	99.13
	2013	114 582.15	369	310.52	0.1084	3.7432	12.75	1.0434	98.96
	2017	113 350.68	300	377.84	0.0882	3.7264	12.38	1.0466	98.98
	2019	113 164.47	290	390.22	0.085	3.716	12.60	1.0456	98.98
鱼塘	1991	10 806.12	142	76.10	0.0417	0.5730	12.78	1.0500	96.59
	2000	37 381.86	209	178.86	0.0614	1.5494	15.61	1.0490	97.73
	2004	64 091.88	371	172.75	0.1090	2.1342	18.17	1.0456	97.96
	2008	75 234.15	378	199.03	0.1111	3.3354	17.06	1.0445	98.24
	2013	83 589.12	270	309.59	0.0793	3.4370	14.77	1.0495	98.57
	2017	85 702.59	305	280.99	0.0896	3.3574	15.53	1.0490	98.51
	2019	93 076.83	268	347.30	0.0786	3.3539	15.26	1.0481	98.62
干塘	1991	11 292.93	46	245.50	0.0135	0.6572	8.54	1.0548	97.86
	2000	7472.70	60	124.55	0.0176	0.1578	10.60	1.0549	96.65
	2004	4825.17	42	114.89	0.0123	0.3526	7.15	1.0423	97.33
	2008	10 478.52	70	149.69	0.0206	0.4090	9.27	1.0538	97.57
	2013	10 557.90	44	239.95	0.0129	0.2955	8.90	1.0570	97.68
	2017	17 184.15	1050	16.37	0.3086	0.5122	22.84	1.0480	94.99
	2019	14 327.91	928	15.44	0.272	0.5294	20.45	1.045	95.54
建设用地	1991	35.64	3	11.88	0.0009	0.0066	2.28	1.0507	93.22
	2000	603.90	7	86.27	0.0021	0.0658	4.18	1.0834	96.06
	2004	508.86	6	84.81	0.0018	0.0394	3.76	1.0611	96.26
	2008	2152.98	14	153.78	0.0041	0.1768	4.94	1.0607	97.43
	2013	7037.64	26	270.68	0.0076	0.7106	5.28	1.0404	98.46

续表

景观类型	年份	CA（hm²）	NP	MPS	PD	LPI	LSI	FRAC	AI
	2017	7039.53	40	175.99	0.0118	0.7087	5.48	1.0421	98.39
	2019	9457.29	68	139.08	0.0199	0.7388	8.00	1.0517	97.79
芦苇	1991	37 306.71	614	60.76	0.1805	2.3558	27.03	1.0530	95.95
	2000	16 432.92	852	19.29	0.2504	0.8528	30.47	1.0812	93.08
	2004	9294.21	678	13.71	0.1992	0.4543	26.21	1.0659	92.13
	2008	10 486.26	277	37.86	0.0814	1.5103	15.67	1.0581	95.69
	2013	13 169.25	515	25.57	0.1513	1.9286	21.46	1.0637	94.63
	2017	13 191.03	539	24.47	0.1584	1.9453	21.79	1.0598	94.55
	2019	11 902.32	458	25.99	0.1342	1.9494	18.89	1.0581	95.28
碱蓬	1991	27 227.07	1122	24.27	0.3298	1.6996	48.21	1.0751	91.39
	2000	10 495.80	1591	6.60	0.4676	0.9626	47.88	1.0762	86.23
	2004	7442.37	1459	5.10	0.4288	0.8985	42.24	1.0657	85.59
	2008	8032.32	1015	7.91	0.2983	0.6837	36.37	1.0649	88.11
	2013	4608.90	543	8.49	0.1596	0.2780	26.89	1.0657	88.50
	2017	4320.63	534	8.09	0.1569	0.1174	26.69	1.0623	88.20
	2019	2866.95	499	5.75	0.1463	0.0619	22.99	1.0557	88.23
互花米草	1991	614.34	42	14.63	0.0123	0.0403	7.67	1.0662	91.78
	2000	14 570.19	247	58.99	0.0726	0.6187	19.90	1.0606	95.29
	2004	14 545.71	264	55.10	0.0776	0.8578	22.20	1.0693	94.71
	2008	13 699.89	331	41.39	0.0973	1.0995	22.64	1.0573	94.43
	2013	13 783.95	406	33.95	0.1193	1.3144	20.85	1.0702	94.91
	2017	15 599.07	262	59.54	0.0770	1.3115	19.24	1.0752	95.61
	2019	15 677.10	273	57.43	0.08	1.3109	18.42	1.0679	95.96

3.2.2 景观脆弱性时空变化

　　景观脆弱性是指某景观生态系统在外界人类活动干扰下，景观自身对干扰的敏感响应和适应能力，所以主要选取景观敏感度指数和景观适应度指数来构建景观脆弱度指数[197]。

（1）景观敏感度指数（LSI）是景观受到外界影响后自身对干扰的响应程度，受影响强度的大小和自身的抵抗力作用较大，故主要利用景观干扰度（U_i）和景观易损度指数（V_i）构建。

$$LSI = \sum_{i=1}^{n} \frac{A_{ki}}{A_k} \times V_i \qquad (3-1)$$

式 3-1 中：n 为景观类型数量；i 为景观类型；为第 k 个生态脆弱度小区内第 i 类景观面积；为第 k 个脆弱度小区面积。

景观干扰度（U_i）是区域景观内部对外界人类活动干扰的响应。在人类活动影响下，区域景观或斑块开始由简单、形状规则、景观联系紧密、多样性显著向破碎、不规则、不连续和异质性加剧转变，选取在人类活动影响下景观变化明显的景观指数，即景观破碎度（C_i）、聚集度（S_i）和优势度（K_i）组成景观干扰度指数，C_i、S_i 和 K_i 计算参考前人研究，且三个指数的权重分别为 0.5、0.3 和 0.2。

$$U_i = aC_i + bS_i + cK_i \qquad (3-2)$$

景观易损度指数（V_i）表示在外界影响下景观自身的损失程度，借鉴 Liu 等对盐城滨海湿地的研究[182]，对盐城滨海湿地各景观类型在受到干扰下的损失度整理，由高到低为：干塘、鱼塘、潮滩、海域、农田、盐田、互花米草、碱蓬、芦苇和建设用地，干塘和鱼塘受人类活动影响最大，而建设用地稳定性强，按该顺序归一化处理得到各景观类型的易损度值。

（2）景观适应度指数（LAI）是在人类活动影响下景观自身对其的抵抗能力、适应能力和恢复能力，故与区域景观的功能、组成结构、多样性和均匀性相联系，利用斑块丰富密度指数（PRD）、香农多样性指数（$SHDI$）和香农均匀度指数（$SHEI$）构建。

$$LAI = PRD \times SHDI \times SHEI \qquad (3-3)$$

（3）景观脆弱度指数（LVI）主要受外界人类活动干扰程度和景观内部生态结构对干扰的抵抗力影响，脆弱度指数 LVI 越大，区域景观的脆弱度越高，景观的稳定性减弱。

$$LVI = LSI \times (1 - LAI) \qquad (3-4)$$

为了便于从空间上分析盐城滨海湿地景观脆弱度变化，在平均斑块面积的 2~5 倍创建了 2 km×2 km 的渔网面，生成研究区 1010 个生态脆弱采样区。

基于景观脆弱度计算公式，得到每个样区的景观脆弱度值，连接到采样区中心点，借助 ArcGIS 的空间分析模块，插值得到盐城滨海湿地各期景观脆弱度空间分布图。为统一分析，以 0.05 为间隔，将研究区景观脆弱度分为：低脆弱度区（$LVI < 0.013$），较低脆弱度区（$0.013 \leqslant LVI < 0.017$），中脆弱度区（$0.017 \leqslant LVI < 0.023$），较高脆弱度区（$0.023 \leqslant LVI < 0.029$），高脆弱度区（$LVI \geqslant 0.029$）。结合分区统计各个时期的景观脆弱度等级区面积变化。

时间上（图 3.1），高等级脆弱区面积快速上升，低等级脆弱区面积大幅下降。低脆弱区在 1991—2019 年面积减少 507.49 km²，下降幅度达到 47%，1991 年为区域主导脆弱区类型，而后面积开始缩减。较低脆弱区面积先增长后下降，1991—2017 年上升了 280.70 km²，2017—2019 年小幅缩减了 204.10 km²，在 2000—2019 年作为区域主导类型，这也反映了区域主导类型从低脆弱区到较低脆弱区的转变。较低脆弱区在 2008 年达到最大值，为 1504.65 km²，而后下降。中脆弱区波动变化，总体上增加了 27.86 km²。较高脆弱区在 1991 年面积较大，而后波动下降了 176.61 km²。高脆弱区面积快速增长，从 1991 年的 107.06 km² 增长到 2019 年的 686.72 km²，增长了 579.66 km²，增长幅度达到 541.41%。其在 2013 年高脆弱区面积达到最大，为 791.08 km²。总体上看，盐城滨海湿地景观脆弱度值处于较低状态，但脆弱度等级不断上升，高等级脆弱区面积扩散，而低等级脆弱区面积在外界干扰下逐渐缩减，表明研究区景观脆弱度在不断增长。

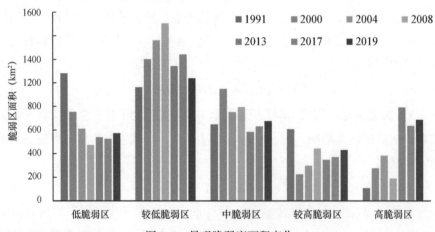

图 3.1　景观脆弱度面积变化

盐城滨海湿地景观脆弱度整体上高等级脆弱区空间分布扩散，低等级脆弱区面积缩减。高脆弱区分散分布，集中在响水县、射阳县南部，大丰区和东台市的中部，响水县景观高脆弱度区景观类型主要为鱼塘和干塘，鱼塘和干塘受人类活动影响大，其景观易损度指数（V_i）较大，而鱼塘和干塘在盐城滨海湿地成片分布，优势度和聚集度大，又使得景观干扰度（U_i）上升，故其景观敏感度指数（LSI）大于其他地类。响水县主要为盐田集中分布，但随着鱼塘面积的扩张，故景观高值脆弱区面积增长。射阳县南部、大丰区和东台市的中部，干塘和鱼塘在经济活动驱使下大幅增长，养殖池规则且面积较大，连接度密集，且在围垦活动影响下，鱼塘趋于向潮滩扩张，景观高脆弱区范围在原先基础上向外扩张。较高脆弱区分布于高脆弱区的外围，1991年研究区较高脆弱区成片分布于南部沿海的潮滩上，此时盐城滨海湿地潮滩面积宽阔，受人类活动影响较小，且潮滩自身的脆弱度较高。中脆弱区在2000年空间上较为突出，此时在人类活动干扰下，研究区的高脆弱区上升，鱼塘大面积出现，而潮滩脆弱度等级转换为中脆弱区。而随着南部地区经济发展，对潮滩利用方式增多，原先大面积的潮滩被其他地类占用，转换为脆弱度等级高的鱼塘。较低脆弱区作为研究区的主导脆弱区类型，1991—2000年，较低脆弱区主要靠近内陆一侧集中分布，而2004—2019年较低脆弱区大面积分布在高、较高和中脆弱区的外围。低脆弱区空间变化较大，1991年低脆弱区在响水县、射阳县、大丰区和东台市内陆一侧较大范围分布，且此时低脆弱区的主要景观类型为芦苇、碱蓬、互花米草等生态用地。随着芦苇、碱蓬面积的快速下降，而鱼塘、盐田、干塘对其占用，使得区域脆弱度加深。在2007年调整了核心区边界后，对盐城滨海湿地核心区加大保护力度，在核心区内控制人类活动保持自然发展，也使得在2008—2019年核心区周围的脆弱度较低。这也表明加强区域景观生态保护，减少人类活动干预，有利于区域生态环境的恢复和发展。

3.3 水质土壤与景观格局关联性

景观格局是指不同景观要素在不同空间上的分布类型、数目、配置情况，表征着区域景观空间分布的异质性[198]。景观格局受到区域各个生态过程在不同环境和尺度下的共同影响，同时景观格局又影响和反作用于区域生态过程，成为区域生态过程的重要载体[199]。故景观格局与生态过程的相互关系研究一直都是景观生态学的研究热点[200, 201]。

景观格局是在区域地形、气候、土壤、水质等自然条件和人类活动影响下综合形成，景观格局变化也会影响着区域地表径流、土壤条件、各种生物地球化学和物理循环等一系列生态、水文过程，改变着进入河流、湖泊、土壤等污染物浓度，深刻影响着区域水质、土壤条件[199, 202]。因此区域景观格局的组成、空间布局与水质、土壤条件密切相关，特别是空间尺度差异所带来的景观与水质、土壤条件关系的变化，是研究所面临的挑战性难题，在不同尺度下景观覆被情况是导致水质污染、土壤肥力变化的主导因子[203, 204]。一般情况下，距离采样区越近的景观类型斑块对采样水质、土样的影响超过远离采样区的景观类型斑块，但从整个区域、流域、湿地来分析更能有效突出关键和全面信息。尤其是当区域污染物与生态过程紧密相关时，各个尺度下的景观格局对采样区的水质、土壤影响不尽相同，有待深入分析。为了加强对区域水资源、土壤资源的合理利用和有效保护，更需要分析景观格局与区域水质、土壤的相互关系，更好地了解区域生态过程。

20世纪70年代以来，景观格局对地表水质影响研究广泛开展并受到国内外专家学者的持续关注[205]，并从各采样点位、河流区段、河流岸线带及整个流域程度分析景观格局与水质的关系，也形成了较为完备的理论方法体系[206-208]。早期研究集中于分析流域不同景观覆被类型对水质条件的影响[209, 210]，如Donohue等利用土地覆盖数据和化学监测数据，分析了区域耕地和牧场范围，并确定它们是影响爱尔兰河流生态状况的主要因素，河流的生态状况与集水区城市化程度和农业强度均呈显著负相关[209]。Bolstad等分析Coweeta Creek沿岸土地利用变化对水质的影响，借助线性回归，将流域景观变量与水质联系起来，发现下游水质变量持续、累积的变化，伴随着下游人为造成的土地利用变化[210]。通过揭示区域不合理的土地利用加快化学元素向水质迁移的现象[211]，高强度的农业生产活动及快速城镇化加速了农药、化肥等进入地表水质、土壤，导致了区域农业用地规模与水质污染浓度呈显著正相关[212]。此外，区域道路交通线建设、城市扩张使得不透水面扩大，降雨时地表径流增加，污染物浓度上升及增加了地表径流进入河流的途径[213]。随着GIS和RS技术出现与广泛运用，以及景观生态学的快速发展，景观指数成为定量分析土地利用覆被变化的有效方式，其反映了区域土地覆被类型的数量、分布、结构和功能，对区域内的自然和人类活动变化响应更为敏感，对分析区域水质污染程度更为直接。曹灿等对中国新疆艾丁湖区域进行水质采样和景观格局分析，研究表明流域景观格局与水质相关性显著，景观破碎度、边界密度对水质的解释能力最大[214]。Beckert等认为各地类对非点源水质污染的相关性不尽相同，但以耕地与TN指标相关性显著[215]。韩黎阳等研究表明三峡库区各地类在人类活动干扰下的景观破碎化与河流水质指标相关性显著[216]。孙金华等对潮河的研究表明景观格局的边界密度（Edge Density，ED）、香农多样性指数（Shannon's diversity index，SHDI）、聚集度指数（Aggregation index，AI）和蔓延度指数（Contagion index，CONTAG）对区域水质污染的主要变量[217]。近年来，对区域水质进行固点检测评价和点源污染处理已难以解决经济快速发展带来的环境污染问题，非点源污染控制成为有效管理水污染问题的重要途径，而区域景观格局与非点源污染联系紧密，故研究区域景观格局与水质污染的相互关系也已成为国内外专家的研究热点[218]。如Meneses、King、王小平等从整个流域出发综合考量区域景观格局对水质的影响[203, 219, 220]。

不同尺度下的景观格局与水质关系研究一直都是研究的重点[221]，建立以水质采样点为中心的不同尺度缓冲区是当前景观格局与水质关系的主要研究方式，并以此探究不同尺度缓冲区内的景观格局对水质的影响[206]。如王小平建立了1 km、2 km、3 km、4 km、5 km缓冲区来探究不同尺度下景观格局与水质的关系[203]；周俊菊建立了200 m、600 m和1000 m缓冲区分析流域景观格局与水质的特征关系[222]。水质指标一般选取较为常见的水质理化指标，如pH、COD、BOD、TN、TP等[223]；以及侧重于水质的水化学特征的pH、TDS、S、Na^+、K^+、Mg^{2+}、Ca^{2+}、Cl^-、SO_4^{2-}、NO_3^-、HCO_3^-等指标[224]。研究大多以河流、水库作为研究区[225, 226]，当前也增加对生态保护区河流、湖泊、湿地水质研究[227]，而对于滨海湿地水质与景观格局研究尚存在空白，以景观格局与水质的相关性类比于景观格局与土壤指标的相关性分析更是新的尝试和创新。当前研究也更多集中于从景观水平角度分析景观格局与水质的相互关系，而从区域景观类型、景观水平、景观类型水平多角度结合分析的情况相对较少[228, 229]。需要多方向和多角度的实践研究来丰富定量分析不同尺度下景观格局与区域水质、土壤等环境条件相互关系，以改善区域水资源、土壤资源等管理和治理水平，促进区域生态环境可持续发展。

水资源、土壤资源作为滨海湿地生态环境的重要组成部分，其自身功能的正常发挥对于生物多样性丰富的盐城滨海湿地有着至关重要的作用。而当前盐城滨海湿地在滩涂围垦活动、道路交通基础设施建设、鱼塘和干塘不断扩展等背景下[184]，区域水质条件、土壤条件正发生显著的变化。本文以盐城滨海湿地为研究区，以水质、土壤采样数据和 2019 年景观类型数据作为基本信息来源，利用空间分析和统计分析方法，建立了五级不同尺度的缓冲区，从景观类型、景观水平和类型水平分析了盐城滨海湿地不同尺度下景观格局与水质、土壤指标的关联特征，以期为盐城滨海湿地水资源、土壤资源保护、景观保护与规划提供一定的理论与实践指导。

3.3.1 数据来源

3.3.1.1 景观数据

文章采用的 Landsat TM/OLI 影像数据来自美国地质调查局（United States Geological Survey，USGS）网站（http://glovis.usgs.gov/）下载，空间分辨率均为 30 km，选取了 2019 年的影像，其卫星轨道号为 119/37、120/36。通过遥感数据解译和野外实地调研，得到研究区景观类型分布图，具体解译步骤见第 1 章数据处理。各类型的精度验证都大于 85%，若数据合格，便可进行下一步处理。结合盐城景观分布实际情况和研究需要，将研究区景观类型分为自然湿地景观和人工湿地景观，其中自然湿地景观包括海水、潮滩、芦苇地、碱蓬地和互花米草，人工湿地景观包括盐田、农田、鱼塘、干塘、建设用地[230]。

3.3.1.2 水质与土壤数据

在盐城滨海湿地水体中共采集了 64 个样品，采样点优先选择具有代表性的地点，如港口、河流、工程等附近，主要分析了河流及不同景观类型下的水质情况。水质测量指标主要包括总磷（TP）、总氮（TN）、氨氮（NH_4^+–N）和化学需氧量（COD），水样各指标测定方法参照《水和废水监测分析方法》。在盐城滨海湿地土壤共采集了 59 个样品，测量指标主要包括土壤有机质、铵态氮、有效磷、速效钾、pH 和盐度六个指标。土壤各指标测定方法参照《土壤农化分析》

中的指导方法。采样线路以沿海附近的港口、河流命名，从南至北依次为新川港线（P1）、梁垛河线（P2）、川东港线（P3）、王港口线（P4）、晚庄港线（P5）、斗龙港线（P6）、新洋港线（P7）、射阳河线（P8）、双洋港线（P9）、扁担港线（P10）和新淮河口线（P11），具体信息详见第2章。

3.3.2 研究方法

3.3.2.1 研究区缓冲区提取及景观指数选取

选择缓冲区分析采样点不同尺度下区域内景观类型与水质、土壤的关联特征，参考前人研究及盐城滨海湿地的实际情况，建立了以采样点为中心的五级缓冲区，缓冲区距离分别为 0.5 km、1 km、1.5 km、2 km、2.5 km，考虑到盐城滨海湿地景观类型在小范围内变化较小，故缓冲区以 500 m 为尺度进行划分[203]。

景观格局指数作为景观生态学常用的定量研究指标，能够高度浓缩区域景观格局基本信息，广泛应用于区域景观格局研究中。故文章主要选取了 5 个类型水平（Class-level）指数，分别为景观类型百分比（Pland）、斑块密度（PD）、最大斑块指数（LPI）、边缘密度（ED）和斑块聚集（AI）；13 个景观水平（Landscape-level）指数，分别为斑块总面积（CA）、最大斑块指数（LPI）、边缘密度（ED）、平均斑块面积（MPS）、分维数（FRAC）、斑块数量（NP）、斑块密度（PD）、聚集度指数（AI）、蔓延度指数（CONTAG）、景观形状指数（LSI）、斑块连接度（COHESION）、散布于并列指数（IJI）、香浓多样性指数（SHDI）。景观指数计算结果通过软件 Fragstats4.2 获得，景观指数相关含义见第5章。

3.3.2.2 数据统计与基本处理

利用 GraphPad Prsim8 对不同缓冲区内的景观指数数据进行绘图。利用 SPSS22 对区域景观格局指数与采样数据进行 Pearson 相关性分析。

冗余分析（Redundancy Analysis，RDA）作为直接梯度排序分析方法，可以从统计学角度揭示区域物种因子与其环境因子多组变量的相互关系[231]。当前研究多利用 CANOCO for Windows4.5 软件做冗余分析，解释区域景观格局与湿地环境水质、土壤多变量特征关系。首先利用 CANOCO 4.5 软件对采样指标进行降趋势对应分析（Detrended Correspondence Analysis，DCA）分析，若 Lengths of gradient 的第一轴数值大于 4.0，应该选 CCA，若数值为 3.0 ~ 4.0，选 RDA 和 CCA 均可，若数值小于 3.0，RDA 的结果要好于 CCA。文章对水质和土壤采样点指标进行 DCA 分析，发现第一轴数值分别为 0.089、0.002，均小于 3.0，故本文选择 RDA（冗余分析）方法。

3.3.3 不同尺度缓冲区内景观格局分析

3.3.3.1 不同尺度缓冲区土地利用 / 覆被统计分析

采样点分为水质和土壤采样点，鉴于篇幅有限，故以水质采样点为研究对象，分析不同尺度缓冲区内景观格局情况。以研究区内水质采样点为中心生成五级缓冲区，与湿地景观叠加得到各级缓冲区内的土地利用 / 覆被情况（图 3.2），鉴于样点较多，故取 11 个采样带进行分析。除双洋港和扁担港以潮滩、鱼塘占主导外，其余各采样带的各级缓冲区内的土地利用类型均以农田、鱼塘为主导，且缓冲区宽度从 0.5 km 增长到 2.5 km，人工湿地面积亦趋于上升，而自然湿地中芦苇、碱蓬面积趋于下降。

缓冲区 0.5 km 内，新川港线（P1）缓冲区内土地覆被以农田、鱼塘为主，面积占比分别为 28.77%、25.21%，其次为干塘，面积占比为 15.12%，该样带缓冲区内无建设用地分布。自然湿地中以潮滩、海水、互花米草和芦苇占比较大，面积占比分别达到 11.01%、7.23%、6.24% 和 5.80%，而碱蓬面积占比最小，仅为 0.62%。梁垛河线（P2）、川东港线（P3）、王港口线（P4）、晚庄港线（P5）、斗龙港线（P6）、新洋港线（P7）缓冲区内土地利用类型分布较为相似，人工湿地以农田、鱼塘占主导，自然湿地以海水和互花米草占主导。射阳河线（P8）缓冲区内农田分布面积最广，面积占比达到 50.06%，其次是芦苇和海水，面积占比分别为 15.27%、13.86%。双洋港线（P9）、扁担港线（P10）缓冲区内土地利用分布相似，人工湿地以鱼塘为主，自然湿地以潮滩和芦苇为主。新淮河口线（P11）缓冲区地类以干塘为主，占比达到 52.31%，其次为建设用地，其他地类分布面积较小。

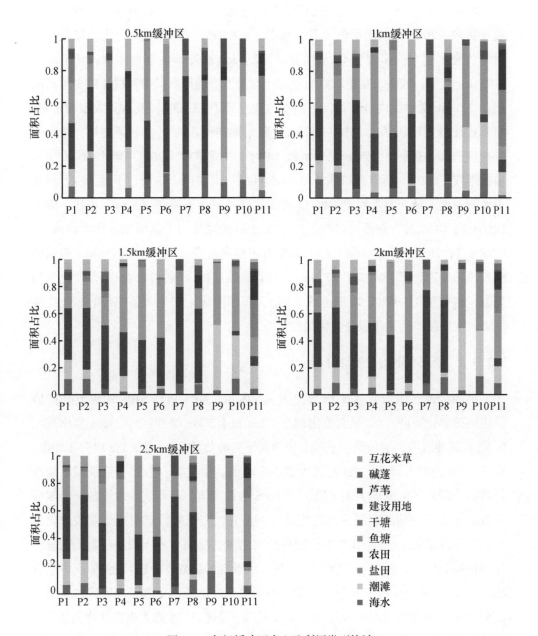

图 3.2　各级缓冲区内土地利用类型统计

注：P1、P2、P3、P4、P5、P6、P7、P8、P9、P10、P11 分别为：新川港线、梁垛河线、川东港线、王港口线、晚庄港线、斗龙港线、新洋港线、射阳港线、双洋港线、扁担港线、新淮河口线

缓冲区 1~2.5 km 内，土地利用覆被变化趋于一致。新川港线（P1）四级缓冲区内农田面积占比不断上升，增长了 12.03%；鱼塘面积变化较稳定；干塘面积变化较大；相较于 1 km 缓冲区，2.5 km 缓冲区内干塘面积占比下降了 8.95%。芦苇、碱蓬、互花米草面积占比均为下降趋势。梁垛河线（P2）潮滩面积在 2.5 km 缓冲区内分布最广，面积占比上升了 12.33%，其次为农田和鱼塘，面积占比分别增长了 5.35%、2.26%，其他地类面积占比呈下降趋势，海水下降幅度最大，达到 8.56%。川东港线（P3）、斗龙港线（P6）、射阳河线（P8）、扁担港线（P10）、新淮河口线（P11）缓冲区仍以农田、鱼塘、干塘为主，但农田面积占比下降，射阳河线（P8）、斗龙港线（P6）下降幅度最大，占比下降了 14.65%、14.43%，新淮河口线（P11）2.5 m 缓冲区内干塘面积占比大幅减少，缩减了 21.16%。王港口线（P4）农田面积快速上升，增长了 20.39%，而鱼塘面积占比快速下降，减少了 22.34%。双洋港线（P9）缓冲区内以海水变化最为显著，增长了 11.98%。晚庄港线（P5）、新洋港线（P7）两条样带的多级缓冲区土地利用覆被变化相似且变化幅度较小。

3.3.3.2 景观水平指数统计分析

不同缓冲区内景观水平指数如图 3.3 所示。NP、PD、MPS 均可反映区域景观的破碎化程度，NP 最大值出现在 1 km 和 1.5 km 缓冲区内，最小值出现在 0.5 km 缓冲区内，中位数、上四分位数和下四分位数在 1~2.5 km 内分布均衡，在 0.5 km 内分布异常。PD 的最大值、最小值、中位数、上四分位数和下四分位数随着缓冲区宽度增大而下降，而 MPS 的最大值、最小值、中位数、上四分位数和下四分位数随着缓冲区宽度增大而上升，表明采样点附近景观破碎化由中心向周围递减。ED 值作为各斑块的边界密度，反映了不同斑块间物质能量传递和影响的潜力，也在一定程度上反映区域景观的破碎性。ED 最大值、中位数出现在 0.5 km 缓冲区，且最大值随着缓冲区宽度增长而下降，表明区域景观在 0.5 km 缓冲区物质能量交换剧烈，但景观趋于破碎。LPI 值大小能反映区域人类活动强弱，最大值出现在 0.5 km 缓冲区内，中位数最大值在 1.5 km 缓冲区内，且上四分位数和下四分位数在 1.5 km 内箱型较长，表明在 1.5 km 缓冲区内人类活动较为频繁。LSI 值反映区域景观斑块形态复杂性，景观越破碎，形态也越复杂，0.5 km 内的 LSI 值变化较小，在 1~2 km 缓冲区内形态变化较大，受外在干扰影响显著。

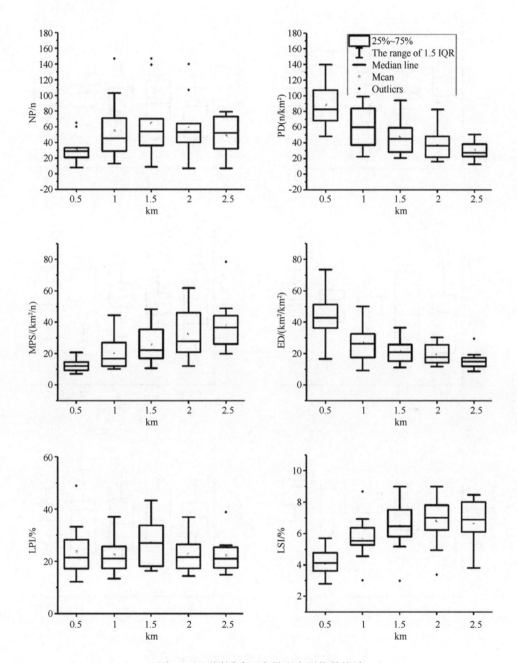

图 3.3　不同缓冲区内景观水平指数统计

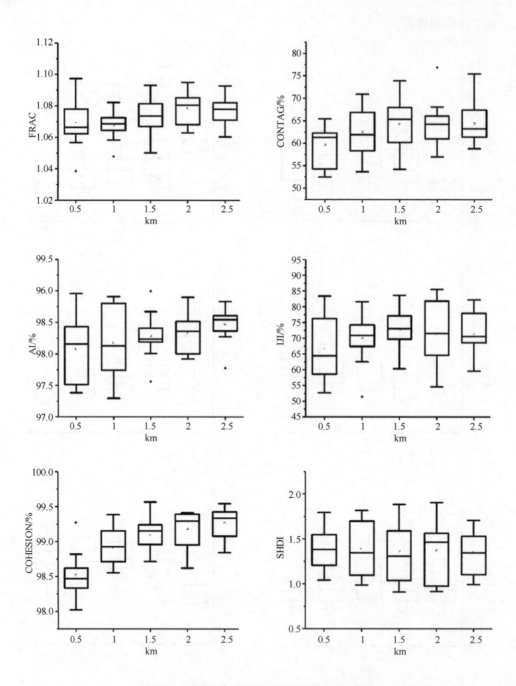

图 3.3　不同缓冲区内景观水平指数统计（续）

外界干扰较大的景观，FRAC 值越接近于 1，而研究区 FRAC 最大值、最小值出现在 0.5 km 缓冲区内，1~1.5 km 缓冲区内 FRAC 也较小，0.5~1.5 km 第三分维数差距较小，靠近于 1，表明在 1.5 km 缓冲区内人类活动影响较大。CONTAG 与 AI 指数都反映区域景观的聚集程度，随着缓冲区宽度增大，景观聚集程度上升，0.5~2 km 缓冲区内景观内部斑块聚集程度增加，也表明离采样点较近的缓冲区内景观聚集性较差，景观趋于破碎。IJI 通过比较相邻景观类型数量反映了景观的分离程度，五级缓冲区最大值相差较小，分离程度比较均衡，而 1~2 km 内中位数较大，表明在 1~2 km 缓冲区内景观分离程度相对突出。COHESION 能有效衡量区域景观的连通性，最大值出现为 1.5 km 缓冲区，2~3 km 缓冲区内的中位数较大，0.5 km 缓冲区内连通性最差，最小值和中位数都最低。SHDI 体现了区域景观的异质性，对各斑块交错非均衡布局尤为敏感，最大值在 0.5~2 km 内较均衡，中位数最大值出现在 2 km 内，上四分位数出现在 1 km 内，也表明 1~2 km 内景观异质性较为突出。

3.3.3.3 景观类型水平指数统计分析

文章共选择了 Pland、PD、ED、AI 四个景观类型水平指数，其中 Pland 指数反映了景观组分情况，计算得到的某一斑块类型占整个景观面积的相对比例，是确定景观中优势景观元素的依据之一；PD、ED 指数表征着区域景观格局的破碎情况，破碎度越高，景观异质性增强，区域水质、土壤污染风险亦升高。AI 指数反映了区域景观内部斑块的聚集性。

不同缓冲区内景观类型水平指数统计如图 3.4 所示，缓冲区内盐田、建设用地、互花米草相对较少，故没有列出。Pland 指数上，海水、农田在 0.5~1 km 缓冲区内分布较广；潮滩在 1~2.5 km 缓冲区内分布较广；鱼塘在五级缓冲区内分布较为均匀，也表明人类活动对其干扰较大；干塘在各级缓冲区内分布较少且不均匀；芦苇在 0.5 km 缓冲区内分布集中；碱蓬则集中在 1.5 km 缓冲区，2.5 km 缓冲区上分布较少。PD、ED 指数的最大值、最小值、中位数、上四分位数和下四分位数分布和变化趋势表现出一致性，其中海水、潮滩、农田、鱼塘、干塘、芦苇的 PD、ED 指数的最大值集中在 0.5~1 km 内，尤其是农田和鱼塘，PD、ED 指数远大于其他缓冲区。碱蓬的 PD、ED 指数最大值集中于 0.5~2 km，也表明在该缓冲区宽度内景观破碎化较为严重。海水在 1.5~2.5 km 缓冲区内

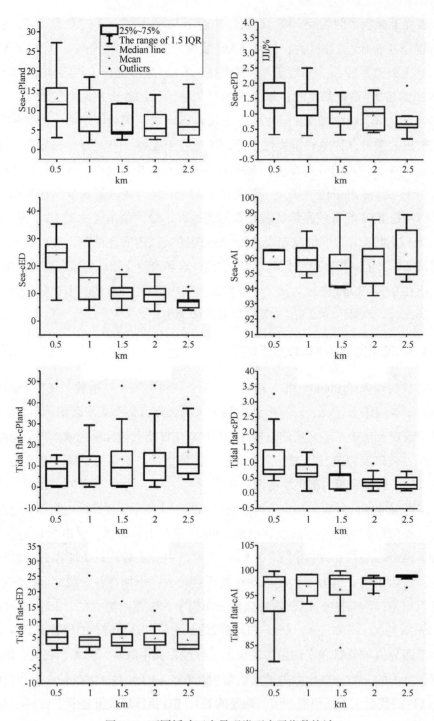

图 3.4　不同缓冲区内景观类型水平指数统计

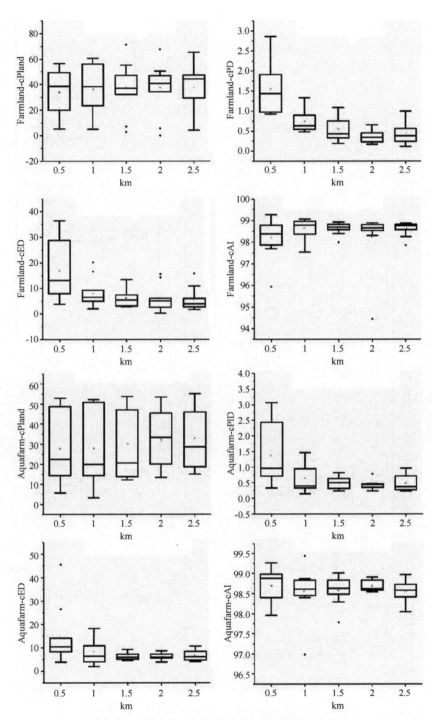

图 3.4　不同缓冲区内景观类型水平指数统计（续）

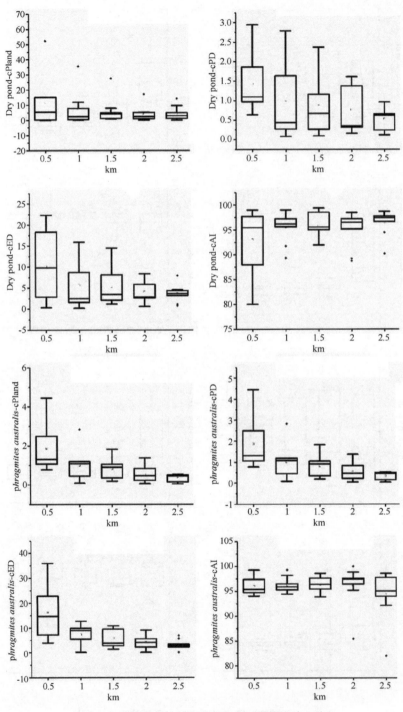

图 3.4　不同缓冲区内景观类型水平指数统计（续）

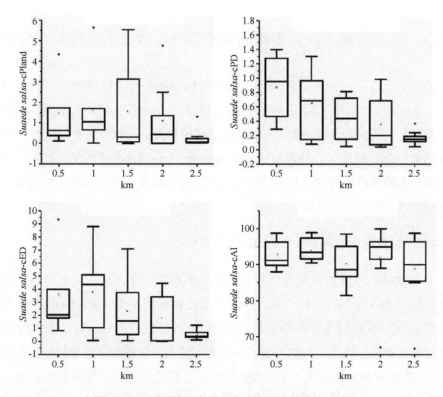

图 3.4　不同缓冲区内景观类型水平指数统计（续）

注：Sea-Pland、Sea-PD、Sea-ED、Sea-AI 分别为海水的景观类型百分比、斑块密度、斑块边缘密度、聚集度指数。Tidal flat-Pland、Tidal flat-PD、Tidal flat-ED、Tidal flat-AI 分别为潮滩的景观类型百分比、斑块边缘密度、聚集度指数。Farmland-Pland、Farmland-PD、Farmland-ED、Farmland-AI 分别为农田的景观类型百分比、斑块密度、斑块边缘密度、聚集度指数。Aquafarm-Pland、Aquafarm-PD、Aquafarm-ED、Aquafarm-AI 分别为鱼塘的景观类型百分比、斑块密度、斑块边缘密度、聚集度指数。Dry pool-Pland、Dry pool-PD、Dry pool-ED、Dry pool-AI 分别为干塘的景观类型百分比、斑块密度、斑块边缘密度、聚集度指数。*Phragmites australis*-Pland、*Phragmites australis*-PD、*Phragmites australis*-ED、*Phragmites australis*-AI 分别为芦苇的景观类型百分比、斑块密度、斑块边缘密度、聚集度指数。*Suaeda salsa*-Pland、*Suaeda salsa*-PD、*Suaeda salsa*-ED、*Suaeda salsa*-AI 分别为碱蓬的景观类型百分比、斑块密度、斑块边缘密度、聚集度指数。

集聚性较大；潮滩在 0.5 km 缓冲区内集聚性强，在 2～2.5 km 内更为分散；农田、鱼塘 AI 指数变化趋于一致，在 0.5～1 km 内集聚性较强，而在其他缓冲区内景观结构更趋于不稳定。干塘在 0.5 km 内集聚性明显，1～2 km 内集聚性较弱，在 2.5 km 缓冲区内斑块较分散。芦苇在 0.5～2 km 缓冲区内集聚性特征相似，集聚性一般，在 2.5 km 缓冲区内集聚性增大。碱蓬在 1 km 缓冲区斑块较为分散，在 0.5 km、1.5～2.5 km 内斑块集聚性较好。

3.3.4　盐城滨海湿地景观格局空间特征与地表水质的关联分析

为更好了解区域景观指数对环境化学指标的相关性及解释能力，对其进行冗余分析（RDA）。在不同缓冲区内 RDA 排序图中（图 3.5），若景观格局指数与水质指标间的夹角小于 90°，表明两者呈现正相关；若两者间的夹角大于 90°，表明两者呈现负相关；若两者间的夹角等于 90°，表明两者不相关。此外，各指数和指标的箭头长短与变量相关性密切相关，箭头越长，两变量相关性越强；箭头越短，两变量相关性越弱。

3.3.4.1　景观类型与地表水水质指标的关联分析

分析盐城滨海湿地景观类型与地表水质的相互关系，从两者排序图可以发现，不同缓冲区内 TN、TP、NH$_4^+$–N 三个水质指标相关性较强，COD 指标与其相关性较弱，单独分布。在各个缓冲区中，0.5 km 缓冲区，TN、TP、NH$_4^+$–N 水质指标与碱蓬、鱼塘、海水、农田呈显著正相关，鱼塘排序线虽较短但夹角较小，与 TP 指标相关性较大，农田虽夹角较大，但排序线长，相关性也较强。另外 TN、TP、NH$_4^+$–N 水质指标与潮滩、互花米草呈显著负相关。COD 与潮滩、互花米草、农田、干塘、海水呈显著正相关，与芦苇景观呈显著负相关。1 km 缓冲区内，TN、TP、NH$_4^+$–N 水质指标与农田、鱼塘、海水呈显著正相关，与潮滩、碱蓬、互花米草呈显著负相关。COD 与鱼塘、海水、农田、互花米草、干塘、建设用地、潮滩呈显著正相关，与芦苇景观呈显著负相关。1.5 km 缓冲区内，TN、TP、NH$_4^+$–N 水质指标与芦苇、碱蓬、干塘呈显著正相关，而与互花米草呈显著负相关。COD 与干塘、互花米草、鱼塘、农田、潮滩、海水相关性显著，且呈现正相关，与芦苇景观呈现显著负相关。2 km 缓冲区内，TN、TP、NH$_4^+$–N 水质指标与芦苇、农田呈显著正相关，而与潮滩呈显著负相关。COD 与干塘、互花米草、鱼塘、农田、潮滩、海水呈显著正相关，与芦苇景观呈显著负相关。2.5 km 缓冲区内，TN、TP、NH$_4^+$–N 水质指标与农田、干塘呈显著正相关，而与潮滩、海水、碱蓬呈显著负相关。COD 与干塘、互花米草、鱼塘、农田、潮滩、海水、建设用地、碱蓬呈显著正相关，与芦苇、盐田景观呈显著负相关。

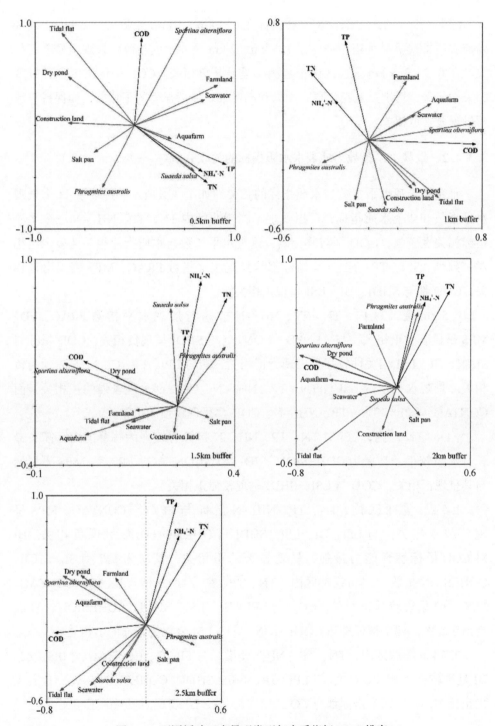

图 3.5　不同缓冲区内景观类型与水质指标 RDA 排序

综上，TN、TP、NH_4^+–N 水质指标在 0.5 km、1 km、2 km、2.5 km 缓冲区内与农田景观呈显著正相关，在 1.5 km、2 km 缓冲区内与芦苇景观呈显著正相关。在 0.5~2.5 km 缓冲区内都与潮滩呈显著负相关。COD 与区域内多种景观相关性显著，特别是互花米草、干塘和潮滩景观保持显著的正相关，而保持与芦苇景观显著负相关。

3.3.4.2 景观水平指数与地表水水质指标的关联分析

研究区景观水平指数与水质指标的相关性如图 3.6 所示。选取了 11 个景观水平指数和 4 个水质指标，可以发现不同缓冲区内 TN、TP、NH_4^+–N 三个水质指标相关性较强，COD 则与其分离，景观水平指数与水质指标相关性表现出相对一致性，TN、TP、NH_4^+–N 指标都与景观水平指数 FRAC、MPS 表现出正相关，COD 都与 SHDI、IJI、LSI 呈现正相关性。

0.5 km 缓冲区内，TN、TP、NH_4^+–N 指标与景观水平指数 FRAC、ED、MPS 呈显著的正相关，与 AI、PD、CONTAG、SHDI 呈现负相关，COD 指标与 SHDI、IJI、LSI 相关性较强且表现为正相关，而与 LPI、FRAC、MPS 表现为负相关。景观水平指数 LSI 与 TN、TP、NH_4^+–N、COD 都呈现较强的正相关，而 CONTAG、LPI 与 TN、TP、NH_4^+–N、COD 都呈现较强的负相关。

1 km 缓冲区内，LPI 对 TN、TP、NH_4^+–N 指标有较强的解释能力，箭头最长且夹角较小，其次为 COHESION、ED、AI、CONTAG、FRAC、MPS 等指标与其呈现正相关。COD 与 LSI、SHDI 呈现较强正相关。

1.5 km 缓冲区内，TN、TP、NH_4^+–N 指标与 FRAC、CONTAG、MPS 呈现较强正相关，与 LPI、IJI、LSI、SHDI、COHESION 指数呈现负相关。IJI 对 COD 指标解释能力最强，呈现显著的正相关，其次为 LPI、LSI、SHDI、COHESION 指数。2 km 缓冲区内，TN、TP、NH_4^+–N 指标与 FRAC、CONTAG、MPS、AI 呈现较强正相关，COD 与 LPI、IJI、LSI、SHDI、COHESION、AI 表现出正相关。四个指标都与 COHESION、AI、LSI 表现为较强的正相关。

2.5 km 缓冲区内，TN、TP、NH_4^+–N 指标与 FRAC、CONTAG、MPS、AI、IJI 呈现较强正相关，COD 与 LPI、IJI、LSI、SHDI、COHESION、AI、IJI 表现出正相关，其中四个指标都与 COHESION、AI、IJI 表现为较强的正相关。

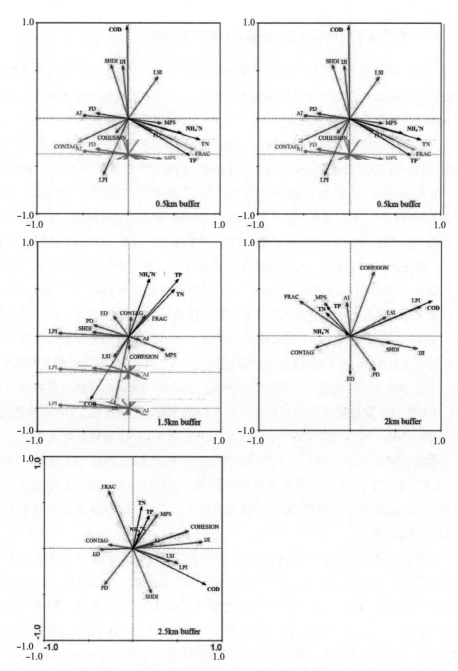

图 3.6　不同缓冲区内景观水平指数与水质指标 RDA 排序

注：PD 为区域景观斑块密度、LPI 为最大斑块指数、ED 为斑块边缘密度、LSI 为景观形状指数、FRAC 为分形数、CONTAG 为聚集度指数、IJI 为散布与并列指数、COHESION 景观连通性指数、SHDI 为香浓多样性指数、AI 聚合度指数、MPS 为平均斑块面积。

3.3.4.3 类型水平指数与地表水水质指标的关联分析

分析景观类型水平指数对地表水质指标的相关性，了解景观类型水平指数对地表水质的解释能力，鉴于湿地景观类型较多，文章主要从自然湿地和人工湿地两个不同湿地景观类型来分析。

人工湿地方面，主要分析农田、鱼塘、干塘和建设用地景观类型与地表水质的相关性，主要选取了 Pland、PD、ED、AI、LPI 五个指数（图 3.7）。可以发现：0.5 km 和 1 km 缓冲区内，TN、TP、NH_4^+–N 相关性较强，1.5 km、2 km 和 2.5 km 缓冲区 TN、TP、NH_4^+–N、COD 集中分布和相关性较高。0.5 km 内，鱼塘的 AI、ED、Pland，农田的 ED、LPI、PD 对 TN、TP、NH_4^+–N 解释能力较强，且呈现较强的正相关，也表明农田、鱼塘化肥、饲料等的使用对其水质有着显著影响。COD 与建设用地的 Pland、PD、ED、AI 相关性较强，表明建设用地对区域 COD 起着重要促进作用。1 km 缓冲区内，TN、TP、NH_4^+–N 与农田的 ED、PD、Pland，鱼塘的 AI 呈现较强正相关。COD 与建设用地、干塘景观类型联系较强。1.5 km 与 2 km 缓冲区内景观类型水平指数与水质指标相关性较大，TN、TP、NH_4^+–N 与农田、鱼塘相关性较大，如农田的 Pland、LPI，鱼塘的 PD、ED。COD 与干塘呈现显著的正相关，如干塘的 Pland、LPI。2.5 km 缓冲区内，TN、TP、NH_4^+–N、COD 与农田的 Pland、LPI，鱼塘的 AI 呈现显著正相关，四个水质指标分布集中。综上，人工湿地中，农田的 Pland、PD、ED、LPI，鱼塘的 AI 对 TN、TP、NH_4^+–N 有较强的解释能力，0.5～1.5 km 缓冲区内建设用地和干塘的各类型水平指数对 COD 解释能力较大，在 2～2.5 km 缓冲区内干塘对 COD 解释能力更强。

自然湿地景观类型主要选取海水、潮滩、芦苇、碱蓬、互花米草景观类型（图 3.8）。0.5 km 缓冲区内，TN、TP、NH_4^+–N 与碱蓬呈现较强的正相关，包括碱蓬的 Pland、PD、ED、AI、LPI 五个指数。COD 与互花米草、海水、潮滩呈现正相关，尤其是互花米草的五个指数，潮滩的 AI、PD、ED，海水的 LPI、AI、PD。1 km 缓冲区内，互花米草、潮滩各景观类型水平指数对 COD 具有较强的解释能力，呈现显著的正相关。TN、TP、NH_4^+–N 三条线较为分散，其中 TP 与海水 Pland 相关性较强，TN、NH_4^+–N 与芦苇景观类型水平指数呈现正相关，尤其是芦苇的 AI、Pland、ED、LPI。1.5 km 缓冲区内，TN、TP、NH_4^+–N 与芦

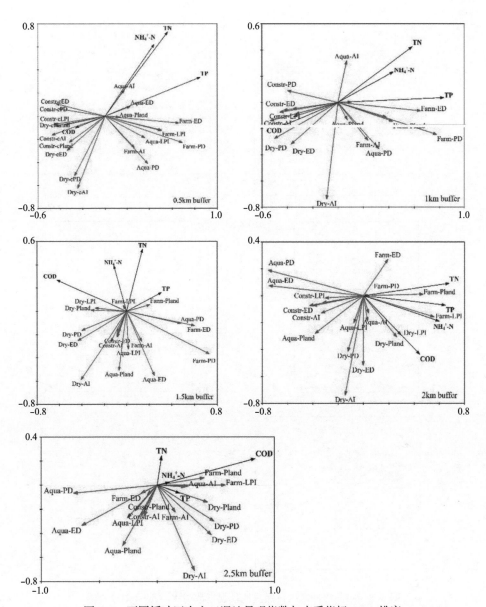

图 3.7　不同缓冲区内人工湿地景观指数与水质指标 RDA 排序

注：Aqua-Pland、Farm-Pland、Dry-Pland、Constr-Pland 分别为鱼塘、农田、干塘、建设用地景观类型百分比；Aqua-PD、Farm-PD、Dry-PD、Constr-PD 分别为鱼塘、农田、干塘、建设用地景观斑块密度；Aqua-LPI、Farm-LPI、Dry-LPI、Constr-LPI 分别为鱼塘、农田、干塘、建设用地景观最大斑块指数；Aqua-ED、Farm-ED、Dry-ED、Constr-ED 分别为鱼塘、农田、干塘、建设用地景观边缘密度；Aqua-AI、Farm-AI、Dry-AI、Constr-AI 分别为鱼塘、农田、干塘、建设用地景观聚集度指数。Aqua-LPI、Farm-LPI、Dry-LPI、Constr-LPI 分别为鱼塘、农田、干塘、建设用地景观最大斑块指数。

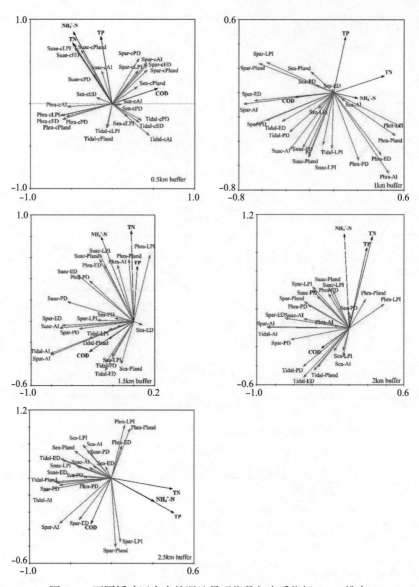

图 3.8 不同缓冲区内自然湿地景观指数与水质指标 RDA 排序

注：Sea-Pland、Tidal-Pland、Phra-Pland、Suae-Pland、Spar-Pland 分别为海水、潮滩、芦苇、碱蓬、互花米草景观类型百分比；Sea-PD、Tidal-PD、Phra-PD、Suae-PD、Spar-PD 分别为海水、潮滩、芦苇、碱蓬、互花米草景观斑块密度；Sea-LPI、Tidal-LPI、Phra-LPI、Suae-LPI、Spar-LPI 分别为海水、潮滩、芦苇、碱蓬、互花米草景观最大斑块指数；Sea-ED、Tidal-ED、Phra-ED、Suae-ED、Spar-ED 分别为海水、潮滩、芦苇、碱蓬、互花米草景观边缘密度；Sea-AI、Tidal-AI、Phra-AI、Suae-AI、Spar-AI 分别为海水、潮滩、芦苇、碱蓬、互花米草景观聚集度指数；Sea-LPI、Tidal-LPI、Phra-LPI、Suae-LPI、Spar-LPI 分别为海水、潮滩、芦苇、碱蓬、互花米草景观聚集度指数。

苇、碱蓬景观指数呈现较强的正相关，COD 与潮滩、互花米草景观指数联系紧密，如潮滩、互花米草的 AI 线最长，夹角最小。2 km 缓冲区内芦苇、碱蓬景观指数对 TN、TP、NH_4^+–N 解释能力较强，潮滩的 Pland、PD、ED，互花米草的 AI 对 COD 呈现显著的正相关。2.5 km 缓冲区内，各景观类型水平指数与水质指标相关性差异较大，TN、TP、NH_4^+–N、COD 都与互花米草的 Pland、LPI 呈现显著的正相关，此外，COD 还与互花米草的 AI、ED 联系紧密、相关性显著。综上，0.5～2 km 缓冲区内 TN、TP、NH_4^+–N 与碱蓬、芦苇景观类型水平指数呈现显著的正相关；2.5 km 缓冲区内互花米草对 TN、TP、NH_4^+–N、COD 解释能力强。各个缓冲区内互花米草对 COD 影响显著。

3.3.5　盐城滨海湿地景观格局与土壤特征关系分析

3.3.5.1　景观指数与土壤指标关系 RDA 排序解释能力分析

为了解各种类型景观指数与土壤指标的相互关系及景观指数对土壤指标的解释能力，利用 CANOCO 4.5 软件对 59 个土壤采样点与景观指数进行冗余分析。从景观类型、景观水平指数和类型水平指数三个数据源来分析不同景观指数对土壤指标的解释能力（表 3.9）。

景观类型与景观水平指数对土壤指标总体解释能力较大，总体解释能力均大于 0.65，而景观类型水平指数对土壤指标总体解释能力较小，均小于 0.6。景观类型上，2 km 缓冲区内景观类型对土壤指标解释能力最大，总体解释能力值为 0.739，其中景观类型对土壤速效钾具有较高解释能力，达到了 0.215。其次为 0.5 km 和 2.5 km 缓冲区内景观类型对土壤指标解释能力较强，总解释量分别为 0.735、0.717，1 km 缓冲区内景观类型指数对土壤指标解释能力较弱，总解释量为 0.673，其中有机质、pH 和盐度解释量均小于 0.1。景观水平上，2.5 km、1 km 和 0.5 km 缓冲区内景观水平指数对土壤指标具有较强解释能力，总解释量分别达到了 0.732、0.727、0.712，1.5 km 和 2 km 缓冲区内景观水平指数对土壤指标解释能力稍弱，总解释量分别为 0.703、0.693。其中对土壤速效钾、有机质的解释能力强于其他土壤指标，解释量均大于 0.1，对盐度解释能力最低，解释量最小。景观类型水平上，五个缓冲区内景观指数对土壤指标解释量均较弱，远低于景观类型和景观水平指数，0.5 km、1 km、1.5 km 和 2.5 km 缓冲区内景观类型水平指数对土壤解释量相对较强，0.5 km 缓冲区景观指数对土壤指标解释最强，总解释量达到 0.597，而 2 km 缓冲区内总解释量最弱，仅为 0.047。0.5 km 缓冲区内景观类型水平指数对 pH、有机质解释能力较强，1 km 缓冲区内景观类型水平指数对速效钾和 pH 具有较强解释能力，1.5 km 缓冲区内铵态氮、有机质和 pH 具有较强解释能力，2 km 缓冲区内对有机质解释能力较强，2.5 km 缓冲区内对速效钾、pH 和有效磷具有较强解释能力。

表 3.9　不同数据源景观指数与土壤指标关系 RDA 排序解释能力分析

数据源	缓冲区尺度	有效磷	速效钾	铵态氮	有机质	pH	盐度	总解释量
景观类型	0.5 km	0.154	0.164	0.162	0.116	0.084	0.042	0.735
	1 km	0.189	0.203	0.147	0.097	0.059	0.028	0.673
	1.5 km	0.196	0.185	0.160	0.120	0.106	0.054	0.707
	2 km	0.181	0.215	0.118	0.106	0.124	0.108	0.739
	2.5 km	0.165	0.256	0.102	0.080	0.134	0.055	0.717
景观水平	0.5 km	0.111	0.210	0.168	0.130	0.041	0.074	0.712
	1 km	0.090	0.250	0.190	0.132	0.083	0.048	0.727
	1.5 km	0.093	0.220	0.187	0.112	0.070	0.056	0.703
	2 km	0.104	0.240	0.097	0.102	0.109	0.078	0.693
	2.5 km	0.124	0.263	0.064	0.113	0.104	0.079	0.732
景观类型水平	0.5 km	0.106	0.109	0.088	0.128	0.159	0.038	0.597
	1 km	0.105	0.126	0.102	0.086	0.118	0.039	0.556
	1.5 km	0.063	0.066	0.127	0.134	0.133	0.045	0.546
	2 km	0.067	0.048	0.083	0.117	0.093	0.034	0.047
	2.5 km	0.130	0.145	0.050	0.090	0.135	0.073	0.571

3.3.5.2　景观类型与土壤指标的关联分析

以区域土壤采样点为中心，如水质采样点生成五级缓冲区，通过统计得到各级缓冲区内的土地覆被情况与景观指数，并将景观水平指数与土壤指标输入 SPSS 进行相关性分析（表 3.10）。可以发现：0.5 km 缓冲区内，铵态氮与干塘呈显著的正相关，有效磷与农田、鱼塘、互花米草相关性较大，速效钾与互花米草联系紧密，呈显著正相关。有机质与海水、盐田、农田、干塘相关性显著，其中盐田、干塘与有机质呈负相关，海水、农田与有机质呈正相关，表明盐田、干塘景观类型有机质含量较少，不利于有机质的积累；农田通过土壤长久累积以及有机肥的使用，土壤有机质含量较高，而通过水的流动进入河流，也使得区域海水的有机质含量较高。pH 与碱蓬呈现显著的正相关，碱蓬耐盐性强，生长在盐碱地，区域土壤盐碱性强，pH 较高。盐度与区域景观类型相关性较小，但也表现出与农田、鱼塘、建设用地、芦苇、碱蓬呈正相关，与其他景观类型呈负相关。1 km 缓冲区内铵态氮与干塘显著性上升，在 P < 0.05 时，显著性为 0.678。有效磷与农田、鱼塘呈显著正相关，特别是与鱼塘显著性最高，在 P < 0.01 时，显著性达到了 0.821。速效钾与农田、互花米草呈正相关，有机质与潮滩、干塘呈显著负相关，与农田呈显著正相关。

1.5 km 缓冲区内，铵态氮与干塘呈显著正相关，有效磷与农田、鱼塘联系紧密，呈显著正相关，速效钾与海水、农田为显著正相关。有机质与潮滩、鱼塘、干塘呈显著负相关。碱蓬保持与碱蓬景观类型呈显著正相关。2 km 缓冲区内，铵态氮与干塘保持显著正相关，有效磷与农田、鱼塘相关性较高，在 P < 0.01 和 P < 0.05 时，显著性分别达到了 0.780、0.685。速效钾与海水、农田呈显著正相关，有机质与干塘呈显著负相关，pH 与碱蓬联系紧密，盐度与各景观类型相关性较低。2.5 km 缓冲区内，铵态氮与各景观类型相关性不显著，有效磷与农田、鱼塘、互花米草呈显著正相关，速效钾与海水、农田、碱蓬、互花米草呈显著正相关，有机质与盐田呈显著负相关，pH 与干塘相关性显著。综上，0.5~2 km 缓冲区内，铵态氮与干塘呈显著正相关，有效磷与农田、鱼塘呈显著正相关。0.5~2.5 km 缓冲区内速效钾与农田、互花米草呈显著正相关，有机质与盐田、干塘呈显著负相关，而与农田、鱼塘呈显著正相关。pH 在 0.5~2 km 缓冲区与碱蓬呈显著的正相关，盐度在各级缓冲区内与景观类型相关性都较低。

表3.10 景观类型与土壤指标相关性分析

样区	指标	海水	潮滩	盐田	农田	鱼塘	干塘	建设用地	芦苇	碱蓬	互花米草
0.5 km缓冲区	铵态氮	0.393	−0.507	0.435	0.405	0.35	0.598*	0.23	0.07	0.236	0.133
	有效磷	0.309	0.121	−0.396	0.531*	0.534*	−0.265	−0.433	−0.304	−0.145	0.503*
	速效钾	0.295	0.128	−0.03	0.446	−0.129	0.18	0.092	0.264	0.025	0.689*
	有机质	0.528*	−0.435	−0.501*	0.543*	−0.107	−0.594*	−0.472	0.348	0.142	−0.11
	pH	0.108	−0.294	0.319	0.373	−0.001	0.142	0.2	−0.351	0.764*	0.277
	盐度	−0.19	−0.112	−0.188	0.104	0.127	−0.267	0.019	0.197	0.105	−0.098
1 km缓冲区	铵态氮	0.279	−0.496	−0.384	0.373	−0.318	0.678*	0.372	0.266	0.02	0.37
	有效磷	0.421	0.098	−0.298	0.552*	0.821**	0.042	−0.276	−0.159	−0.197	0.442
	速效钾	0.437	0.084	−0.173	0.539*	0.138	0.227	0.282	0.238	0.195	0.625*
	有机质	0.324	−0.613*	−0.017	0.576*	−0.068	−0.608*	−0.384	0.421	0.016	0.264
	pH	−0.219	−0.225	−0.33	0.223	0.156	0.148	0.265	0.074	−0.046	0.2
	盐度	−0.171	−0.216	0.088	0.142	0.336	−0.196	0.055	−0.147	0.143	−0.088
1.5 km缓冲区	铵态氮	0.417	−0.262	0.435	0.312	−0.128	0.644*	0.402	0.336	0.42	0.457
	有效磷	0.454	0.019	−0.396	0.672*	0.790**	−0.019	−0.332	0.022	−0.233	0.373
	速效钾	0.521*	0.063	−0.03	0.570*	0.207	0.119	0.32	0.315	−0.091	0.437
	有机质	0.097	−0.673*	−0.501*	0.47	0.035	−0.625*	−0.317	0.302	−0.34	0.226
	pH	−0.213	−0.276	0.319	0.085	0.11	0.348	0.204	0.124	0.780**	0.187
	盐度	−0.154	−0.349	−0.188	0.125	0.464	−0.175	0.179	−0.116	−0.266	−0.26
2 km缓冲区	铵态氮	0.366	0.008	0.435	0.244	0.176	0.519*	0.172	0.279	0.482	0.361
	有效磷	0.284	0.116	−0.396	0.780**	0.685*	−0.104	−0.174	−0.014	−0.391	0.521*
	速效钾	0.761**	0.163	−0.03	0.555*	0.197	0.145	0.302	−0.151	−0.032	0.401
	有机质	0.291	−0.492	−0.501*	0.408	0.015	−0.576*	−0.394	0.288	−0.453	−0.135
	pH	−0.056	−0.372	0.319	0.113	0.199	0.474	0.292	0.121	0.586*	0.165
	盐度	0.105	0.411	−0.188	0.16	0.425	−0.346	0.101	−0.69*	−0.198	−0.31
2.5 km缓冲区	铵态氮	0.249	0.174	0.435	0.108	0.276	0.287	−0.204	0.169	0.242	0.369
	有效磷	0.207	0.313	−0.396	0.834**	0.566*	−0.003	0.117	−0.278	0.009	0.542*
	速效钾	0.655*	0.225	−0.03	0.585*	0.117	0.198	0.364	0.177	0.719**	0.517*
	有机质	0.023	−0.412	−0.501*	0.333	−0.104	−0.36	−0.318	0.408	0.104	0.214
	pH	−0.333	−0.383	0.319	0.13	0.262	0.749**	0.288	−0.15	−0.192	0.272
	盐度	0.039	−0.335	−0.188	0.107	0.397	−0.243	0.138	−0.023	0.621*	−0.101

注：*表示在0.05级别，相关性显著；**表示在0.01级别，相关性显著。

3.3.5.3 景观水平指数与土壤指标的关联分析

选取了 11 个景观水平指数和 6 个土壤指标进行 RDA 排序分析其相关性（图 3.9）。不同缓冲区内 6 个土壤指标相关性差异较大，0.5 km 缓冲区内，有效磷、速效钾和盐度相关性较大，pH、铵态氮和有机质相关性明显。1 km 缓冲区，速效钾和铵态氮、有效磷和盐度相关性较高，pH 和有机质分散分布。1.5 km 缓冲区内，有机质与盐度、pH 与有效磷、速效钾与铵态氮相关性较显著。2 km 缓冲区内，有效磷、pH、速效钾和铵态氮四个指标相关性显著，有机质与盐度相关性较好。2.5 km 缓冲区内，有效磷、pH、速效钾、铵态氮、有机质五个指标相关性较显著。

从各个缓冲区的结果来看，0.5 km 缓冲区内，土壤有效磷和速效钾与 CONTAG、SHDI、MPS、LSI、IJI 呈显著正相关，盐度与 CONTAG、SHDI、MPS、IJI、AI 呈显著正相关，且盐度与景观 IJI、AI 正相关最大，也表明景观 IJI、AI 对盐度解释能力最强。pH、铵态氮与 LSI 相关性显著，有机质与 FRAC、ED、LSI 呈显著正相关。1 km 缓冲区内，速效钾、铵态氮与 SHDI、LSI、IJI、PD，有机质与 FRAC，有效磷、盐度与 CONTAG、MPS、LPI、COHESION，pH 与 AI、LPI、COHESION、CONTAG、MPS 呈显著正相关。1.5 km 缓冲区内，有机质、盐度与 MPS、LPI、COHESION、CONTAG、AI，pH、有效磷与 FRAC、LSI，速效钾与 LSI，铵态氮与 SHDI、PD、ED、IJI 呈显著正相关。2 km 缓冲区内，有机质与 CONTAG、MPS、AI、FRAC，盐度与 FRAC，有效磷、pH 值与 LPI、COHESION、LSI，速效钾、铵态氮与 LSI、SHDI、PD、IJI、ED 指数呈显著正相关。2.5 km 缓冲区内，有效磷、pH、有机质与 IJI、CONTAG、COHESION、AI、LSI，盐度与 PD、ED，铵态氮、速效钾与 SHDI、LSI 呈现显著正相关。综上，FRAC 在 0.5~2 km 缓冲区内与有机质呈显著正相关，LSI、SHDI 在五级缓冲区内保持与速效钾呈显著正相关，COHESION、CONTAG 对有效磷、盐度有较强解释能力，LSI 在 0.5 km、1.5~2.5 km 缓冲区内与 pH 相关性显著。

3.3.5.4 景观类型水平指数与土壤指标的关联分析

利用冗余分析（RDA）方法，得到景观类型水平指数与土壤指标的相关性排

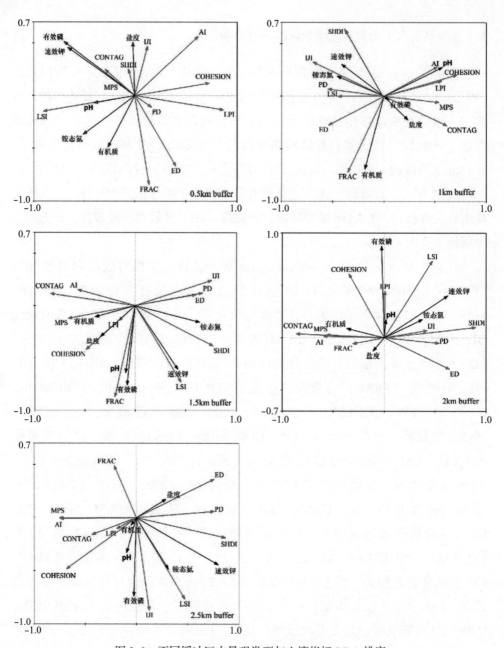

图 3.9　不同缓冲区内景观类型与土壤指标 RDA 排序

　　注：PD、LPI、ED、LSI、FRAC、CONTAG、IJI、COHESION、SHDI、AI、MPS 分别为区域景观斑块密度、最大斑块指数、斑块边缘密度、景观形状指数、景观蔓延度指数、散布于并列指数、香浓多样性指数、聚集度指数、平均斑块面积。

序图，主要分析人工湿地和自然湿地两个大类的相关性。人工湿地上（图3.10），0.5 km 和 1 km 缓冲区内，土壤有机质、有效磷和 pH 联系紧密，三个指标的箭头线较为靠近，而土壤的速效钾、铵态氮、盐度指标相关性较强。1.5 km 缓冲区内，有机质与有效磷相关性较强，速效钾、铵态氮、盐度、pH 相关性明显。2 km 和 2.5 km 缓冲区内，速效钾、铵态氮、pH 相关性较高，有机质和有效磷相关性显著，盐度与其他土壤指标相关性较弱。

具体上，0.5 km 缓冲区内，土壤有机质、有效磷和 pH 与农田的 Pland、LPI、PD、ED、AI，鱼塘的 LPI、PD 呈现显著的正相关。土壤速效钾、铵态氮、盐度与干塘呈显著正相关，包括干塘的 Pland、PD、ED、AI、LPI 五个指数。1 km 缓冲区内，土壤有机质、有效磷、pH 与农田的 Pland、PD、ED、AI、LPI 都呈显著正相关，也表明农田对土壤有机质、有效磷、pH 均有极大影响。而土壤速效钾、铵态氮、盐度与干塘的 Pland、PD、ED、AI、LPI 保持显著正相关。1.5 km 缓冲区内，有机质、有效磷与农田的 Pland、ED、AI、LPI 相关性显著，速效钾、铵态氮、盐度、pH 与干塘和农田的 Pland、PD、ED、AI、LPI 相关性显著。2 km 和 2.5 km 缓冲区内，有机质、有效磷、速效钾、铵态氮、pH 与其他缓冲区内相关性指标保持一致性，但盐度指标与建设用地的 Pland、PD、ED、AI、LPI 相关性上升，呈显著的正相关。综上，在 0.5 km 和 1 km 缓冲区内，有机质、有效磷、pH 与农田的 Pland、LPI、PD、ED、AI 呈显著相关性，速效钾、铵态氮、盐度与干塘的 Pland、LPI、PD、ED、AI、建设用地的 LPI、PD、AI 呈显著相关性。在 1.5~2 km 缓冲区内，有机质、有效磷与农田各类型水平指数相关性显著，速效钾、铵态氮、pH 与干塘、建设用地和农田各类型水平指数相关性显著，建设用地的各类型水平指数对盐度解释能力更强。

自然湿地上（图3.11），0.5 km 缓冲区内土壤有机质、盐度，有效磷和 pH、速效钾和铵态氮相关性较强。1 km 缓冲区内，有机质和速效钾较为分散分布，而有效磷、铵态氮、盐度和 pH 较为集中，相关性较高。1.5 km 缓冲区内，有机质、有效磷和盐度，pH 和铵态氮相关性较高，速效钾较为分散分布，相关性较差。2 km 缓冲区内，铵态氮、pH、速效钾和盐度相关性较强，有机质和有效磷联系紧密。2.5 km 缓冲区内，速效钾、盐度、铵态氮和有效磷相关性显著，pH 和有机质则相对分散，联系不紧密。

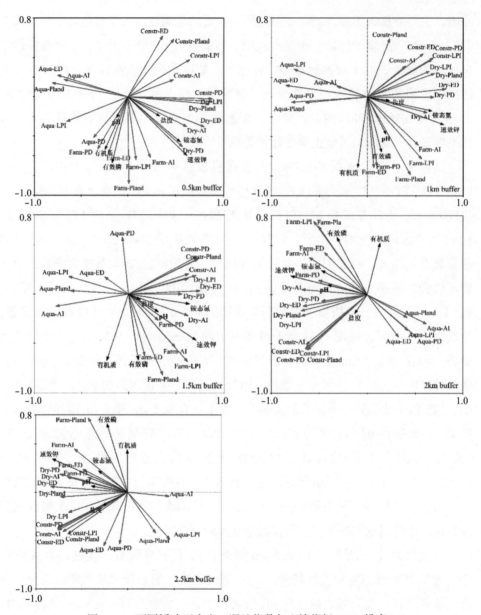

图 3.10　不同缓冲区内人工湿地指数与土壤指标 RDA 排序

注：Aqua-Pland、Farm-Pland、Dry-Pland、Constr-Pland 分别为鱼塘、农田、干塘、建设用地景观类型百分比；Aqua-PD、Farm-PD、Dry-PD、Constr-PD 分别为鱼塘、农田、干塘、建设用地景观斑块密度；Aqua-LPI、Farm-LPI、Dry-LPI、Constr-LPI 分别为鱼塘、农田、干塘、建设用地景观最大斑块指数；Aqua-ED、Farm-ED、Dry-ED、Constr-ED 分别为鱼塘、农田、干塘、建设用地景观边缘密度；Aqua-AI、Farm-AI、Dry-AI、Constr-AI 分别为鱼塘、农田、干塘、建设用地景观聚集度指数。Aqua-LPI、Farm-LPI、Dry-LPI、Constr-LPI 分别为鱼塘、农田、干塘、建设用地景观最大斑块指数。

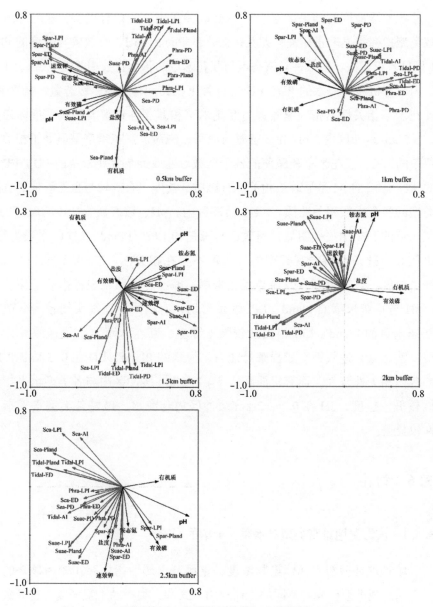

图 3.11　不同缓冲区内自然湿地指数与土壤指标 RDA 排序

注：Sea-Pland、Tidal-Pland、Phra-Pland、Suae-Pland、Spar-Pland 分别为海水、潮滩、芦苇、互花米草景观类型百分比；Sea-PD、Tidal-PD、Phra-PD、Suae-PD、Spar-PD 分别为海水、潮滩、芦苇、互花米草景观斑块密度；Sea-LPI、Tidal-LPI、Phra-LPI、Suae-LPI、Spar-LPI 分别为海水、潮滩、芦苇、互花米草景观最大斑块指数；Sea-ED、Tidal-ED、Phra-ED、Suae-ED、Spar-ED 分别为海水、潮滩、芦苇、互花米草景观边缘密度；Sea-AI、Tidal-AI、Phra-AI、Suae-AI、Spar-AI 分别为海水、潮滩、芦苇、互花米草景观聚集度指数；Sea-LPI、Tidal-LPI、Phra-LPI、Suae-LPI、Spar-LPI 分别为海水、潮滩、芦苇、互花米草景观最大斑块指数。

从各个缓冲区的结果来看，0.5 km 缓冲区内，土壤有机质、盐度与海水各景观类型指标呈显著正相关，尤其是海水的 Pland。pH、有效磷与碱蓬的 Pland、LPI 呈显著正相关。速效钾、铵态氮与互花米草的各个指数相关性显著。1 km 缓冲区内，有机质与海水的 PD、ED 呈显著正相关，有效磷、铵态氮、盐度和 pH 与互花米草相关性紧密，速效钾与互花米草和碱蓬各景观类型水平指标相关性强。1.5 km 缓冲区内，pH 和铵态氮与芦苇、碱蓬、互花米草呈显著正相关，包括芦苇的 LPI、互花米草和碱蓬的各个指数。速效钾与互花米草的 PD、ED，碱蓬的 AI、潮滩的 AI 呈显著正相关。有机质、盐度、有效磷与自然湿地的五个景观类型的各个指数相关性低。2 km 缓冲区内，pH、铵态氮、盐田与碱蓬的 AI、互花米草的 LPI 相关性明显，速效钾与碱蓬的 LPI、Pland、ED 联系最为紧密，有机质和有效磷与各景观类型的各指数不存在相关性。2.5 km 缓冲区内，速效钾、盐度、铵态氮和有效磷与互花米草、碱蓬和芦苇景观各指数呈显著正相关，pH 与互花米草的 Pland、LPI 联系密切，有机质排序箭头线较为分散，但与互花米草的 Pland、LPI 相关性较强。综上，互花米草对土壤速效养分的有效磷、铵态氮、速效钾有较强解释能力，海水的 Pland、ED 在 0.5 km 和 1 km 缓冲区内相关性较大，而有机质在 1.5~2.5 km 缓冲区内与各类型水平指数相关性较低。盐度、pH 在 0.5~2 km 缓冲区内与海水、碱蓬各类型水平指数相关性较显著。

3.3.6 讨论

3.3.6.1 滨海湿地景观类型对水质、土壤的影响

区域景观类型与水体污染物浓度、土壤基本属性指标存在较为显著的相关性。不同景观类型代表着不同的土地利用方式和人类活动干扰强度，也导致了不同景观类型中的水质污染物、土壤属性出现不一致。当区域经历降雨时，雨水逐渐汇集成地表径流，伴随着地表污染物最后流入河流和湖泊的过程中，地表径流带着地表污染物流经不同性质的景观类型，该过程中地表污染物可能会被吸收、稀释、沉积和再析出。这个过程也使得不同景观类型下的水质、土壤情况存在差异性。

前人研究中,城镇建设用地是区域水质污染的主要来源[226,232],对水质污染解释能力最大,其原因是城镇建设用地作为人类活动强度最大的地域斑块,道路硬化使得城市不透水面增加,加上城市工业、生活等造成的污染较高,使得城镇地区水质污染物浓度增高,成为区域主要的污染输出源头。第二个主要污染源是耕地[226],由于人类活动对耕地的利用强度提升,对农田大量施用农药、化学肥料,增加了区域农田水质、土壤的化学元素,加剧了污染物的沉积。本文以盐城滨海湿地作为研究区,滨海湿地建设用地面积较小,而人工湿地面积较广,0.5~2.5 km缓冲区内农田、鱼塘、干塘面积较大,农田种植、鱼塘和干塘养殖都需要施用大量的肥料,化学元素在该地类中沉积强度和速率远大于其他景观类型。如TN、TP、NH_4^+-N水质指标在0.5 km、1 km、2 km、2.5 km缓冲区内与农田景观呈显著正相关,COD与干塘景观保持显著的正相关。土壤指标中,0.5~2 km缓冲区内,铵态氮与干塘,有效磷与农田、鱼塘呈显著正相关。0.5~2.5 km缓冲区内速效钾与农田、有机质与农田、鱼塘呈显著正相关。这也表明盐城滨海湿地中农田、鱼塘、干塘对水质、土壤的影响较为显著。

此外,前人研究中林地、草地对区域水质起到较好的净化作用[209,229],两者呈现显著负相关,林地、草地具有保持土壤、吸纳截留水分、消解污染物的良好能力,如郝敬锋对南京市紫金山东郊湿地的研究表明,湿地区域林地斑块面积越大,湿地的水质条件越好。在本文中,滨海湿地以海水、潮滩、芦苇、碱蓬、互花米草作为典型的自然湿地地类,潮滩、芦苇对水质指标有着显著影响,如TN、TP、NH_4^+-N水质指标在0.5~2.5 km缓冲区内都与潮滩呈显著负相关,COD保持与芦苇景观显著负相关,地表径流携带地表污染物流经不同的景观类型地类,不断沉积,最后流经潮滩注入海洋,故潮滩的TN、TP、NH_4^+-N水质污染相对较小,且芦苇的大面积分布对水质污染物起到一定的净化作用。0.5~2.5 km缓冲区内土壤速效钾与互花米草呈显著正相关,pH在0.5~2 km缓冲区与碱蓬呈显著的正相关。

从控制滨海湿地污染物、保护湿地水质和土壤环境出发,应适当控制鱼塘、干塘围垦面积,减少农田农药化肥使用,严格遵循自然保护区保护条例,减少人类活动对滨海湿地的外在干扰,加大对芦苇、潮滩、碱蓬自然湿地的保护,增加芦苇、碱蓬等自然植被的斑块面积,从而缓解区域水质污染情况,提高湿地土壤肥力，保持滨海湿地生态系统的稳定性。

3.3.6.2 滨海湿地景观水平指数对水质、土壤的影响

滨海湿地景观对湿地水质、土壤环境的影响不仅反映在不同景观类型的区域差异上，也会受到区域不同景观类型的内部结构、功能和布局的差异影响。本文中，景观水平指数 FRAC、MPS 在 0.5 ~ 2.5 km 缓冲区内都与水质 TN、TP、NH_4^+–N 指标保持显著正相关，景观分维数 FRAC 反映了区域景观格局受到外在人类活动干扰强度的情况，景观平均斑块面积 MPS 反映了区域景观类型的斑块面积情况，体现的是景观破碎度。而 FRAC、MPS 与水质 TN、TP、NH_4^+–N 相关性显著，表明人类活动干扰下的滨海湿地景观格局趋于破碎化，对水质污染的风险和潜在影响加深。水质 COD 与景观香农多样性指数 SHDI、景观形状指数 LSI 呈现正相关性，SHDI、LSI 分别表征着湿地景观格局的异质性和形态分布情况，表明区域景观水平下景观格局异质性突出，景观较为分离和形态复杂化，对水质的 COD 起到重要促进作用。COHESION 反映了区域景观的连接情况，景观连通性越高，物质交换和能力传递越迅速，更有利于污染物处理和消解，如COHESION 在 1 km、2 km、2.5 km 缓冲区内与水质污染物相关性较强。散布并列指数 IJI 在五级缓冲区内保持与水质的 COD 呈现显著正相关，与其他指标相关性较小，其 IJI 反映了景观类型间的相邻情况，IJI 越高，体现了区域景观斑块的邻近分布更为复杂，水质的 COD 浓度越高。故在景观水平上看，区域景观以某一类景观类型或具有面积绝对大且占主导的景观类型相连接时，水质污染物的浓度较低，水质条件更好。

土壤指标中，FRAC 在 0.5 ~ 2 km 缓冲区内对土壤有机质指标具有较强解释能力，而 FRAC 也反映了区域人类活动的开发利用强度，尤其是对农田、鱼塘的高强度利用，对区域有机质沉积有较大影响，此外斑块连接度（COHESION）在 1 ~ 2.5 km 内对土壤有机质解释能力较强，具有显著正相关，表明景观斑块的连通性越好，越有利于物质交换、信息能量传递，促进土壤有机质发育。LSI与土壤有效磷、速效钾、铵态氮相关性较好，对其解释能力较大，景观形状指数 LSI 体现了区域景观格局的形态变化，LSI 越大，斑块形状越复杂，外在干扰越强烈，对土壤速效养分的有效磷、速效钾和铵态氮影响越显著。蔓延度指数（CONTAG）、聚集度指数（AI）对盐度和 pH 有较大的意义。CONTAG 反

映着区域各景观类型的集聚情况，AI 反映了区域景观斑块的集聚程度，体现着景观的空间配置情况，如碱蓬植被集聚对区域土壤盐度有着显著相关性，故 CONTAG、AI 在 0.5～2 km 缓冲区内对盐度指标、在 0.5 km、1 km、2.5 km 缓冲区内对 pH 指标解释能力较强。

3.3.6.3 滨海湿地类型水平指数对水质、土壤的影响

文章从人工湿地和自然湿地景观类型分析类型水平指数对区域水质、土壤的影响力。斑块密度（PD）体现了区域景观类型的破碎情况，而农田的 PD 与水质 TN、TP、NH_4^+–N 指标呈显著正相关，表明大面积的农田分布，虽使得施用的农药化肥污染物被雨水冲刷带走的污染物较少，但被农田边界拦截并沉积，使得区域水质污染物浓度升高。若碱蓬、芦苇植被的 PD 越大，对污染物拦截效果越好，越有利于吸收降解污染物浓度。故人工湿地的斑块趋于破碎对水质起到改善作用，而自然湿地的斑块破碎却会加剧污染物浓度，这也与胡和兵等研究结果一致[226]。土壤各指标中，斑块密度 PD 与各指标相关性较强，如 0.5 km 和 1 km 缓冲区内农田、鱼塘的 PD 与有机质、有效磷、pH 呈显著正相关，干塘的 PD 与铵态氮、速效钾、盐度呈显著正相关，互花米草的 PD 与铵态氮和铵态氮相关性显著。

斑块聚集度（AI）反映了景观类型水平的斑块集聚情况，如文中鱼塘、农田、干塘的 AI 与 TN、TP、NH_4^+–N、COD 相关性显著，表明人类活动密集，造成的污染物也趋于集中，使得区域水质污染物浓度增大。自然湿地的碱蓬、芦苇、互花米草的聚集，有助于拦截污染物，降低整个区域的污染物浓度，但自身集中的污染物也使得附近水质污染物浓度升高。土壤各指标与景观类型的聚集度相关性明显，农田、干塘、建设用地的集聚对区域土壤的有机质、速效养分起到重要促进作用，尤其是农田的斑块集中分布，加上人类活动对其施加各种肥料，使得斑块内的土壤各养分升高，且沉积速率大于其他斑块类型。

斑块边缘密度（ED）反映了景观类型的边界密度情况，且各边界作为能量信息的传递界线，对区域污染物流动起到重要作用。如农田、鱼塘在 0.5～1.5 km 缓冲区内的 ED 与 TN、TP、NH_4^+–N 相关性显著，建设用地、干塘的 ED 在 0.5～1.5 km 缓冲区内与 COD 呈显著正相关。农田、鱼塘、建设用地和干塘有着自身突出的边界范围，且对自身范围有着较大影响，若边界密度较

大，表明斑块形状越复杂，使得污染物难以流动和消解，增大边界内区域的污染物浓度。这与 Hwang 和 Uuemaa 等研究结果相似[233, 234]，表明斑块形状会作用于区域水文过程和水体质量。农田、干塘、建设用地的 ED 也解释区域土壤各养分的沉积，互花米草的 ED 对土壤指标解释能力较强。

景观类型百分比（Pland）、最大斑块指数（LPI）反映了区域主导景观类型和最大斑块类型空间分布，对区域水质影响更为直接。文中鱼塘、农田、干塘的 Pland、LPI 与缓冲区内的 TN、TP、NH_4^+-N、COD 相关性显著，其中 0.5 km 和 1 km 缓冲区内，鱼塘、农田的 Pland、LPI 与 TN、TP、NH_4^+-N 指标呈显著正相关，0.5 ~ 1.5 km 缓冲区干塘、建设用地的 Pland、LPI 与 COD 呈显著正相关，2 km 和 2.5 km 缓冲区内，农田、干塘的 Pland、LPI 与 TN、TP、NH_4^+-N、COD 呈显著正相关。这也都体现了区域人类活动干扰强烈的景观类型对水质的影响更为显著。自然湿地的碱蓬、芦苇和互花米草的 Pland、LPI 对污染物响应更为明显，如 0.5 km、1.5 km、1 km 缓冲区内碱蓬的 Pland、LPI 与 TN、TP、NH_4^+-N 呈显著正相关。农田、干塘 Pland、LPI 对土壤各指标解释能力与其相似，表明了区域主导景观类型对区域土壤的重要性。

当前盐城滨海湿地生态保护已有成效，已经建立了自然保护区，明确划分了核心区、试验区、缓冲区等区域，但区域滩涂围垦活动仍然存在，鱼塘养殖面积范围大且面积分布逐渐扩大，工程建设活动增加了人类活动的干扰力，交通线路建设割裂了区域斑块的完整性，这些也加剧了滨海湿地水质污染与恶化。故应控制滩涂围垦强度，减少人类活动对湿地的外在干扰，保护芦苇、碱蓬等自然植被，减缓自然湿地景观类型的破碎化程度，从而促进滨海湿地生态系统稳定和健康发展。

3.4 结论

本节从盐城滨海湿地土壤、水质、植被、景观格局角度分析了区域生态环境特征。主要结论如下。

（1）盐城滨海湿地有机质平均值为 19.01 g/kg，为中等肥力地，区域差异明显。湿地土壤以碱性土为主，土壤盐度平均值为 0.61，区域为盐渍化土。湿地土壤速效养分中，速效钾范围为 60.73 ~ 869.7 mg/kg，远大于铵态氮和有效磷，有效磷含量平均值为 45.05 mg/kg，区域差异较大。土壤铵态氮区域差异相对较小。空间上，土壤有机质含量中部最高，集中分布在核心保护区附近，南部大于北部。pH 高值区位于大丰区和东台市交界处，碱性较高，南部大于北部。土壤盐度含量北部大于南部。土壤有效磷和速效钾含量都呈现南部大于北部的差异特征，有效磷高值区集中分布在大丰区区域，速效钾高值区则集中于东台市区域。铵态氮高值区位于南部的东台市和中部的射阳县与大丰区交界附近。此外，湿地土壤铵态氮、有效磷、有机质含量在空间上也呈现由内地向海洋减小的趋势，而 pH、盐度和速效钾与之相反。

（2）盐城滨海湿地水质平均值都大于地表水环境质量标准的 V 类，也表明当前湿地地表水环境较差。其中湿地水质的化学需氧量最大，范围为 2~3000 mg/L，平均值为 454.7 mg/L，远大于地表水环境质量 V 类的标准值 40 mg/L。水质总氮和氨氮分布特征较为类似，以大丰区和东台市交界为高值区。水质总磷含量南部小于北部，且以川东港为高值区。湿地水质的化学需氧量南部大于北部，中部地区水质化学需氧量最低，以东台市区域为化学需氧量高值区。此外，总氮、总磷和氨氮在空间呈现内陆侧大于沿海侧，而化学需氧量相反。盐城滨海湿地植被种类繁多，生物多样性丰富，滩涂植被主要包括芦苇、互花米草、大米草、盐地碱蓬、碱蓬、盐角草、川蔓藻、白茅、獐毛、狐尾藻等，且各种植被在不同环境特征下分布不均。

（3）盐城滨海湿地景观高等级脆弱区面积快速上升，低等级脆弱区面积大幅下降。低脆弱区在 1991—2019 年面积减少 507.49 km²，下降幅度达到 47%，较低脆弱区面积先增长后下降，在 2000—2019 年作为区域主导类型。高脆弱区面积快速增长，增长幅度达到 541.41%。空间上，盐城滨海湿地景观脆弱度整体上高等级脆弱区空间分布扩散，集中在响水县、射阳县南部，大丰区和东台市的中部，较高脆弱区分布于高脆弱区的外围。中脆弱区在 2000 年较为突出，伴随着人类活动的干扰，研究区的高脆弱区上升。较低脆弱区 1991—2000 年，较低脆弱区主要靠近内陆一侧集中分布，而在 2004—2019 年较低脆弱区大面积分布在高、较高和中脆弱区的外围。低等级脆弱区面积缩减，空间变化较大。

（4）不同缓冲区内的景观水平指数与类型水平指数具有显著的差异性。滨海湿地景观类型与水质、土壤相关性显著。TN、TP、NH_4^+–N 水质指标在 0.5 km、1 km、2 km、2.5 km 缓冲区内与农田景观呈显著正相关，在

1.5 km、2 km 缓冲区内与芦苇景观呈显著正相关。在 0.5~2.5 km 缓冲区内都与潮滩呈显著负相关。COD 与区域内多种景观相关性显著。0.5~2 km 缓冲区内，铵态氮与干塘呈显著正相关，有效磷与农田、鱼塘呈显著正相关。pH 在 0.5~2 km 缓冲区与碱蓬呈显著的正相关，盐度在各级缓冲区内与景观类型相关性都较低。

4 盐城滨海湿地生态系统评价

4.1 盐城滨海湿地生态系统健康评价

滨海湿地由于其优越的地理位置及丰富的自然资源,在我国生态保护和经济发展中均占据极其重要的地位。由《中国统计年鉴》的统计结果表明,2018年我国 GDP 为 900 309.5 亿元,而沿海省区的地区生产总值为 496 343.7 亿元,占全国 GDP 的 55.13%。这表明沿海地区对我国的经济发展以及城市化的推进有着深远的影响[235]。其中滨海湿地在沿海省区社会经济发展中更是扮演着独特的角色,在海洋经济发展、人民生产生活、自然资源储备、生物多样性等方面发挥着至关重要的作用。

滨海湿地在长期高强度开发下也面临着不同程度的问题。一方面,当前我国沿海地区自然资源开发和利用中存在不少弊端,其健康状况令人担忧。由于我国沿海地区港口工业城等开发区的打造、沿海地区滩涂围垦[236]等人类经济活动,沿海地区土地利用程度大幅度增加,土地资源稀缺问题越来越明显[237]。为了提高城市化速度,沿海城镇在对土地资源的开发利用中"重开发、轻保护"情况随处可见,不少沿海城镇的不合理开发导致生态系统功能退化,出现海岸线不断后退,湿地严重退化甚至消失等问题,资源环境承载力已接近极限[238]。沿海地区在社会发展进程中因一味追求经济效益而牺牲生态环境,保护治理环境的政策措施亟待加强。另一方面,由于近年来人地关系的冲突愈发明显,为了人类社会的可持续发展,联合国环境规划署在 1980 年发表《世界自然资源保护大纲》,要求世界各国采取行动,保护自然资源,共同促进地球永续发展,"可持续发展"的理念开始萌芽。在 1987 年世界环境与发展委员会出版报告《我们共同的未来》,第一次正式提出"可持续发展"理论。该理论强调自然与人的和谐发展,并倡导人类在开发资源的过程中不仅要满足当代需求,而且不能危害后代满足需要的能力。基于可持续发展理论,滨海地区生态系统健康评价具有现实意义和实践价值[239]。

4.1.1 滨海地区生态系统健康评价理论

4.1.1.1 滨海地区生态系统健康概念

滨海地区处于陆地与海洋两大生态系统的复合地带，由于其环境复杂而且受到两者强烈的相互作用。沿海地区又通常是经济高度发达地区，人类活动干扰强，导致其生态系统相对敏感而脆弱。

滨海地区生态系统健康是指其系统内的各组成成分完整，相互之间平衡、稳定，整个系统不呈现病态，生态功能完整，并且在面对外部干扰影响时，能进行自我调节，具备恢复能力[240]。

4.1.1.2 滨海地区生态系统健康评价尺度

尺度通常表示研究对象的分辨率及时间单位，其反映了对所研究对象具体情况的了解程度。在生态学研究中，尺度表示研究的生态系统面积规模（空间尺度）及其演化过程的时间间隔（时间尺度）。不同时空尺度下，生态系统所表现出的状态及性质是不同的，正确把握合适的研究尺度对滨海地区生态系统健康状况的评价至关重要[241]。

1）时间尺度特征

针对滨海地区生态系统健康研究的时间尺度，可以选取时间"点"或时间"段"作为时间尺度进行研究。时间"点"的生态系统健康状况相对来说较难测度，选取的指标标准大多依靠经验，主观性较强，且测度过程中还需要具备稳定的周期性。而选择时间"段"作为研究的时间尺度则可以直观地反映研究对象的动态变化过程及趋势，更有利于滨海地区生态系统保护阶段性方针的制定和未来的可持续发展。

2）空间尺度特征

对于生态系统而言，由于空间的不均衡性，不同的空间尺度下生态系统所呈现出的状态可能存在很大差异。就区域尺度而言，区域具有整体性和结构性，相对于"局域"尺度对各组分指标的细化，不容易被某一因素影响，出现以偏概全的情况。选择区域尺度进行研究，更有利于多个滨海地区生态系统进行相互比较，把握不同自然及社会经济因素影响下的生态系统在健康状况上反映出的问题。

3）时空尺度特征

滨海地区生态系统健康状况的时空尺度具备统一性及差异性两个特征，区分出生态系统所发生的变化是来自内部的自然扰动还是外部的社会压力。在进行滨海地区生态系统健康评价时，其统一性要求在选取指标时，保证指标的时空协调性，并且过滤生态系统在极短时间内对外界干扰所反映出的瞬间状态变化；差异性要求在选取指标时，要用异质性理论与动态的视角进行指标选取[242]，要关注其空间特征并进行空间比较，这就要求选取的指标要能够定量分析。

4.1.1.3　滨海地区生态系统健康评价理论成果

生态系统健康评价一直是宏观生态学与地理学方法应用的优势领域，但由于生态系统的复杂性，很难建立统一的指标体系来评价所有的生态系统。当前，比较常用的评价模型有 VOR 模型、PSR 模型、DPSIR 模型，逐渐形成了完善的理论体系。

Costanza 提出了 VOR 框架进行生态系统健康评价[13]，首次为生态系统健康评价提供了理论框架，VOR 模型基于生态系统的可持续能力提出了描述系统状态的三个指标：活力（Vigor）、组织结构（Organization）和恢复力（Resilience）。Rapport 发展了生态系统健康的测量方法及公式，并计算出生态系统健康的程度。PSR（Pressure–State–Response）模型，即压力、状态、响应，其中，压力指标表征人类的经济和社会活动对环境的作用，如资源索取、物质消费以及各种产业运作过程所产生的物质排放等对环境造成的破坏和扰动；状态指标表征特定时间阶段的环境状态和环境变化情况，包括生态系统与自然环境现状，人类的生活质量和健康状况等；响应指标指社会和个人如何行动来减轻、阻止、恢复和预防人类活动对环境的负面影响，以及对已经发生的不利于人类生存发展的生态环境变化进行补救的措施。最初是由加拿大统计学家 David J. Rapport 和 Tony Friend 提出，后由经济合作与发展组织（OECD）以及联合国环境规划署（UNEP）于 20 世纪八九十年代共同发展起来的用于研究生态健康问题的框架体系。2002 年，我国学者左伟在 PSR 模型的基础上进一步扩展提出"驱动力 – 压力 – 状态 – 响应"

（DPSR）模型。相较于 PSR 模型，DPSR 模型增加了生态环境系统变化驱动力的概念模块，强调导致环境压力与状态变化的驱动作用，将社会、经济、人口的发展和增长作为促使各种人类活动产生的一种驱动力。DPSR 模型已被广泛应用于区域战略环境评价、区域生态安全评价等；DPSIR（驱动力–压力–状态–影响–响应）在模型中突出强调人在城市环境中的重要作用，涵盖社会、经济、环境、政策四个系统的指标，较能更好地反映经济、环境、资源之间的相互依存、相互制约的关系，弥补了 PSR 概念模型的不足之处。其中的"压力""状态"和"响应"的含义同 PSR 模型相比没有任何的变化，只是增加了造成这一"压力"的"驱动力"和系统所处的"状态"对人类健康和环境的"影响"。

4.1.2 滨海地区生态系统健康评价方法

4.1.2.1 指标体系框架

滨海地区健康评价体系的构建：基于 DPSRC 框架来构建"滨海地区生态系统健康"评价体系，即 Driving force（D，驱动力）–Pressure（P，压力）–State（S，状态）–Response（R，响应）–Control（C，调控）指标体系框架（图 4.1）。驱动力（D）是指广泛而间接地影响滨海地区生态系统健康的宏观尺度问题，即影响生态系统的根源性因素，分为经济社会活动和自然环境因素。压力（P）是指在驱动力作用下，直接导致滨海地区生态系统健康状态产生变化的原因。状态（S）指滨海地区生态系统所呈现的健康状况及发展趋势，反映生态系统在研究时期内的系统活力、组织能力、系统功能、系统结构等，是在驱动力和压力作用下所体现出的生态系统实际状况。响应（R）指滨海地区生态系统受外力干扰后，维持系统相对稳定和平衡的弹性及能力。控制（C）是指人类为预防滨海地区生态系统健康状况变差而采取的调控措施。指标之间互为因果关系，驱动力因素产生压力，当外界压力施加到生态系统后，使生态系统的状态发生改变，由于系统本身的弹性与恢复力对其产生响应，对压力所带来的状态改变进行调整和修正，人类在意识到经济发展及社会进步等驱动力因素对生态系统的干扰后将采取调控手段首先从驱动力因素着手减轻压力对系统的干扰，以使各指标层面相互影响，相互制约。

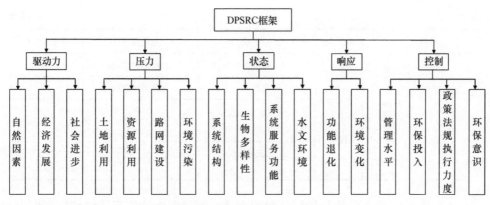

图 4.1　DPSRC 框架示意图

4.1.2.2　指标选取及意义

本研究遵循可操作性、可比性、动态性、科学性和系统性原则，基于DPSRC框架，结合AHP法构建研究区内滨海湿地生态系统健康评价的指标体系。根据滨海地区生态系统的特征，综合考虑滨海地区生态系统结构和功能及人类活动干扰，从滨海地区生态系统健康状况驱动力、压力、状态、响应和控制这五个层次着手，选取14个具体的指标进行评价（表4.1）。

表 4.1　滨海地区生态系统健康评价体系

目标层	项目层	指标层	量化方法	健康相关性
滨海地区生态系统健康评价体系	驱动力	人口密度	统计数据	−
		人均生产总值	统计数据	−
	压力	土地利用强度	遥感解译数据	−
		工业废水排放量	统计和监测数据	−
		自然度	遥感解译数据	+
	状态	植被覆盖率	遥感解译数据	+
		土地垦殖率	遥感解译和统计数据	−
		景观多样性	解译后计算景观指数	
		景观蔓延度	解译后计算景观指数	+
		最大斑块指数	解译后计算景观指数	+

目标层	项目层	指标层	量化方法	健康相关性
	响应	降水量	统计和监测数据	+
		湿地率	遥感解译数据	+
	控制	工业废水排放达标率	统计数据	+
		政策法规执行力度	专家打分	+

人口密度：指人口数与研究区面积之比。在滨海地区生态系统健康评价中，人口密度高低会直接影响人类对环境的自然资源索取程度和污染物的排放。

人均生产总值：指区域内所有生产活动的最终成果与总人口的比值。反映随着经济社会水平提高所产生的负面效应，区域内人均生产总值越高，人类活动干扰程度则越强。

土地利用强度：反映人类经济活动导致的土地开发利用的广度和深度，土地利用水平越高，生态系统受到的人类活动干扰程度越高[243, 244]。

工业废水排放量：反映人类经济活动过程中排放的污染物对生态系统的损害，工业废水排放量越高，对生态系统的损害程度越高。

自然度（DN）：反映人类的干扰作用，干扰越小，自然度越大，对滨海地区生态系统健康的压力越小。

植被覆盖率：指植被面积所占百分比。植被覆盖率越高，对滨海地区健康程度的积极作用越大。

土地垦殖率：为农田面积占研究区总面积百分比。土地垦殖率越高，对滨海地区健康负面影响越大。

景观多样性（SHDI）：反映景观类型的异质性和复杂性，SHDI值越高，则生态系统内景观越趋于破碎化[53]。

景观蔓延度（CONTAG）：反映斑块类型之间的相邻关系。CONTAG值越大，则生态系统内景观优势斑块连通度越高[245]。

最大斑块指数（LPI）：反映人类活动的强度和指向，指最大斑块在整个景观中的面积占比，LPI值越大，其优势度越大。

降水量：反映气候干旱程度，降水量越低则气候越趋干旱化。

湿地率：指湿地面积所占百分比，湿地率越高，对滨海地区健康程度的积极作用越大。

工业废水排放达标率：指工业废水排放达标量与工业废水排放总量的比率。其值越高，反映滨海地区工业污染治理的水平越高。

政策法规执行力度：反映公众的环境保护意识和政府对环境保护措施贯彻落实的力度。

4.1.2.3　综合评价模型

1）层次分析法

层次分析法（AHP）使用定量方法对定性问题进行数学表达和处理[246]，将与决策有关的因素进行分解，分别划分目标层、准则层和措施层，然后构建判断矩阵，将所有方案按照权重从高到低排序，权重最高的为最优方案[247]。

AHP 法可分为五个步骤[248]：确定问题及目标、方案两两比较、构建对比矩阵、权重计算、一致性验证。

2）极差标准化

极差标准化是将原始数据进行线性变换，把原始数据统一为区间内的值，运用统一后的数据来做数据分析，其公式为[249]：

$$x = \begin{cases} \dfrac{x_i - \min x_i}{\max x_i - \min x_i} & （当\ x\ 为正向指标时） \\ \dfrac{\max x_i - x_i}{\max x_i - \min x_i} & （当\ x\ 为负向指标时） \end{cases} \quad x \in = [0,1] \quad （4\text{-}1）$$

式中，x 是指标数据通过变换后得到的归一化值，x_i 为评价指标的原始数值，$\max x_i$ 和 $\min x_i$ 分别为该评价指标的最大值和最小值。

3）综合指数法

基于 AHP 法确定后的各指标权重，结合综合指数法评价盐城、象山港及杭州湾南岸滨海地区生态系统健康情况[250]。综合指数法的公式为：

$$HI = \sum_i^n W_i P_i \quad （4\text{-}2）$$

式中，HI 为第 i 个指标的综合指数值，W_i 为第 i 个指标的权重值，P_i 为第 i 个指标的归一化值，n 为指标个数。

4.1.2.4　健康等级划分标准

在参考前人研究的基础上[251, 252]，根据综合指数法计算出 HI 值，将 HI 值划分为 5 个等级，分别是理想状态、健康、亚健康、不健康、衰退状态。健康等级、赋分范围及具体描述见表 4.2。

表 4.2　滨海地区健康等级划分标准

健康等级	理想状态	健康	亚健康	不健康	衰退状态
范围	0.80 ≤ HI ≤ 1	0.60 ≤ HI < 0.80	0.40 ≤ HI < 0.60	0.20 ≤ HI < 0.40	0 ≤ HI < 0.20
系统特征	滨海地区生态系统组织结构十分合理，功能极其完善，活力极其强。外界压力极小，稳定性极高，处于可持续状态	滨海地区生态系统组织结构比较合理，功能极其完善，活力比较强。外界压力较小，稳定性较高，处于可持续状态	滨海地区生态系统组织结构合理性、功能完善性、活力性一般，外界压力较大，稳定性尚可，处于可维持状态	滨海地区生态系统组织结构出现缺陷、功能不完善、活力较弱，外界压力很大，系统开始出现衰退现象	滨海地区生态系统组织结构极不合理、功能极不完善、活力很低，外界压力极大，系统处于严重衰退状态

4.1.3　滨海地区生态系统健康综合评价

4.1.3.1　滨海地区健康评价指标信息提取

1）驱动力指标

人口密度：人口数量和面积的比值，计算结果见表 4.3。人口数据来自 1990 年、2001 年、2008 年和 2018 年盐城市统计年鉴，面积数据来自对研究区解译后的土地利用矢量数据。

人均生产总值：地区生产总值与人口的比值，计算结果见表 4.3。地区生产总值及人口数据均来自 1990 年、2001 年、2008 年和 2018 年盐城市统计年鉴[253]。

表 4.3 盐城滨海湿地驱动力指标

年份	驱动力指标提取结果	
	人口密度（人 / km²）	人均生产总值（元 / 人）
1990 年	456.18	1324.02
2001 年	468.21	7591.14
2008 年	443.21	22443.97
2018 年	425.00	66531.83

2）压力指标

土地利用强度：

$$LUI = \sum_{i=1}^{n} A_i \cdot C_i \qquad (4-3)$$

式 4-3 中，A_i 为第 i 类土地利用类型在研究区的面积占比，C_i 为该类土地利用类型所对应的强度权重[253]。其中，权重的计算主要参考土地利用强度分级表[254]（表 4.4），最终计算结果见表 4.5。

表 4.4 土地利用强度分级表

类型	水域	未利用地	农用地		城镇居民用地
土地利用类型分级指数	海域、湖泊河流	未利用地、滩涂	林地	耕地、养殖用地及盐田	建设用地
	1	2	3	4	5

工业废水排放量：数据来自盐城市 1990 年、2001 年、2008 年和 2018 年统计年鉴，统计结果见表 4.5。

自然度（DN）：

$$DN = \frac{A}{L} \qquad (4-4)$$

式 4-4 中，A 为研究区景观总面积，L 为研究区内廊道的总长。

表 4.5 盐城滨海湿地压力指标

年份	压力指标提取结果		
	土地利用强度	工业废水排放量（万 t）	自然度
1990 年	0.1449	1525.0	0.8400

年份	压力指标提取结果		
	土地利用强度	工业废水排放量（万 t）	自然度
2001 年	0.1521	1449.0	0.7227
2008 年	0.1591	1987.4	0.7181
2018 年	0.1687	831.0	0.7155

3）状态指标

状态指标如表4.6所示。

植被覆盖率：研究区内植被覆盖面积与研究区总面积之比，均由研究区土地利用矢量数据获取。

土地垦殖率：即研究区内耕地面积与研究区总面积之比，均由研究区土地利用矢量数据计算获取。

景观多样性（SHDI）：

$$SHDI = -\sum_{i=1}^{m}\left[P_i \ln(P_i)\right] \qquad (4\text{--}5)$$

式中 P_i 表示景观类型的面积占比，为景观类型数量。$SHDI$、$CONTAG$ 和 LPI 值均由 FRAGSTATS 软件计算获取，计算结果见表4.4。

景观蔓延度（CONTAG）：

$$CONTAG = \left[1 + \frac{\sum_{i=1}^{m}\sum_{k=1}^{m}\left[(P_i)\left(\frac{g_{ik}}{\sum_{k=1}^{m}g_{ik}}\right)\right]\left[\ln(P_i)\left(\frac{g_{ik}}{\sum_{k=1}^{m}g_{ik}}\right)\right]}{2\ln(m)}\right] \qquad (4\text{--}6)$$

式中，P_i 表示景观类型的面积占比，为景观类型数量，g_{ik} 是第类景观和第类景观之间相邻的网格数。

最大斑块指数（LPI）：

$$LPI = \frac{\text{Max}(a_{ij})}{A}(100) \qquad (4\text{--}7)$$

式中是某一斑块类型中最大的斑块面积，是整体景观面积和，乘以100转化为百分比[256]。

表 4.6 盐城滨海湿地状态指标

年份	状态指标提取结果				
	植被覆盖面积（%）	土地垦殖率（%）	景观多样性	景观蔓延度	最大斑块指数
1990 年	19.13	0.252	1.649	57.692	28.696
2001 年	12.18	0.306	1.721	55.582	11.962
2008 年	9.47	0.316	1.738	55.144	9.602
2018 年	9.73	0.333	1.760	54.529	3.726

4）响应指标

降水量：数据来自盐城市 1990 年、2001 年、2008 年及 2018 年统计年鉴及气象局，统计结果见表 4.7。

湿地率：湿地面积及总面积均来自解译后的土地利用矢量数据，计算结果见表 4.7。

表 4.7 盐城滨海湿地响应指标

年份	响应指标提取结果	
	降水量（mm）	湿地率（%）
1990 年	1222.00	96.67
2001 年	827.30	97.63
2008 年	908.20	96.29
2018 年	1170.40	92.88

5）调控指标

工业废水排放达标率：数据来自盐城市 1990 年、2001 年、2008 年及 2018 年统计年鉴。

政策法规执行力度：在盐城政策措施制定及实施综合情况的基础上，采用专家打分的形式量化指标。打分结果见表 4.8。

表 4.8　盐城滨海湿地调控指标

研究区	年份	调控指标提取结果	
		工业废水排放达标率（%）	政策法规执行力度
盐城	1990 年	84.90	80
	2001 年	94.20	70
	2008 年	95.50	85
	2018 年	93.50	75

4.1.3.2　评价指标标准化处理

由于指标类型和计量标准不同，本研究使用极差标准化法将盐城滨海地区生态系统 1990 年、2001 年、2008 年及 2018 年的所有指标进行标准化统一，通过计算后的指标值都在区间内。计算结果见表 4.9。

表 4.9　盐城滨海湿地标准化结果

指标	1990 年	2001 年	2008 年	2018 年
人口密度	0.85	0.82	0.88	0.92
人均国民生产总值	1.00	0.96	0.87	0.60
土地利用强度	1.00	0.92	0.83	0.72
工业废水排放量	0.27	0.32	0.00	0.69
自然度	0.54	0.97	0.99	1.00
植被覆盖面积	0.29	0.12	0.06	0.06
土地垦殖率	0.61	0.46	0.43	0.38
景观多样性	0.22	0.08	0.04	0.00
景观蔓延度	0.27	0.12	0.09	0.04
最大斑块所占面积	0.63	0.21	0.15	0.00
降水量	0.36	0.00	0.07	0.31
湿地率	0.98	1.00	0.97	0.91
工业废水排放达标率	0.62	0.85	0.89	0.84
政策法规执行力度	0.50	0.00	0.75	0.25

4.1.3.3 权重计算结果

采用 AHP 法计算得到研究区生态系统健康评价各指标的权重，计算结果见表 4.10。

表 4.10 盐城滨海地区生态系统健康评价体系各指标权重

目标层	项目层	权重	指标层	权重
滨海湿地生态系统健康评价体系	驱动力	0.049	人口密度	0.012
			人均生产总值	0.037
	压力	0.240	土地利用强度	0.103
			工业废水排放量	0.103
			自然度	0.034
	状态	0.425	植被覆盖面积	0.135
			土地垦殖率	0.029
			景观多样性	0.122
			景观蔓延度	0.061
			最大斑块指数	0.078
	响应	0.104	降水量	0.026
			湿地率	0.078
	调控	0.182	工业废水排放达标率	0.151
			政策法规执行力度	0.030

4.1.3.4 滨海地区生态系统健康评价结果

通过综合指数法计算 1990 年、2001 年、2008 年及 2018 年盐城滨海地区 HI 值，计算结果见表 4.11。

表 4.11 盐城滨海湿地生态系统健康指数

年份	综合	驱动力	压力	状态	响应	调控
1990 年	0.54	0.05	0.15	0.15	0.09	0.11
2001 年	0.48	0.05	0.16	0.06	0.08	0.13
2008 年	0.44	0.04	0.12	0.04	0.08	0.16
2018 年	0.45	0.03	0.18	0.02	0.08	0.13

基于表 4.11 计算出的研究区生态系统健康指数，再根据表 4.2 的滨海地区健康等级划分标准，得到 1990 年、2001 年、2008 年和 2018 年各研究区的健康等级状况，评价结果见表 4.12。

表 4.12　盐城滨海湿地生态系统健康等级状况

年份	健康等级
1990 年	亚健康
2001 年	亚健康
2008 年	亚健康
2018 年	亚健康

在 DPSRC 模型中，滨海地区生态系统"驱动力"指标强调导致压力产生及状态改变的外界作用，把人口增长及经济发展看作人类活动对生态系统产生干扰的一种驱动力[257]。盐城滨海地区生态系统的驱动力指标得分在研究期间下降了 40% 左右，在 1990—2001 年间由于经济发展相对缓慢，人口密度及人均生产总值增长幅度都较小，驱动力指标没有变化。

"压力"指标是由驱动力引起的各种开发利用、生产消费活动对生态系统产生的干扰和胁迫，包括内部的自然因素和外部的人类活动。主要受土地利用强度、工业污染影响。从滨海地区生态系统评价得分情况可知，盐城滨海地区生态系统的压力指标得分变化幅度较大，反映出盐城滨海地区在 28 年间承受的外界压力先增后减，主要原因是其工业废水排放量指标的波动变化。

在 DPSRC 模型中，滨海地区生态系统"状态"指标是指系统在自然条件及人类经济社会活动作用下所展现出的真实状态，即生态系统在驱动力和压力影响下的健康程度，可以通过景观格局分布反映出来，同时"响应"和"控制"也是"状态"所带来的结果。主要受自然环境状况和景观的破碎程度两方面因素影响。盐城滨海地区生态系统的状态指标得分减幅较大，从自然环境角度分析，其植被覆盖面积减少，土地垦殖率增加，生态环境的质量有所下降；而景观蔓延度、最大斑块指数均不断减少，表明环境受人类干扰程度增强，景观格局破碎化程度增加。

"响应"指标是指滨海地区生态系统受外界压力干扰后所产生的一系列反应，主要是指生态系统健康状况受到胁迫而恶化后系统本身的自我调节。在本研究中，选择了降水量和湿地率作为衡量指标，来反映气候对外界影响的响应以及湿地这一重要景观类型在受到干扰后维持系统功能结构和自我恢复的能力。由评价结果可知，响应指标在 5 个指标中的变幅较小，其中盐城滨海地区生态系统仅在 2001 年发生了明显变化。

"调控"指标是人类根据生态系统的响应对其进行人为控制，从而使滨海地区生态系统处于良性循环的状态，本章通过工业废水排放达标率及政策执行力度来对"调控"指标进行评价。盐城滨海地区生态系统调控指标增加，表明对区域生态保护力度趋于上升，尤其是盐城滨海湿地被评为世界自然遗产后，相关政策陆续出台，对滨海湿地的调控力度大幅增加。

研究结果表明，盐城滨海地区在各个时期均为亚健康状态，盐城滨海湿地生态系统健康在 28 年间下降了 16.67%。在 2018 年，变化幅度最大的是状态指标和驱动力指标，分别下降了 85.24% 和 29.38%，这主要是因为盐城滨海地区在研究区内的水体养殖、围垦等人类活动对自然环境干扰强度剧增，科技水平不高导致高能耗工业仍在盐城工业占较大比例，工业污染严重[258]，造成该地区外界压力超过了其生态系统的承载力，使盐城滨海地区生态系统发生退化。由此可见，当前应该加强滨海地区生态系统的保护与环境治理，对滨海地区内的湿地资源进行科学的开发利用，加强对工业及养殖业的管控，加大对自然保护区的管理力度，加快滨海地区及海洋的保护法律法规制定与落实，增强当地居民的环保意识，从而保护滨海地区生态安全与其可持续发展。

4.2 盐城滨海湿地生态系统稳定性评价

稳定性作为生态系统重要的基本特征[259]，是决定生态系统繁荣或衰退的关键因素，表征着区域生态安全和生态系统健康，对促进区域生态环境发展和社会经济协调发展尤为关键[260]。湿地生态系统因拥有着独特而丰富的生物多样性、生态功能性和脆弱的生态环境而被国内外专家所关注，特别是滨海湿地的生态系统[261, 262]。在海洋经济异军突起的沿海省市经济发展中，滨海湿地正遭受着海水侵蚀、滩涂围垦、外来物种入侵、建设用地扩张、港口工程建设等多重外在因素影响，科学合理地监测滨海湿地生态系统稳定性更成为对湿地生态保护的关键。

湿地生态系统稳定性主要指某区域湿地生态系统自身的一种能力，即低于湿地生态系统阈值的外界干扰，其系统利用自我调控能力来减弱和消解干扰力，最后促进自身生态系统恢复到原始状态[263]。湿地生态系统稳定性包括：一是生态系统在干扰下自身产生的抵抗力和能长期对抗的持久力，二是生态系统在干扰下促进自身回归到原始状态的恢复力。但若外界干扰超过湿地生态系统的阈值，则该生态系统自身的抵抗力、持久力和恢复力被破坏，难以通过自我调节恢复，对区域湿地生态系统危害较大，湿地生态系统稳定性降低，生态系统面临巨大威胁[262]。生态系统内部具有复杂性，内部包含着各生态系统组成部分线性与非线性关联的特征、系统内部时空异质性特征、系统各组分状态的涨落特征等，这也加大了对湿地生态系统稳定性评价的困难性和复杂性[264]。

20世纪50年代以来，国内外众多专家学者对生态系统稳定性进行研究和评价，主要研究区集中在湿地、流域、干旱沙漠自然保护区、河口三角洲等生态环境脆弱区[96, 260, 265]，也表明生态环境脆弱区生态系统正面临着较大的外在风险和干扰。研究方法上主要是野外实地考察观测、构建生态系统稳定性评价模型等，根据模型构建的指标生态内涵与表征意义，对生态系统稳定性评价的各指标评价模型也具有差异性[260]。当前应用较多的生态系统评价方法就是通过充分考虑区域自然环境、社会经济环境等外在因素对研究区的影响，来构建较为完备的评价指标体系，如张福群对卧龙湖湿地生态系统稳定性评价中，综合考虑了湿地的整体功能、生态特征和社会影响，选取了25个指标对研究区进行系统评价，结果表明生态系统稳定性水平较低[92]。该类研究成果较多，如对张掖绿洲、额济纳绿洲等的研究[266, 267]。基于生态系统功能与结构的指标评价研究也较为常见，如姚秀粉对黄河三角洲湿地生态系统稳定性评价研究中，从植被群落、土壤微生物群落组成生态系统结构要素层，土壤酶、物质生产组成生态系统功能要素层，从土壤、气候构成生境条件要素层，以及人为影响组成环境压力层[90]。Odum等从区域生态系统群落结构、能量、物质循环等多个方面来评价区域生态系统稳定性状况[268]。该类评价方法侧重于区域生态系统内部环境保护对生态系统的稳定性影响。另外，生态系统稳定性评价研究也集中在对区域生态阈值评估研究、生态系统稳定性与区域生物多样性关联研究等[81, 269]，如Ives等探讨了多样性与稳定性之间的关系，了解物种之间如何相互作用以及对生态系统稳定性的影响[270]。

综上，当前生态系统稳定性评价还未形成统一和比较标准的评价指标体系，而对于生态系统稳定性评价方法、评价内容、判断依据等还处于广泛探讨和摸索阶段。本文以盐城滨海湿地作为研究区，基于生态系统稳定性评价的基本内涵，选取了区域生态系统稳定性评价的外在环境变化因子和内在自然环境因子共计33个指标，构建了盐城滨海湿地生态系统稳定性评价指标体系，并其对进行分级和综合评价。以期丰富生态系统稳定性评价研究内容，也为盐城滨海湿地生态环境保护、生态系统修复、生态环境与社会环境可持续发展提供理论与实践指导。

4.2.1 滨海湿地生态系统稳定性评价指标体系构建

4.2.1.1 指标体系构建的基本原则

生态系统稳定性评价指标体系的构建需要从各个角度和方面综合考虑，全面合理地表达出研究区生态系统稳定性面临的问题和压力、生态系统现状对生态功能的发挥能力，以及研究区对湿地生态系统的保护管理情况等。故在构建生态系统稳定性评价时需考虑如下基本原则。

1）整体性和综合性结合

生态系统是由各种要素通过相互作用和制约结合而成，主要特征为整体性和综合性，由于一定区域内的某生态系统的生物、气候、土壤、水质、人类活动、地形地质等是相互联系的，需要综合考虑各个要素的相关性，不可将某一要素从整体中割裂开来。故选取生态系统稳定性评价指标时应该将区域湿地生态系统的各要素综合考虑在内，指标应该包括生态系统各子系统中的特有指标，能较好反映区域滨海湿地生态系统的稳定性，反映区域生态系统环境的变化情况、外界压力及自身响应，并且避免重复选取指标。

2）一般性与特殊性结合

生态稳定性评价指标选取中，首先考虑覆盖一般滨海湿地生态稳定性评价的基本指标，如外界压力、区域湿地当前在人类活动干扰下的自身情况等。其次结合盐城滨海湿地自身特点，如对盐城丹顶鹤、麋鹿等生物的保护力度，对滩涂围垦情况、互花米草的扩张等特殊指标进行综合考虑。

3）科学性和可操作性结合

科学性原则是构建盐城滨海湿地生态系统稳定性评价的基本原则，即指标的客观选取、评价指标权重的主客观的结合赋予、数据的计算等科学操作，明确选取评价指标的科学意义，评价模型有序规范和标准。设计与选取的评价指标需符合景观生态学、环境生态学、生态系统生态学、可持续发展理论等学科知识。评价指标需要能代表区域滨海湿地生态系统稳定性的基本特征，具备相应的科学意义和内涵，科学合理地度量区域生态系统的结构、功能、系统等变化情况。但现实操作中，要完全真实地反映区域生态系统变化情况，部分指标科学度量很难实现，故指标选取还需要考虑实际的可操作性，减少指标体系的烦琐性。部分难以获取的数据，可通过专家咨询和现场调查定性与定量获取，尽量保证数据的科学性和可操作性，使得评价指标体系更科学、合理与实践。

4.2.1.2 生态系统稳定性评价指标体系构建

如何选取科学合理的评价指标来表征盐城滨海湿地生态系统稳定性的内涵，对于区域生态系统稳定性评价极为关键。但由于区域的社会经济指标、生态环境指标都只是对区域生态系统某一方面的表达，故需要将各个层面的指标通过一个框架结合在一起。当前生态系统稳定性评价常用模型为"压力–状态–响应"（PSR）模型[271]，模型将不同指标分为三个层面，分别为压力、状态和响应，该模型以因果关系为导向，即区域生态系统在外界人类活动干扰压力下，自身被迫作出改变来适应压力，如自然环境的状态变化、生物资源栖息地的状态改变等，而当人类活动受到生态系统状态改变的负面影响时，开始采取经济、环境、生态等措施来对生态系统状态变化作出响应，以期防止环境状态的继续恶化。因此"压力–状态–响应"模型从滨海湿地生态系统稳定性面临的外界压力出发，通过因果关系将区域生态系统状态的变化及作出的响应活动联系在同一个框架下，有助于科学合理地揭示盐城滨海湿地生态系统的稳定性情况。

"压力–状态–响应"（PSR）模型的内涵基本回答了区域"出现的问题、为什么出现、怎么解决"的可持续性发展问题，被广泛应用于区域生态环境评价、可持续发展评价等领域[272, 273]。文章基于"压力–状态–响应"（PSR）模型的内涵，参考前人对盐城滨海湿地生态系统的研究进展，以及对盐城滨海湿地生态系统的资料整理和现场考察，在广泛征求生态、环境等领域相关专家的意见、遵循指标构建基本原则的基础上，构建了盐城滨海湿地生态系统稳定性评价的基本指标体系（图 4.2）。该评价指标系统按照层次分析法的基本结构进行分层，以盐城滨海湿地生态系统稳定性评价为目标层（A），目标层包括生态系统稳定性压力（B_1）、生态系统稳定性状态（B_2）、生态系统稳定性响应（B_3）三个子系统层，且各子系统层下包含着反映其压力、状态、响应的各个单项指标。

生态系统稳定性压力子系统层（B_1）主要包括资源压力因素（C_1）、环境压力因素（C_2）和社会经济压力因素（C_3）三个二级指标，其中资源压力因素主要选取了盐城滨海湿潮滩退化、外来物种入侵和区域开发强度，环境压力因素选取了区域化肥施用强度、城镇化率和工业废水排放量，社会经济压力因素选用了渔业养殖规模、人口密度、公路密度、围垦强度。三个二级指标包括了 10 个单项指标，涵盖区域滨海湿地当前面临的资源压力、环境压力和社会经济压力。

生态系统稳定性状态子系统层（B_2）反映了当前区域滨海湿地生态系统在外界压力影响下的状态情况，包括湿地土壤状态（C_4）、湿地水质状态（C_5）、湿地生物状态（C_6）和湿地景观状态（C_7），涵盖了滨海湿地生态系统的生境条件、结构、功能状态。湿地土壤状态因素包括反映土壤肥力条件的有机质指标、土壤基本性质的 pH 和盐度指标，以及土壤速效养分的铵态氮、有效磷和速效钾。湿地水质状态因素主要包括总氮、总磷、氨氮和化学需氧量。湿地生物状态因素选取了优势种覆盖度、栖息地现状和生物多样性。湿地景观状态因素选取了景观破碎度、景观敏感度、景观适应度和景观干扰度，从湿地景观角度来反映当前景观的状态变化情况。

生态系统稳定性响应子系统（B_3）选取需要考虑湿地压力、状态变化对区域整体湿地生态功能发挥的影响，以及周边人类活动对湿地保护的直接或间接作用。如自然湿地和人工湿地的面积变化情况对湿地功能的运转；区域对湿地管理的水平差异、周边人口素质、自然保护区建设投资、工业固体废物综合利用率等对湿地的保护和协调能力，对在外界压力影响下状态的改变起到一定的响应和修复作用。

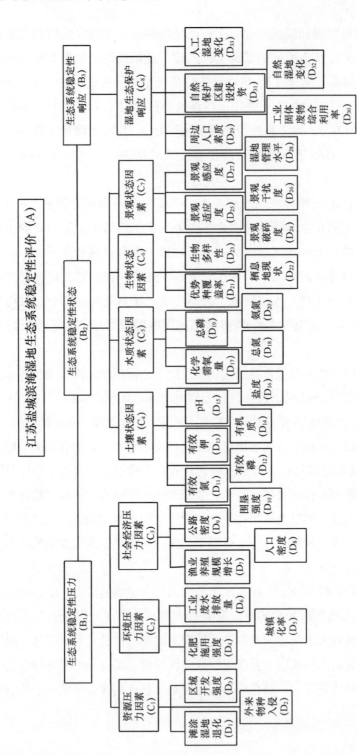

图 4.2　评价指标体系

4.2.1.3 指标说明与计算

盐城滨海湿地生态系统稳定性评价主要包括 33 个分级指标，主要说明与计算如下。

滩涂湿地退化：用本文研究期 1991—2019 年盐城滨海湿地滩涂面积变化率表示，反映滨海湿地滩涂湿地的现状。

外来物种入侵：以盐城滨海湿地植被互花米草作为外来入侵物种，计算互花米草在 1991—2019 年的扩张速率。

区域开发强度：以区域建设用地面积与总面积占比表示。

化肥施用强度：以区域单位面积化肥施用量表示，单位：kg/hm^2。

城镇化率：区域城镇人口占区域总人口的百分比。

工业废水排放量：以区域工业废水排放量表示，单位：万 t。

渔业养殖规模：以区域渔业养殖的面积表示，反映渔业养殖对生态环境的影响，单位：km^2。

人口密度：单位面积人口数量分布，单位：人 $/hm^2$。

公路密度：单位面积公路网络线路分布，单位：km/hm^2。

围垦强度：以研究期 1991—2019 年区域沿海鱼塘和干塘面积变化率表示。

有机质：实验室测量得到平均值，单位：g/kg。

有效磷：实验室测量得到平均值，单位：mg/kg。

速效钾：实验室测量得到平均值，单位：mg/kg。

铵态氮：实验室测量得到平均值，单位：mg/kg。

pH：实验室测量得到平均值。

盐度：实验室测量得到平均值，单位：mg/kg。

化学需氧量：实验室测量得到平均值，单位：mg/L。

总氮：实验室测量得到平均值，单位：mg/L。

总磷：实验室测量得到平均值，单位：mg/L。

氨氮：实验室测量得到平均值，单位：mg/L。

优势种覆盖率：以盐城滨海湿地植被覆盖面积较大的芦苇、碱蓬和互花米草作为优势种。

栖息地现状：衡量区域对生物栖息地的保护力度，定性加定量结合。

生物多样性：以区域记录在册的动植物物种数表示。

景观破碎度：表征区域景观在某一时间的破碎化程度，其破碎度值越大，景观内部的稳定性越差，也即相应的景观生态系统稳定性较低。公式为：

$$C_i = \frac{n_i}{A_i} \qquad (4-8)$$

式 4-8 中：C_i 为景观破碎度指数；n_i 为某景观类型的斑块数量；A_i 为某景观类型的总面积。

景观敏感度：景观受到外界影响后自身对干扰的响应程度，受影响强度的大小和自身的抵抗力作用较大。受影响强度大小可用景观干扰度指数（U_i）表示，自身抵抗力则可用景观易损度指数（V_i）表示，故景观敏感度主要利用这两个指数进行构建。

$$LSI = \sum_{i=1}^{n} \frac{A_{ki}}{A_k} U_i \times V_i \qquad (4-9)$$

式 4-9 中：n 为景观类型数量；i 为景观类型；A_{ki} 为第 k 个生态脆弱度小区内第 i 类景观面积；A_k 为第 k 个脆弱度小区面积。

景观干扰度：区域景观内部对外界人类活动干扰的响应，在人类活动影响下，区域景观或斑块开始由简单、形状规则、景观联系紧密、多样性显著向破碎、不规则、不连续和异质性加剧转变，选取在人类活动影响下景观变化明显的景观指数，即景观破碎度指数（C_i）、聚集度（S_i）和优势度（K_i）组成景观干扰度指数，C_i、S_i 和 K_i 的计算参考前人研究，且三个指数的权重分别为 0.5、0.3 和 0.2。

$$U_i = aC_i + bS_i + cK_i \qquad (4-10)$$

景观适应度指数是在人类活动影响下景观自身对其的抵抗能力、适应能力和恢复能力，故与区域景观的功能、组成结构、多样性和均匀性相联系，利用斑块丰富密度指数（PRD）、香农多样性指数（$SHDI$）和香农均匀度指数（$SHEI$）构建。

$$LAI = PRD \times SHDI \times SHEI \qquad (4-11)$$

自然湿地变化：以研究期 1991—2019 年区域自然湿地面积变化率表示，反映自然湿地在区域外界压力和状态变化下的响应。

人工湿地变化：以研究期1991—2019年区域人工湿地面积变化率表示，反映自然湿地在区域外界压力和状态变化下的响应。

湿地管理水平：采用专家打分对区域对湿地管理现状、保护区管理队伍等进行定量与定性评价。

周边人口素质：以区域中学以上人口占区域总人口的百分比表示。

自然保护区建设投资：以区域对自然保护区资金投入表示。

工业固体废弃综合利用率：以区域对工业固体废弃综合利用效率表示。

4.2.1.4 评价单元的选择

滨海湿地生态系统稳定性评价单元一般可分为点状和面状单元，点状单元一般为针对栅格像元大小尺度，利用栅格像元的准确位置，对区域评价结果更具有空间性，但同时也不利于不同区域的直接比较，不便用于实际操作中[90]。

面状单元一般包括行政区划、流域、景观等[90, 274]。行政区划面状单元，当前生态环境评价多采用此单元，以省、市、区等单元进行，便于采集行政区的社会经济数据、生态环境数据等，也便于不同行政单元间的生态环境对比。流域单元最近在生态环境评价中也常被运用，主要考虑到流域的整体性和流域作为一个独立的地理单元，以流域为评价单元便于保持流域的生态完整性，有助于对流域进行整体把握和评价，促进不同河段的生态环境保护和问题治理修复。景观由土地覆被组成，景观格局由形状、大小各异的景观组合而成，是区域景观异质性的体现，以景观为研究单元，研究具有一定空间结构和功能的自然、社会共同作用的复杂景观生态系统，有利于从景观层面把握区域生态风险。

文章以矢量面状的行政区作为生态系统稳定性评价单元，即将盐城滨海湿地包括的5个行政单元，分别为响水县区域、滨海县区域、射阳县区域、大丰区区域、东台段区域，选取原因主要是考虑到盐城社会经济数据、生态环境数据大多以行政区进行划分整理调查和统计。以5个盐城滨海湿地的行政区段作为生态评价单元，通过不同行政区域滨海湿地的生态评价结果可以更清楚地对其进行比较，对全区生态现状有全面的把握，了解不同区域的生态差异，针对当前差异，更能有效制定生态环境保护政策，为区域生态治理提供决策依据。

4.2.2 滨海湿地生态系统稳定性评价标准与等级

4.2.2.1 评价分级标准依据

按照滨海湿地生态系统稳定性评价的理论与方法，及生态系统稳定性指标体系构建的原则，确定了盐城滨海湿地生态系统稳定性评价的基本评价指标体系。在该体系中，包括正向作用和负向作用的不同类型指标，即正向作用的指标，数值越大，对生态系统起正向促进作用；负向作用的指标，数值越大，对生态系统起负向抑制作用。此外，有些评价指标不能直接定量表达，需要定量加定性评价。故对所有评价指标采取等级制处理，通过对评价指标分级表征各评价层生态系统的稳定性差异[274]。

为使评价指标分级更为科学合理，评价分级标准主要满足了以下依据。

（1）国家、行业和地方颁布的标准：不同行业遵循的行业标准不一样，生态环境部发布的环保标准、各种污染物排放标准，国家发布的对不同土壤肥力标准、水质检测标准等，严格遵守地方政府颁布的政策法令、区域规划的目标、生态保护政策等。

（2）区域本底标准：以研究区生态环境早期本底数据作为评价分级标准，可分析在一定时间段内的生态环境变化情况，如生物量、植被覆盖、土壤肥力和水质、滩涂湿地面积、自然和人工湿地面积变化等。

（3）已有科学研究做出的生态标准：借鉴前人研究经验，对相似条件下的湿地生态系统稳定性较高的生态标准进行类比参考，如对外来物种的入侵度、对特殊区域的水质要求、敏感生物的环境质量标准等，可参考为评价分级标准。

4.2.2.2 评价标准分级

根据选取的 33 个指标计算结果数值，以及相关行业规定标准，对指标进行分级，将其分为极危险、危险、预警、较稳定和稳定 5 级，正向作用和负向作用指标分级相反。通过该分级，将不同作用力的指标归为统一分级表达，也将不同属性的指标统一量纲，便于下一步计算。

生态系统稳定压力、生态系统稳定状态的生物和景观、生态系统稳定响应下的各指标分级采用自然断点法将其分为 5 级，而生态系统状态下的各指标，如土壤数据根据全国第二次土壤普查及有关标准规定的土壤肥力标准、水质数据依据国家环境保护总局规定的《地表水环境质量标准》进行分级，化肥施用强度、城镇化率等指标依据生态环境部颁发的《生态县、生态市、生态省建设指标（试行）》中规定进行分级。而栖息地现状和湿地保护管理水平，根据盐城保护区实际情况，采取专家打分定量与定性分级。主要的分级标准如表 4.13。

表 4.13 评价指标的分级标准

主要指标	极危险	危险	预警	较稳定	稳定
滩涂湿地退化（%）	< –40	–20 ~ –40	–20 ~ –10	–10 ~ 0	> 0
外来物种入侵（%）	> 30	20 ~ 30	10 ~ 20	5 ~ 10	< 5
区域开发强度（%）	> 20	15 ~ 20	10 ~ 15	5 ~ 10	< 5
化肥施用强度（%）	> 350	300 ~ 350	250 ~ 300	200 ~ 250	< 200
工业废水排放量（万 t）	> 1000	800 ~ 1000	600 ~ 800	500 ~ 600	< 500
城市化率（%）	< 10	10 ~ 30	30 ~ 40	40 ~ 50	> 50
渔业养殖规模增长（km²）	> 400	350 ~ 400	200 ~ 350	0 ~ 200	< 0
人口密度（万人/km²）	> 1.5	1 ~ 1.5	0.5 ~ 1	0 ~ 0.5	< 0
公路密度（km/km²）	> 200	150 ~ 200	100 ~ 150	50 ~ 100	< 50
围垦强度（%）	> 200	150 ~ 200	100 ~ 150	50 ~ 100	< 50
有效氮（mg/kg）	< 5	5 ~ 10	10 ~ 15	15 ~ 20	> 20
有效磷（mg/kg）	< 5	5 ~ 10	10 ~ 20	20 ~ 40	> 40
有效钾（mg/kg）	< 100	100 ~ 200	200 ~ 300	300 ~ 350	> 350

续表

主要指标	极危险	危险	预警	较稳定	稳定
有机质（g/kg）	< 10	10 ~ 20	20 ~ 30	30 ~ 40	> 40
pH	> 9.5	9 ~ 9.5	8.5 ~ 9	7.5 ~ 8	< 7
盐度（mg/kg）	> 250	200 ~ 250	180 ~ 200	150 ~ 180	< 150
化学需氧量（mg/L）	> 2.5	2 ~ 2.5	1.5 ~ 2	1 ~ 1.5	< 1
总氮（mg/L）	> 1.5	1 ~ 1.5	0.5 ~ 1	0.2 ~ 0.5	< 0.2
总磷（mg/L）	> 2	1.5 ~ 2	1 ~ 1.5	0.5 ~ 1	< 0.5
氨氮（mg/L）	> 200	100 ~ 200	50 ~ 100	15 ~ 50	< 15
优势种覆盖率（%）	< 0.06	0.06 ~ 0.08	0.08 ~ 0.1	0.1 ~ 0.2	> 0.2
栖息地现状	区域严重存在围垦、割草、渔猎等人类活动	区域大量过度存在围垦、割草、渔猎等人类活动	区域部分过度存在围垦、割草、渔猎等人类活动	区域适度存在围垦、割草、渔猎等人类活动	区域不存在围垦、割草、渔猎等人类活动
生物多样性（%）	< 10	10 ~ 20	20 ~ 30	30 ~ 40	> 40
景观破碎度	> 0.02	0.015 ~ 0.02	0.012 ~ 0.015	0.01 ~ 0.012	< 0.01
景观适应度	> 0.02	0.015 ~ 0.02	0.012 ~ 0.015	0.01 ~ 0.012	< 0.01
景观干扰度	> 50	30 ~ 50	10 ~ 30	0 ~ 10	< 0
景观敏感度	> 10	7 ~ 10	5 ~ 7	3 ~ 5	< 3
湿地管理水平	无管理机制、无管理队伍	管理不善，队伍人员素质较低	存在管理机构，缺乏理论与实践培训	管理机制合理，管理队伍水平较高	管理理念先进，队伍人员充足且水平较高，配置合理
周边人口素质（%）	< 2	2 ~ 3	3 ~ 5	5 ~ 10	> 10
工业固体废物综合利用率（%）	< 80	80 ~ 85	85 ~ 90	90 ~ 95	> 95

续表

主要指标	极危险	危险	预警	较稳定	稳定
自然保护区建设投资（万元）	< 20	20 ~ 30	30 ~ 40	40 ~ 50	> 50
自然湿地变化（%）	< -0.5	-0.5 ~ -0.1	-0.1 ~ -0.01	-0.01 ~ 0.01	> 0.01
人工湿地变化（%）	> 1	0.5 ~ 1	0.1 ~ 0.5	0.01 ~ 0.1	< 0.01

4.2.2.3　生态稳定性评价等级

以层次分析法（AHP）来确定区域湿地生态系统稳定性评价的各指标权重值，采用分级评价和总体评价的方法对盐城滨海湿地生态系统稳定性评价的各级各层汇总评价。分级评价通过对指标层、要素层、子系统层、目标层进行层次递进评价，可较为全面地了解各级各层指标在生态系统稳定性体系的重要性。总体评价根据各指标的实际值，以及对应指标的分级值和指标权重，综合得到各层各级和总体的生态系统稳定性评价值[90]。

$$R_A = \sum R_i W_i \tag{4-12}$$

式 4-12 中，R_A 为盐城滨海湿地生态系统稳定性评价值；R_i 为盐城滨海湿地生态系统稳定性指标的分级值；W_i 为盐城滨海湿地生态系统稳定性评价的权重值。

根据前人研究经验，以及文章对生态系统稳定性评价 D 级指标的分级，确定了区域生态系统稳定性评价的最终等级分段（表 4.14）。

表 4.14　研究区生态系统稳定性评价等级

生态系统稳定性标准	稳定	较稳定	预警	危险	极危险
分级值	4.1 ~ 5.0	3.1 ~ 4.0	2.1 ~ 3.0	1.1 ~ 2.0	≤ 1.0

4.2.2.4　指标权重计算

权重对评价结果至关重要，故需要科学合理地对各层各级指标进行权重赋值, 文章主要采用层次分析法进行权重分析, 便于各层各级指标对比研究。

1) 构建生态系统稳定性评价的判断表和层次单排序

层次分析法的关键是如何构造评价指标的判断表, 如若 A 中的指标与下一分层指标 B_i (i=1, 2, 3, …, n) 有关系, 则将 B 中各指标进行相互比较, 即构成相应的表如表 4.15 所示。

表 4.15 指标重要性程度判断表

A	B_1	B_2	…	B_n
B_1	b_{11}	b_{12}	…	b_{1n}
B_2	b_{21}		…	
…	…	…	…	
B_n	b_{n1}	b_{n2}	…	b_{nn}

判断表的数值代表了相应指标的相对重要性, 利用 1—9 的标度对判断表的指标重要性进行分级赋值, 在表中 b_{ij} 表示该值所代表的 b_i 与 b_j 的重要程度, 如 b_{12} 为 2, 表示 b_1 的重要程度为 b_2 的 2 倍。判断表各级标度与内涵见表 4.16。

表 4.16 判断表标度和含义

标度	含义
1	表示两个因素相比, 具有相同重要性
3	表示两个因素相比, 前者比后者稍重要
5	表示两个因素相比, 前者比后者明显重要
7	表示两个因素相比, 前者比后者强烈重要
9	表示两个因素相比, 前者比后者极端重要
2, 4, 6, 8	表示上述相邻判断的中间值

若因素 i 与因素 j 的重要性之比为, 那么因素 j 与因素 i 重要性之比为的倒数, 即 $b_{ji} = \dfrac{1}{b_{ij}}$

依据上述方法, 构建了盐城滨海湿地不同层次的单排序判断表, 借鉴前人研究及专家意见对指标进行两两对比, 判断其指标的重要程度, 层次分析构建了子系统层 (B) 对文章的总目标层 (A), 要素层 (C) 对子系统层 (B), 指标层

（D）对要素层（C）的各级判断表，并计算得到各层各级的重要程度权重值，见表4.17～表4.22。

表 4.17　判断表 A—B 和 B₁—C

A	B_1	B_2	B_3	权重 W_i	B_1	C_1	C_2	C_3	权重 W_i
B_1	1	2	3	0.5396	C_1	1	1/3	1/5	0.1047
B_2	1/2	1	2	0.2970	C_2	3	1	1/3	0.2583
B_3	1/3	1/2	1	0.1634	C_3	5	3	1	0.6370

表 4.18　判断表 B₂—C 和 B₃—C

B_2	C_1	C_2	C_3	C_4	权重 W_i	B_3	C_8	权重 W_i
C_1	1	1	2	2	0.3317	C_8	1	1
C_2	1	1	2	2	0.3317			
C_3	1/2	1/2	1	2	0.1972			
C_4	1/2	1/2	1/2	1	0.1394			

表 4.19　判断表 C₁—D、C₂—D 和 C₃—D

C_1	D_1	D_2	D_3	权重 W_i	C_2	D_4	D_5	D_6	权重 W_i	C_3	D_7	D_8	D_9	D_{10}	权重 W_i
D_1	1	5	3	0.6483	D_4	1	1/3	1/5	0.1220	D_7	1	1/5	1/2	1/3	0.0909
D_2	1/5	1	1/2	0.1220	D_5	3	1	1/3	0.3196	D_8	5	1	2	2	0.4500
D_3	1/3	2	1	0.2297	D_6	5	3	1	0.5584	D_9	2	1/2	1	1/2	0.1790
										D_{10}	3	1/2	2	1	0.2801

表 4.20　判断表 C₄—D 和 C₅—D

C_4	D_{11}	D_{12}	D_{13}	D_{14}	D_{15}	D_{16}	权重 W_i	C_5	D_{17}	D_{18}	D_{19}	D_{20}	权重 W_i
D_{11}	1	1	1	1/5	1/3	1/3	0.0672	D_{17}	1	1	1	1/3	0.1719
D_{12}	1	1	1	1/5	1/3	1/3	0.0672	D_{18}	1	1	1	1/3	0.1719
D_{13}	1	1	1	1/5	1/3	1/3	0.0672	D_{19}	1	1	1	1/2	0.1902
D_{14}	5	5	5	1	4	4	0.4499	D_{20}	3	3	2	1	0.4660
D_{15}	3	3	3	1/4	1	1	0.1742						
D_{16}	3	3	3	1/4	1	1	0.1742						

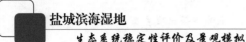

表 4.21　判断表 C_6—D 和 C_7—D

C_6	D_{21}	D_{22}	D_{23}	权重 W_i	C_7	D_{24}	D_{25}	D_{26}	D_{27}	权重 W_i
D_{21}	1	1/3	1/5	0.1095	D_{24}	1	5	3	2	0.5077
D_{22}	3	1	1/2	0.3090	D_{25}	1/5	1	1	1	0.1451
D_{23}	5	2	1	0.5816	D_{26}	1/3	1	1	1	0.1648
					D_{27}	1/2	1	1	1	0.1824

表 4.22　判断表 C_8—D

C_8	D_{11}	D_{12}	D_{13}	D_{14}	D_{15}	D_{16}	权重 W_i
D_{11}	1	1	1/2	1/3	3	3	0.1462
D_{12}	1	1	1/2	1/2	3	3	0.1564
D_{13}	2	2	1	1/5	3	3	0.1899
D_{14}	3	2	5	1	4	4	0.3823
D_{15}	1/3	1/3	1/3	1/4	1	1	0.0626
D_{16}	1/3	1/3	1/3	1/4	1	1	0.0626

2）权重计算一致性检验

理论上，当 $\lambda_{max} = n$ 时，构建的判断表满足完全一致性条件 $P_{ik} = P_{ij} \times P_{jk}$，当 $\lambda_{max} > n$ 在实际操作中，随着不同决策者和专家的主观、经验和学识的差异，各构建的判断表难以通过一致性检验，即。故以 $CI = (\lambda_{max} - n) / (n - 1)$ 来检验一致性结果，n 为判断表的阶数，且当 $CR < 0.1$ 时，构建的判断表才通过检验，具备理想的一致性检验。龚木森、许树柏在 1986 年通过 1000 次重复计算实验判断表特征根及其算术平均数，研究得到了 1~15 阶判断表的平均随机一致性指标 RI 取值，见表 4.23。根据评价指标的检验方法，计算了文章 11 个判断表的一致性，均满足 $CR < 0.1$，表明判断表具有满意一致性（表 4.24）。

表 4.23　随机一致性指标 RI 取值

阶数	1	2	3	4	5	6	7	8	9	10	11	12	13	14	15
RI	0	0	0.52	0.89	1.12	1.26	1.36	1.41	1.46	1.49	1.52	1.54	1.56	1.58	1.59

表 4.24 判断表一致性检验结果

判断表	检验指标			是否具有满意一致性
	CI	RI	CR	
A—B1–3	3.0092	0.0046	0.52	0.0088	是
B_1—C1–3	3.0385	0.0193	0.52	0.037	是
B_2—C4–7	4.0604	0.0201	0.89	0.0226	是
C_1—D1–3	3.0037	0.0018	0.52	0.0036	是
C_2—D4–6	3.0183	0.0091	0.52	0.0176	是
C_3—D7–9	4.0406	0.0135	0.89	0.0152	是
C_4—D11–16	6.1291	0.0258	1.26	0.0205	是
C_5—D17–20	4.0206	0.0069	0.89	0.0077	是
C_6—D21–23	3.0037	0.0018	0.52	0.0036	是
C_7—D24–27	4.0797	0.0266	0.89	0.0299	是
C_8—D28–33	6.3251	0.065	1.26	0.0516	是

3）各层各级的层次总排序

层次总排序计算可以了解要素层（C）和指标层（D）对研究区生态系统稳定性评价结果目标层（A）的重要性程度，通过分级相乘得到其要素层（C）和指标层（D）对目标层（A）权重值影响大小，见表 4.25。

要素层（C）对目标层（A）的权重影响中，社会经济因素（C_3）对盐城滨海湿地生态系统稳定性影响最大，权重值达到 0.3437，表明盐城滨海湿地社会经济因素作为外界生态系统压力，对区域生态系统影响深远。其次为湿地生态保护响应（C_8），权重值为 0.1624，湿地生态保护响应面对压力状态下的湿地生态环境破坏，对其做出自身和保护响应，缓解区域生态危机。最后是环境压力因素（C_2），权重值为 0.1394，而资源压力因素（C_1）、土壤状态因素（C_4）、水质状态因素（C_5）、生物状态因素（C_6）、景观生物因素（C_7）对目标层（A）贡献度较小，权重值均小于 0.1。该层次排序也表明，要素层的社会经济因素（C_3）、湿地生态保护响应（C_8）、环境压力因素（C_2）对盐城滨海湿地生态系统稳定性影响最大，也是滨海湿地生态系统稳定的重要因素。

表 4.25 要素层（C）对目标层（A）的权重影响

指标	B₁	B₂	B₃	C 对 A 的权重
	0.5396	0.2970	0.1634	
C₁	0.1047			0.0565
C₂	0.2583			0.1394
C₃	0.6370			0.3437
C₄		0.3317		0.0985
C₅		0.3317		0.0985
C₆		0.1972		0.0586
C₇		0.1394		0.0414
C₈			1.0000	0.1634

指标层（D）对目标层（A）的权重影响中（表 4.26），指标人口密度（D_8）权重值最大，达到了 0.1547，对盐城滨海湿地生态系统稳定贡献度最高，其次为围垦强度（D_{10}）对区域生态系统的贡献，权重值为 0.0963，表明盐城滨海湿地围垦活动频繁，对生态系统影响剧烈。工业废水排放量（D_6）权重值较大，为 0.0778，自然保护区投资（D_{31}）作为对区域生态环境的资金投入保护，权重为 0.0625，对区域生态系统稳定正向影响较大，公路线作为人类活动对区域景观的改变方式，影响着景观的完整性和斑块的统一性，公路密度（D_9）权重值为 0.0615，负面影响着区域生态系统的稳定。其他指标对湿地生态系统影响相对较小，权重值都小于 0.05。如权重最小的后 5 位指标分别为铵态氮（D_{11}）、有效磷（D_{12}）、速效钾（D_{13}）、优势种覆盖率（D_{21}）、景观适应度（D_{25}），权重值分别为 0.0066、0.0066、0.0066、0.0064、0.0060，该指标对湿地生态系统稳定影响较小。

表 4.26 指标层（D）对目标层（A）的权重影响

指标	C₁	C₂	C₃	C₄	C₅	C₆	C₇	C₈	D 对 A 的权重
	0.0565	0.1394	0.3437	0.0985	0.0985	0.0586	0.0414	0.1634	
D₁	0.6483								0.0366
D₂	0.1220								0.0069
D₃	0.2297								0.0130

续表

指标	C_1 0.0565	C_2 0.1394	C_3 0.3437	C_4 0.0985	C_5 0.0985	C_6 0.0586	C_7 0.0414	C_8 0.1634	D 对 A 的权重
D_4		0.1220							0.0170
D_5		0.3196							0.0445
D_6		0.5584							0.0778
D_7			0.0909						0.0313
D_8			0.4500						0.1547
D_9			0.1790						0.0615
D_{10}			0.2801						0.0963
D_{11}				0.0672					0.0066
D_{12}				0.0672					0.0066
D_{13}				0.0672					0.0066
D_{14}				0.4499					0.0443
D_{15}				0.1742					0.0172
D_{16}				0.1742					0.0172
D_{17}					0.4660				0.0459
D_{18}					0.1719				0.0169
D_{19}					0.1719				0.0169
D_{20}					0.1902				0.0187
D_{21}						0.1095			0.0064
D_{22}						0.3090			0.0181
D_{23}						0.5816			0.0341
D_{24}							0.5077		0.0210
D_{25}							0.1451		0.0060
D_{26}							0.1648		0.0068
D_{27}							0.1824		0.0076
D_{28}								0.1462	0.0239
D_{29}								0.1564	0.0256
D_{30}								0.1899	0.0310
D_{31}								0.3823	0.0625
D_{32}								0.0626	0.0102
D_{33}								0.0626	0.0102

4.2.3 滨海湿地生态系统稳定性评价结果与分析

通过计算得到了盐城滨海湿地各层各级生态系统稳定性评价的等级结果，见表 4.27。

表 4.27 生态系统稳定性评价结果

指标	盐城全区	响水段	滨海段	射阳段	大丰段	东台段
资源压力要素	1.9186	3.2153	4.2823	2.2847	1.4593	1.9186
环境压力要素	3.4776	3.6753	3.9949	3.2337	3.4776	4.0411
社会经济压力要素	1.4500	2.6380	3.2862	2.5410	1.4500	2.0909
土壤状态要素	2.8189	2.6447	2.4431	2.9602	2.5775	2.9533
水质状态要素	1.0000	1.7243	3.8281	1.4660	1.0000	2.0680
生物状态要素	3.0000	1.8905	1.8905	4.5816	3.5816	2.5816
景观状态要素	3.1033	3.9077	2.5494	3.3802	3.2858	3.0176
湿地生态保护响应	3.0646	2.1226	2.2479	3.9292	2.8957	2.7496
生态系统稳定性压力	2.0228	2.9664	3.5735	2.6931	1.9747	2.5766
生态系统稳定性状态	2.2910	2.3668	2.8083	2.8429	2.3511	2.5954
生态系统稳定性响应	3.0646	2.4689	2.7193	3.9292	2.7059	2.5597
生态系统稳定性	2.2727	2.6711	3.1503	2.9327	2.2370	2.6104

4.2.3.1 总体生态系统稳定性评价与等级

通过生态系统稳定性评价计算结果可知（图4.3），盐城滨海湿地生态系统稳定性值为2.2727，处于预警分级阶段，生态系统稳定性正承受着一定的外在威胁和干扰，并通过自身反映发出一定的预警信息。各区域上，滨海段滨海湿地生态系统稳定性处于较稳定状态，生态系统稳定性值为3.1503，而响水段、射阳段、大丰段和东台段滨海湿地生态系统稳定性都处于预警状态，生态系统稳定性值分别为2.6711、2.9327、2.2370、2.6104。大丰段湿地生态系统稳定性最弱，相对于全区域，生态系统稳定性值最低，且小于盐城滨海湿地整个生态系统稳定性值。滨海段和射阳段生态系统稳定性值最高，且北部生态系统稳定性值大于南部。如北部的响水段、滨海段湿地生态系统稳定性值大于南部的大丰段、东台段。

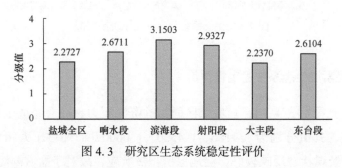

图4.3 研究区生态系统稳定性评价

4.2.3.2 子系统层生态系统稳定性评价

生态系统稳定性压力、状态和响应值各指标都以1—5分级，分别表示的是极危险、危险、预警、较稳定和稳定，故压力、状态、响应分级值越大，生态系统稳定性越强。从子系统层来看（图4.4），盐城滨海湿地生态系统稳定性压力中大丰区和盐城全区面临的压力最高，分别为1.9747、2.0228，大丰区社会经济建设活动趋于密集，来自外界干扰的压力最大。北部的响水段和滨海段生态系统稳定性压力最小，南部东台段的生态系统稳定性压力较大。滨海湿地生态系统稳定性状态中射阳段最高，状态值为2.8429，拥有丹顶鹤保护区、核心区等生态保护区，生态系统稳定性状态较好，其次为滨海段，状态值为2.8083，区域狭长、面积较小，生态系统相对状态相对稳定。盐城全区生态系统稳定性状态最低，状态值为2.2910，最后为响水段和大丰段，状态值分别为2.3668、2.3511。生态系稳定性响应中，射阳段对生态系统稳定性响应最大，远大于其他区段，响应值达到 3.9292，依托核心区的保护、自然保护区的建设，使得射阳段湿地区域对自身生态系统保护做出积极的应对。整体上南部的大丰段、东台段湿地响应大于北部的响水段和滨海段，但这 4 个区段都小于盐城全区的生态系统稳定性响应值。

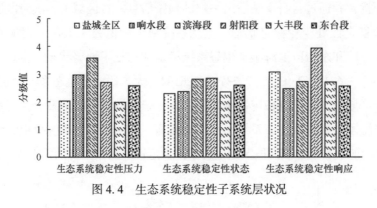

图 4.4　生态系统稳定性子系统层状况

4.2.3.3　要素层生态系统稳定性评价

要素层上看（图 4.5），盐城全区面临的资源压力、社会经济压力较大，水质状态较差，其值分别为 1.9186、1.4500、1.0000，而环境压力相对较小，土壤、生物、景观状态反映较好，湿地保护积极响应，故对于盐城滨海湿地而言，需要从区域资源和社会经济方面减轻带给湿地的巨大压力，保护区域水质状态，促进人类与湿地生态环境协调发展。响水段上，水质、生物状态较差，区域对湿地保护力度较低，需要制定和提高对响水段湿地的管理机制和管理水平，而响水段景观状态较好、环境压力和资源压力较小。滨海段湿地资源压力、环境压力、社会经济压力较小，水质状态较好，但该区段的土壤状态、生物状态、景观状态较差，区域对湿地的保护不够。射阳段湿地作为滨海湿地生态保护的核心区部分地段，环境压力较小，生物状态、景观状态较好，对湿地生态保护投入较大，湿地生态保护积极响应，但同时也需要减缓资源压力、社会经济压力，改善区域水质状态，防止水污染。大丰段湿地正面临着巨大的资源、社会经济压力，且在城镇化和工业化影响下，该区段水质状态较差，水污染相对严重。而区域生物、景观状态相对较好，对湿地保护投入较大。东台段湿地环境压力较小，而资源压力、社会经济压力也较大，水质、生物状态较差。

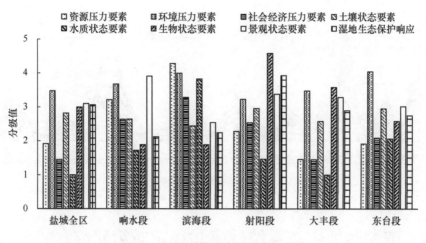

图4.5 生态系统稳定性要素层状况

4.2.3.4 指标层生态系统稳定性评价

生态系统稳定性评价指标层上（图4.6），从各区域在33个评价指标的评价分级值上看，盐城全区共有7个峰值，分布在潮滩湿地退化率（D_1）、区域开发指数（D_3）、城镇化率（D_6）、有机质（D_{14}）、生物多样性指数（D_{23}）、景观破碎度（D_{24}）、自然保护区建设投资（D_{31}），这表明这7个指标对盐城滨海湿地生态系统稳定性影响最大，尤其是城镇化率（D_6）、景观破碎度（D_{24}），评价值分别为2.7921、2.0307，这也说明保护盐城滨海湿地生态系统，需要合理控制城镇化水平，减少对景观斑块的占用，尤其是道路建设对完整景观的分割，退耕还林还水还草，增加景观斑块的完整性。响水段、滨海段、射阳段、大丰段和东台段湿地区域评价指标峰值较为类似，共同拥有12个峰值点，分布为潮滩湿地退化率（D_1）、区域开发指数（D_3）、工业废水排放量（D_5）、城镇化率（D_6）、人口密度（D_8）、围垦面积（D_{10}）、有机质（D_{14}）、化学需氧量（D_{17}）、生物多样性指数（D_{23}）、景观破碎度（D_{24}）、景观敏感度（D_{27}）、自然保护区建设投资（D_{31}）。其中潮滩湿地退化率（D_1）、区域开发指数（D_3）、城镇化率（D_6）、有机质（D_{14}）、生物多样性指数（D_{23}）、景观破碎度（D_{24}）、自然保护区建设投资（D_{31}）对区域生态系统稳定性影响最为深远，也表明保护区域生态系统稳定，需要重点从这7个指标出发，科学合理地保护滨海湿地生态系统。

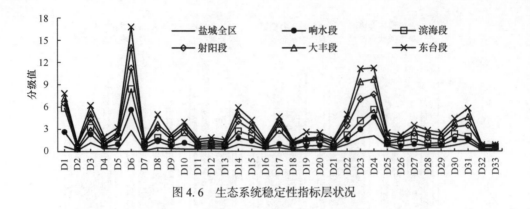

图 4.6 生态系统稳定性指标层状况

4.3 滨海湿地生态系统健康与稳定对策研究

根据盐城滨海湿地生态系统健康与稳定性评价过程及评价指标的评价权重大小，结合盐城滨海湿地的实际情况，总结出威胁区域生态系统健康与稳定的主要因素，并提出相应的解决对策。

4.3.1 影响区域生态系统稳定的主要因素

4.3.1.1 建设用地扩张和工程建设威胁着滨海湿地生态环境的稳定性

江苏省岸线资源丰富，随着海洋经济的快速发展，对岸线资源的开发利用强度日益上升。而盐城滨海湿地作为江苏省中部主要的海岸带区域，拥有着丰富的岸线资源、生物资源和土地资源等，开发条件和潜力巨大。随着滨海湿地各县区开发力度不断加快，建设用地面积趋于扩张，沿海港口建设活动密集，从北向南，盐城滨海湿地大大小小分布着大丰港、射阳港、川东港、王港、川港、斗龙港、双洋港、新洋港等十多个港口，分布着大丰港、射阳港、滨海港、响水港（陈家港）4个主要港区。港口建设、货物运输，加深了对岸线的利用和分割，地址占用、水污染、光污染、噪音等影响着动植物的栖息地生长条件，威胁着区域生态系统的稳定性。

同时，沿海地区大力建设工业园区，如表 4.28 所示。20 世纪 90 年代至今已建成多个省级、镇级工业园区，规划面积较广[274]，引进企业较多，一方面促

表 4.28　盐城滨海湿地范围内主要工业园区情况

工业园区及港口名称	所在地	批建部门	园区级别	始建时间	规划面积（hm²）	已建成面积（hm²）	已引进工厂数量	产业	环保基础设施建设现状
响水经济开发区	响水县	国家发展改革委和省人民政府	省级	2006.06	50 000		200	机械电子、新型建材、高端纺织	各项基础设施配套较齐全
滨海经济开发区沿海工业园	滨海县东罾村	省政府和国家发展改革委	省级	2002	20 000		122	石油、化工、造纸	各项基础设施配套较齐全
射阳经济开发区	射阳县	省政府	省级	1993.12	50 000	23 800	186	物流、食品、机械、电子	配套环保热电厂、污水处理厂
农业开发区	射阳县	省政府	省级	1995.01	1334	134	51	农副产品加工	
东南工业园区	盐东镇	省经贸委	省级	2001.03	300	150	68	纺织、机械、化纤	环保热电厂
双灯生态工业园	黄沙港镇	省经贸委/省环保厅	省级	2004	2400	2100		造纸	污水处理、热电厂等配备齐全
射阳港发电公司	射阳县	国家计委	省级	1992.01	386	71		电力	达标
海通镇工业园	海通镇	省经贸委	省级	2002.05	400	200	52	纺织、机械、食品加工	
大丰市海洋经济综合开发区	王港	省政府	省级	2003	9000	4500	10		配套污水处理厂、燃电厂

续表

工业园区及港口名称	所在地	批建部门	园区级别	始建时间	规划面积（hm²）	已建成面积（hm²）	已引进工厂数量	产业	环保基础设施建设现状
大丰港经济开发区	大丰港	省委、省政府	省级	2006.06	396 000		300	新能源、新材料、海洋生物	各项基础设施配套齐全
川东化工集中区	草庙镇川东居委会	大丰市政府	县级	2001	450		11	化工	园区污染处理厂
新曹工业园区	新曹镇	新曹镇	镇级		20	1.7	4	植物素提取	
琼港工业园区	琼港镇	琼港镇	镇级		20	3.3	10	条斑紫菜加工	
新街工业园区	新街镇	新街镇	镇级		200	30	19	机械加工	

资料来源：戴科伟，2007

进了盐城沿海产业和新兴产业的快速发展,加快产业升级和区域经济发展;另一方面也使得开发区人口集聚、污染集中,在重点入海排污口邻近海域污染较为严重,影响着邻近海域海洋功能区主导功能的正常发挥。如洋口化工园区排污口,实测水质为劣四类,工业园区造成的环境污染对湿地生态环境保护构成较大威胁。

在《江苏沿海滩涂围垦开发利用规划纲要》规划中提出,盐城市计划在2010—2020年建设9个围垦区,围垦面积达到 8.7333×10^4 hm²,并将其划分成生态旅游、现代农业、临港、城镇等多个综合开发区类(表4.29和表4.30)。在2017年沿海滩涂垦区配套项目开发规模计划表中(表4.31),政府对盐城滨海湿地中的东台市、大丰区、射阳县、滨海县、响水县围垦项目给予财政资助,对盐城滨海湿地围垦起到促进作用。

表4.29 1949—2004年盐城滨海湿地围垦情况

市县区	垦区数(个)	围垦面积(km²)	平均单位面积(km²)	平均围垦宽度(km)
响水	7	233.7	33.4	5.4
滨海	9	147.2	16.4	3.3
射阳	11	378.9	34.4	3.5
大丰	17	463.3	27.3	2.3
东台	18	209.3	11.6	1.2

资料来源:《江苏沿海垦区》,1999;江苏省农业资源开发局滩涂处

表4.30 盐城滨海湿地围垦方案

围垦区名称	2010—2012年(hm²)	2013—2015年(hm²)	2016—2020年(hm²)	围垦面积(hm²)	围垦堤长(km)
小东港口—新滩港口	667	—	667	1334	11.4
双洋港口—运粮河口	—		1000	1000	10
运粮河口—射阳河口	1667			1667	14.5
四卯西河—王港河口	2353	—	3667	6000	25.2

盐城滨海湿地
生态系统稳定性评价及景观模拟

续表

围垦区名称	2010—2012 年（hm²）	2013—2015 年（hm²）	2016—2020 年（hm²）	围垦面积 （hm²）	围垦堤长 （km）
王港河口— 川东港口	2667	—	2333	5000	22.5
川东港口— 东台河口	—	2333	—	2333	13.8
条子泥	13 333	13 333		26 666	44.3
东沙	—	—	21 333	21 333	84
高泥	—	—	18 667	18 667	65
方塘河口— 新北凌河口	1333	2000	—	3333	10.6

资料来源：戴科伟，2007

表 4.31　2017 年度沿海滩涂垦区配套项目开发规模计划表

县（市、区）	项目名称	开发规模（万亩）	省级财政投资额（万元）
东台市	新街镇 2017 年垦区 配套项目	0.8	800
大丰区	王港垦区 2017 年现代 农业示范项目（续）	1	1000
	三龙镇洋桥村 2017 年 农业基础设施配套项目 （扶贫）	0.5	500
射阳县	临海镇 2017 年垦区 配套项目	1	1000
滨海县	（省级涉农资金管理 改革试点县）	0.5	500
响水县	（省级涉农资金管理 改革试点县）	0.5	500
合计		4.3	4300

资料来源：戴科伟，2007

　　围垦活动对区域自然湿地造成了巨大破坏，人工湿地面积的大幅上升，人类活动的外在干扰加剧，侵害了芦苇、獐茅、碱蓬等自然湿地群落，破坏了区域生

■ **138**

态系统的稳定性，区域物种的生存和栖息环境造成严重威胁，如盐城滨海湿地内丹顶鹤、黑嘴鸥的数量下降。从对盐城滨海湿地丹顶鹤越冬种群数量的统计发现（图 4.7），1982—2014 年间，丹顶鹤越冬种群数量呈波动上升趋势，1982—2000年丹顶鹤越冬数量波动上升，在 2000 年达到最大值，越冬种群数量为 1128 只，而后在 2000—2014 年丹顶鹤越冬种群数量波动下降[275-277]。分析其丹顶鹤数量下降的主要原因与围垦活动密切相关，剧烈的滩涂围垦活动加深了互花米草的入侵，缩减了丹顶鹤原生环境的自然湿地面积[278]。2009 年以前，盐城滨海湿地自然保护区各分区内丹顶鹤自北向南都有分布。2009 年，湿地缓冲区内如射阳芦苇公司附近丹顶鹤分布集中，其他地区则分布较少。另外，2006—2014 年丹顶鹤集中在核心区，尤其在 2009 年，在不到盐城滨海湿地总面积 1/10 的核心区聚集了 86% 的越冬丹顶鹤，这表明在围垦活动剧烈的情况下，丹顶鹤分布范围逐渐向禁止一切人类活动的核心区靠拢。围垦对盐城滨海湿地其他濒危物种也有一定负面影响，如黑嘴鸥，它是世界濒危鸟类，黑嘴鸥筑巢数从 1999 年的 272 个下降至 2007 年的 109 个[279]。

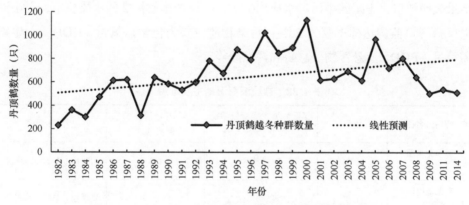

图 4.7　1982—2014 年盐城丹顶鹤越冬种群数量变化情况

4.3.1.2　环境污染影响着生物生长的适宜性

盐城滨海湿地内港口、工业园区分布较多，产生的污染物也对周围环境造成了一定影响。《2017 年江苏省海洋环境质量公报》对江苏省的 61 条主要入海河流进行检测，结果表明：95.65% 的河流检测值低于Ⅲ类水质标准，4 个入海排污口中 81.0% 的检测值低于污水综合排放标准。各县区中，大丰区存在部分区域海水入侵，且较 2016 年，略有上升。

江苏省管辖海域符合优良（ⅠⅡ类）海水水质标准的面积为 18 870 km²，占管辖海域面积的 54.28%；符合Ⅲ类海水水质标准的面积为 7248 km²，管辖海域面积的 20.85%；符合Ⅳ类海水水质标准的面积为 6519 km²，管辖海域面积的 18.75%；劣于Ⅳ类海水水质标准的面积为 2129 km²，管辖海域面积的 6.12%；海水中 pH、溶解氧、化学需氧量、石油类、重金属等总体符合Ⅰ类海水水质标准，主要超标物为无机氮、活性磷酸盐。3、5、7、8、10、11 月对江苏省 61 条主要入海河流进行监测，盐城市区域包含 27 条河流，结果显示 95.65% 调查的河流水质低于地表水的Ⅲ类水质标准，污染物集中，主要为氨氮、化学需氧量、总磷等在石油、煤炭等运输和加工过程中排放的污染物。

全省实施监测的入海排污口 4 个，其中重点排污口 1 个，为洋口化工园区排污口；一般排污口 3 个，分别为赣榆柘汪临港开发区排污口、赣榆污水处理厂排污口、射阳港电厂排污口。位于盐城滨海湿地的主要排污口包括 1 个重点排污口即洋口化工园区排污口、1 个一般排污口即射阳港电厂排污口（表 4.32）。监测结果表明洋口化工园区排污口水质均劣于污水综合排放标准的水质要求，射阳港电厂排污口监测达标率仅为 50%，污染物质主要为化学需氧量（COD$_{cr}$）、生物需氧量（BOD$_5$）、悬浮物、总磷和挥发酚等。

表 4.32　盐城滨海湿地主要排污口

排污口名称	类型	邻近海域主要海域功能区类型	达标排放河流数 / 河流总数	主要超标因子
洋口化工园区排污口	工业	农渔业区	0/3	CODcr、BOD5、总磷
射阳港电厂排污口	工业	特殊利用区	3/6	悬浮物、总磷、挥发酚

资料来源：2017 年江苏省海洋环境质量公报

盐城作为苏北城市，在政府引导下，不断加快区域工业化和城市化，招商引资和快速发展工业化建设，大力建设工业园区，且以化工企业较多。该区域也承接着苏南、长三角地区和珠三角地区等部分转移企业，以能源消耗型和污染型企业居多。虽然对滨海湿地的保护意识的增强，对企业污染排放控制力度增加，但污染现象依然存在。如双灯造纸厂距盐城国家级珍禽自然保护区核心区仅 12 km，对区域水质、土壤污染较大。在农业生产活动中，盐城市农药、化肥施用总量在 2010—2018 年呈下降趋势，表明对区域生态环境变化意识有所提高，除响水、滨海县外，射阳县、东台市和大丰区农药化肥施用量都呈减少趋势，但农药化肥施用总量依然较大，尤其是射阳县、大丰区，农药化肥施用量远大于滨海湿地其他县区，如表 4.33 所示。农药化肥对滨海湿地水质、土壤条件影响较大，有毒物质在水质和土壤中沉积，加剧区域滨海湿地污染状况，威胁生物安全，破坏滨海湿地原来生态系统的自净能力。在对盐城滨海湿地考察过程中发现，在靠近潮滩、海洋的鱼塘养殖区，人类的日常生活产生的垃圾、污水任意排放，对滨海湿地生态环境也造成了一定程度的破坏性。

表 4.33　2010—2018 年盐城市及滨海湿地县区农药化肥施用量　　单位：万 t

地区	2010 年	2011 年	2012 年	2013 年	2014 年	2015 年	2016 年	2017 年	2018 年
盐城市	60.68	59.29	55.71	54.06	52.8	51.79	50.56	49.62	48.91
响水县	4.54	4.53	4.58	4.61	4.61	4.73	4.7	4.61	4.54
滨海县	5.8	5.8	6.16	6.55	6.95	7.07	6.89	6.82	6.77
射阳县	12.29	12.33	11.16	10.62	10.16	9.73	9.32	9.19	9.07
东台市	7.88	6.93	6.29	5.8	5.4	5.16	5.09	5.03	4.98
大丰区	12.71	12.81	11.57	10.81	10.29	*	*	*	*

数据来源于江苏省统计年鉴，*表示数据缺失

4.3.1.3　湿地管理体制、管理责任、管理权限不健全和明确

盐城滨海湿地狭长地分布在黄海海岸带，盐城市响水县、滨海县、射阳县、大丰区、东台市五个市县区，当前盐城滨海湿地缺乏统一的管理机构，各个县区各自为政[280, 281]。当前对盐城滨海湿地的管理采用多方管理的体制（表 4.34），各个部门承担着自身的管理责任，但在解决实际问题时往往涉及多部门权限，共同协作能力有待提高，管理效率低下。盐城滨海湿地的所有权、使用权和收益权等权属不清，使得各部门管理权限受到限制，且无法及时有效地落实湿地保护措施。如企业更注重滨海湿地内工业园区产生的经济效益，而环保部门更重视工业园区的环境污染状况，可见两者对工业园区的要求和管理侧重点不同，也对企业政策制定有不同的导向。故当前盐城滨海湿地应该建立统一的管理体制，更加细

化管理责任和管理权限。

表 4.34 盐城滨海湿地各个管理机构

管理机构	管理对象
江苏省环保厅	珍禽自然保护区
江苏省林业局	麋鹿自然保护区
盐城市滩涂局	滩涂湿地
盐城市农牧渔业局	滩涂养殖
盐城市旅游局	湿地旅游
盐城市地方政府	滩涂经济

数据来源：王加连，刘忠权，2006

4.3.1.4 外来物种入侵，破坏本地生物多样性

盐城滨海湿地外来物种主要是互花米草。1979 年互花米草首次从美国被引入中国，凭借其自身强大的适宜性和扩散性，在潮滩地区生长繁殖。虽然互花米草具有削减波浪、保滩护岸、促淤造陆等重要作用[282, 283]，但随着它的扩散，我国沿海大片自然潮滩湿地被侵占，导致本地物种分布的面积减少。在 2003 年，它又被我国列入首批外来入侵物种名单[284]。由于互花米草能不断作用于蔓延的海水，减轻海岸带遭受海洋潮流侵蚀，影响到潮滩自然植被的自然演替和原生物种的生态位，不利于滨海湿地生态系统的稳定性，且威胁到湿地原来的候鸟迁徙和栖息环境。

盐城滨海湿地互花米草扩张形态从块状分布增长到带状分布，目前已扩张分布到盐城滨海湿地沿岸大部分潮滩湿地。互花米草面积由 1991 年的 614.34 hm^2 到增长到 2019 年的 15 677.10 hm^2，增长了 2451.86%。在沿海地区，互花米草逐渐取代了原生优势植被如白茅、盐蒿等，它也侵占了大量潮滩资源，导致文蛤、青蛤、泥螺等贝类栖息地空间缩小，产量亦减少。所以，互花米草的扩张会侵占其他物种的生存空间，严重破坏本地的生物多样性。

4.3.1.5 湿地保护立法需要完善

当前我国对湿地保护正处于起步且快速发展阶段，有关湿地相关法律法规却

相对较少，且缺乏针对性、完整性和系统性，对湿地立法不健全（表4.35），大多与地方法律和其他法律联系在一起[285]，这也反映了湿地立法的艰难、复杂和涉及面广。对于湿地立法，需要考虑多方面的因素，包括对湿地自然资源的开发利用、湿地生态保护、湿地经济效益分配等，侧重于什么角度制定法律条例更为重要。如1988年3月，盐城市人民政府正式颁布了《江苏省盐城地区沿海滩涂珍禽自然保护区管理办法》，2002年12月进行修订。但该管理方法不具备法律效力，执行力度大大降低，盐城滨海湿地生态保护管理工作开展依然面对较大难度。2019年7月5日盐城黄海湿地获准列入《世界遗产名录》，7月16日，黄海湿地环境资源法庭在盐城正式成立，7月26日，经江苏省人大常委会批准，《盐城市黄海湿地保护条例》自2019年9月1日起施行。这也是基于盐城滨海湿地成为世界自然遗产后政府对滨海湿地的重要性的高度重视，加强了保护黄海湿地自然遗产的责任意识。《盐城市黄海湿地保护条例》的出现是对滨海湿地保护的良好信号，但具体细则和实施还需要细化和落实，加强对湿地保护的立法工作还需要继续完善。

表4.35 湿地保护相关法律法规

国家相关法律法规	江苏省相关法律法规
1954年《中华人民共和国宪法》	1993年《江苏省环境保护条例》
1989年《中华人民共和国环境保护法》	2004年《江苏省渔业管理条例》
1982年《中华人民共和国海洋环境保护法》	1997年《江苏省海岸带管理条例》
2002年《中华人民共和国海洋环境影响评价法》	2000年《江苏省实施土地管理法办法》
2001年《中华人民共和国海域使用管理法》	2007年《江苏省海洋环境保护条例》
1988年《中华人民共和国水法》	2005年《江苏省海域使用管理条例》
1986年《中华人民共和国渔业法》	1998年《江苏省滩涂开发管理方法》
1988年《中华人民共和国野生动物保护区法》	2009年《盐城市黄海湿地保护条例》
1984年《中华人民共和国水污染防治法》	
1994年《中华人民共和国自然保护区条例》	
1986年《中华人民共和国土地管理法》	
1998年《建设项目环境保护管理条例》	
2006年《防治海洋工程建设项目污染损害海洋环境项目条例》	

数据来源：许岚，郭会玲，2008

4.3.1.6　区域社会公众参与湿地保护意识有待提高

政府对盐城滨海湿地生态环境保护重视程度日益提高，加大湿地保护政策宣传力度，也在一定程度上提高了区域社会公众对湿地的认识和保护意识。但在对盐城滨海湿地实际考察中，发现了区域社会公众参与湿地保护意识较差，主要表现在：第一，社会公众对湿地保护持支持态度，也认可对湿地保护的重要性，但在实际生活中，社会大众的参与感很低，且认为保护湿地更多是政府的责任。第二，群众在政府的组织领导下参与保护湿地，政府起着重要的引导和主导作用，但群众参与感降低，群众的自我保护湿地意识、自觉性和独立性缺乏，公众自发保护湿地的效果较差，故政府如不加以组织引导，社会公众会渐渐退出参与湿地保护工作。第三，当前湿地保护缺乏相应的法律保障，也降低了社会公众的自觉性和参与感。第四，对社会公众参与湿地保护的奖励政策和措施制定较少，也不利于提高公众参与湿地保护的积极性和自主性。

4.3.2　制定提高区域生态系统稳定性的主要对策

2019 年盐城自然湿地被纳入《世界遗产名录》，成为中国第 14 处世界自然遗产，盐城滨海湿地的重要性不言而喻，面对当前存在的主要问题，根据实际情况有效制定提高区域生态系统稳定性对策显得尤为迫切和重要。在前人研究和对盐城滨海湿地实地考察的基础上，针对影响盐城滨海湿地生态系统稳定性的主要因子，充分考虑当前湿地存在的问题和现状，提出如下对策。

4.3.2.1　制定具有法律效力的湿地保护法律，并严格执法，控制围垦速率

制定并严格实施湿地保护法律，对盐城滨海湿地生态环境保护具有至关重要的作用，可为保护环境、打击破坏湿地行为、控制围垦等提供法律依据。建议从国家、省、市、县区等不同层面制定相应的法律。国家层面，全面规范湿地涉及的相关内容，如对湿地的科学划分、法律含义、管理机制、主体责任、保护机制等，纳入其科学的法制轨道，并为地方政府制定湿地相关地方性法律提供基础和依据。省级层面，江苏省依据国家层面的湿地法律，结合江苏省湿地现状，制定江苏省湿地地方性法律，从而建立江苏省对湿地保护、管理、开发利用等健全的

相关制度。市级层面，盐城市依据国家和省政府制定的法律法规，结合盐城滨海湿地的特点和现状，因地制宜地制定湿地保护法律和相关政策。县区层面，保持严格遵守国家、省、市制定法律的基调，根据各县区的湿地区域的实际情况制定相关法律和制度。

盐城滨海湿地拥有丰富的自然资源，故应对其不同资源单独立法，如滩涂资源开发、珍稀动植物保护等。盐城滨海湿地滩涂围垦活动剧烈，制定关于滩涂围垦的地方性法律条文，能有效控制围垦强度，科学合理地开发滩涂资源。滩涂围垦的法律制度需要考虑到：①围垦活动需要进行科学论证，保证围垦活动对盐城滨海湿地附近区域生物资源、水资源、土壤资源等影响较小，对项目进行风险评估和论证。②滩涂围垦活动不得损害区域生态系统健康及生物多样性。③滩涂围垦项目要明确承担项目单位的权利与义务，建立不同主体问责机制。④建立和严格实施湿地环境影响评价机制和湿地项目审批制度，促进湿地保护管理部门参与围垦工程和项目验收工作。在对珍稀物种保护上，应建立健全野生动物保护制度，严禁非法偷猎现象。建议制定《丹顶鹤保护条例》《獐保护条例》等法律条文加强对丹顶鹤、獐、麋鹿等珍稀动物的保护。

盐城滨海湿地内拥有两大自然保护区，亟须有针对性的湿地保护法律，确保对保护区内自然资源高效保护，使其不受到外界干扰和影响。保护区管理处对保护区内土地资源拥有管理权，未经审批不得任意使用和开发，保障保护区内珍稀物种适宜的生境条件。此外，地方政府部门严格执法，建立严格的环境准入机制，对高污染、高排放企业予以取缔，定期检查湿地内的企业污染情况，做出相应的处罚措施，保障湿地生态系统稳定性和可持续性发展。

4.3.2.2 增加对滨海湿地资金投入

资金投入不足且资金来源不稳定是盐城滨海湿地管理与保护面临的重要问题。鉴于此，政府应着力解决湿地保护管理的经费来源问题，将湿地保护管理资金纳入政府财政预算，建立湿地保护与管理的专项资金。

第一，增加对滨海湿地资金投入，从而带动湿地环境保护相关的基础设施建设，如对区域内的垃圾、污水降污处理，提高燃电厂利用效率和设备升级。在工业园区更新环保设施，对工厂排污口进行多级净化处理，对工厂、社区等集中区进行污染物集中处理，防止点源污染和面源污染。对滨海湿地内污染严重的区域进行恢复治理。第二，利用专项资金，吸引和培养湿地保护与管理的专业人才，培育打造专业化和科学化的湿地管理队伍，定期对工作人员进行湿地知识培训，提升工作人员专业技能和业务工作能力。第三，增加湿地保护区的科研基金费用投入，尤其是两大自然保护区，加大对保护区内动植物研究、生态环境变化研究等科研工作。第四，引导人们树立正确的湿地保护行为和观念，奖罚分明，完善对滨海湿地保护的奖惩机制，严厉打击破坏滨海湿地生态系统的不良行为，积极奖励对保护湿地做出贡献的先进集体和个人。

4.3.2.3　科学发展滨海湿地生态旅游业

盐城滨海湿地旅游资源丰富且具有独特性[286]（表4.36）。主要表现为：一、盐城滨海湿地旅游资源种类齐全、类型多样、组合条件好，包括独特的滨海湿地自然景观、人文景观。二、滨海湿地利用单品质量高，盐城滨海湿地作为世界资源珍稀物种栖息地，各种濒危物种在此聚集，包括丹顶鹤、麋鹿、獐、黑嘴鸥、勺嘴鹬等珍稀动物[20]。人们既可以感受靠近黄海的滨海湿地自然风光，也可以领略滨海湿地原生生态环境，欣赏珍稀动物。与国内外其他旅游资源相比，滨海湿地旅游资源具有自身的独特性和吸引力。三、盐城滨海湿地因自然资源丰富而具科研价值，湿地生态系统内滩涂广布、珍稀动植物丰富、鸟类定期迁徙等，对国内乃至全球科学研究都具有一定的科研价值，也吸引众多湿地研究领域的科研专家来此考察，加深了盐城滨海湿地的知名度和科研价值。

科学推动盐城滨海湿地生态旅游可有效促进当地经济发展，进而为湿地保护和管理提供资金保障，当地居民创造新的就业机会，增强当地居民对湿地保护的认同感和参与感。但湿地生态旅游的科学合理规划和有效管理，需要协调旅游经济开发与生态环境保护两者的度，不可对旅游资源过度开发，从而造成对自然资源的衰退和生态系统的退化。在盐城湿地申遗成功后，吸引了更多全球各地的游客集聚于此，故制定科学合理的旅游规划更加需要。以"互联网+""旅游+"构建全新"旅游生态"线路，重视湿地品牌建设，核算旅游景区的最大核载游客数量，计算区域生态承载力，从而将开发与保护湿地有效结合，对湿地旅游资源适度地开发，实现区域生态旅游的可持续发展。

表 4.36 盐城滨海湿地主要旅游资源概况

旅游资源类型	旅游主要项目
动物栖息地类	盐城国家级珍禽自然保护区和大丰麋鹿国家级自然保护区
地文生态景观类	红地毯、盐蒿地、互花米草区
生物景观类	丹顶鹤、麋鹿、獐、芦苇湿地、广滩拾贝
建设与设施类	鹤乐园、盐城丹顶鹤博物馆、麋鹿保护区博物馆、珍禽标本馆
遗址遗迹类	范公堤、环保烈士徐秀娟事迹陈列室和烈士墓
水域生态风光类	水禽湖游乐区、黄海观光区
人文活动	麋鹿节、盐城丹顶鹤国际湿地生态旅游节

资料来源：邱虎，2012

4.3.2.4 科学建立滨海湿地生态补偿机制

根据盐城滨海湿地实际情况，科学建立滨海湿地的生态补偿体制，即通过对湿地环境造成负面或正面影响的不同行为主体进行收费或补偿，增加对不同行为主体做出的行为成本或收益，提升其不同行为的外部经济性，从而促进对区域湿地的保护。滨海湿地生态补偿应坚持"谁保护、谁受益，谁污染、谁付费"的原则，其补偿的负责部门为政府、市场和社会各涉及紧密的团体[287]。补偿途径如表 4.37。

表 4.37 湿地生态补偿方式及途径

补偿主体	补偿方式	补偿途径
政府	行政管制	生态补偿费
	经济调控	生态补偿税
	—	生态建设保证金制度
市场	一对一交易	排污权交易
	市场贸易	水权交易
	市场标记认证	碳汇等配额交易
	—	购买生态标记认证产品
	寻找资金保障	投身技术开发

续表

补偿主体	补偿方式	补偿途径
	进行环保教育与宣传	参与政府计划
社会团体	提高生态补偿追究意识	影响企业生产方式
	提供技术与法律帮助	援助企业生产方式
	参与补充政策与标准的制定	宣传和普及环保知识

资料来源，闫伟，2008

第一，科学建立盐城滨海湿地生态补偿机制，明晰湿地产权更为关键，厘清湿地环境保护涉及的行为主体责任[288]。尤其是鉴于滨海湿地涉及政府、企业、群众等多个团体，各涉及的主体责任不明晰，其产权无法确定，导致滨海湿地内的资源无法有效保护和开发，即湿地生态补偿机制难以科学有效的制定。第二，区分湿地涉及紧密的生态补偿对象。一方面有效补偿湿地保护者和贡献者，如退耕还湿地的农民、退鱼塘和放弃渔业捕捞的渔民等，需要对其补充以保持生计所需，且更能激发群众对湿地保护的自主性和积极性。另一方面，针对湿地环境破坏的个体和部分企业，可适当收取一定的环境保护费用，且对企业污染排放进行限制和提高对污染物的处理效率，将其收益作为对湿地保护的利益受损者进行补偿。第三，制定可实施的补偿标准。滨海湿地环境保护的利益获得者和受损者的补偿标准应该具有差异性，且补充标准根据当前经济发展水平和实际情况制定，从而使得利益获得者和受损者都能接受。第四，对生态补偿资金进行公开透明公布。建立政府和市场相结合的生态补偿资金利用方法，政府通过政策鼓励支持和引导企业资金投入湿地环境保护，引入社会或企业资本对湿地保护投资，对补偿资金合理使用、专款专用，以及给予网络公示和公众监督。

4.3.2.5 开展滨海湿地资源环境综合调查，建立滨海湿地生态系统网络监测体系

摸清盐城滨海湿地自然资源、生态环境、区域社会经济发展等实际情况，有助于全面了解滨海湿地生态系统面临的主要问题，可为滨海湿地生态环境保护和管理提供基础数据来源，更直接和有针对性地解决当前湿地存在的问题。对盐城滨海湿地进行基础性资源调查工作，如对保护区鸟类资源的调查、对丹顶鹤越冬

种群数量的统计、对濒危珍稀物种的统计工作等，但从未对整个滨海湿地进行详细全面的资源摸查工作，这也使得对盐城滨海湿地资源环境缺乏全面和详细的资料整理，不利于高效、全面、系统地保护滨海湿地。

开展盐城滨海湿地资源环境综合调查，涉及对湿地内各种生物资源进行系统调查和分类整理，主要包括植物、两栖动物、鸟类、爬行类、底栖动物、昆虫等；对滨海湿地范围内的各种生境调查，如区域水文、地形地貌、气候变化、土壤质量、景观格局等条件；对湿地内社区状况进行调查，即土地利用/覆被情况、社会经济发展水平状况调查，包括湿地内人口、生活方式、交通道路、工业对环境污染情况、产业比例等。摸清和统计盐城滨海湿地资源环境现状，建立各个区域的数据库，为湿地生态保护和科学研究提供基础资料。

盐城滨海湿地靠近黄海，研究表明射阳河口以北地区属于侵蚀海岸，而射阳河口以南属于淤积海岸，这也导致了盐城滨海湿地范围的不断变化，更需要对滨海湿地保护区范围进行调整、动态监测和管理。建立滨海湿地生态系统网络监测体系，利用3S空间分析技术对滨海湿地进行时空分析，建立不同时期滨海湿地范围变化的数据库，以及预测未来变化趋势。在盐城滨海湿地主要的排污口、典型湿地生境地点、珍稀动植物生长地等建立水质、土壤、气候等检测点，并按期进行指标检测，其数据可为了解当前生态系统变化提供最新数据，也可有效掌握湿地生态环境变化趋势。通过建立对盐城滨海湿地岸线变化、生态环境指标变化等检测网络体系，促进盐城滨海湿地生态系统稳定发展。

4.3.2.6 加强对自然保护区建设和管理，建立健全湿地环境管理机构

盐城滨海湿地范围较广，划分了核心区、缓冲区、实验区。核心区作为盐城滨海湿地生态环境保护的重点区域，也是盐城滨海湿地生态环境最优区域，禁止一切人类活动和外在干扰，动植物生境条件较优。当前盐城国家级珍禽自然保护区核心区面积约 2.19×10^4 hm²，缓冲区面积约 5.57×10^4 hm²，实验区面积约 20.66×10^4 hm²；大丰麋鹿国家级自然保护区核心区面积约 0.27×10^4 hm²[20]。从盐城滨海湿地三个划分区域出发，加强对自然保护区的建设和管理。核心区方面，核心区面积有限，特别是近年来核心区内动物繁殖速度加快，生境面积急需扩大，加强对核心区自然保护区的建设管理尤为重要。首先，坚持对核心区管理的基本原则，即禁止一切人类活动，尽量减少核心区内人文建筑设施，原生态的

完整保护核心区内自然生态环境系统。其次，可考虑向周围缓冲区、实验区扩大核心区范围，既可以保护缓冲区、实验区土地免受围垦，也可以满足动植物对生境的需求。最后，对保护区内的旅游景区进行合理规划，控制游客数量，减少人类活动对珍稀动植物的干扰。缓冲区、实验区方面，保护区管理部门对湿地内缓冲区、实验区土地无管理权限，这也使得在缓冲区、实验区土地上发生环境破坏行为居多。对缓冲区和实验区的保护也是对整个滨海湿地生态环境保护的重要组成部分，可在缓冲区和实验区内生态环境优良的地区建立承受核心区动物迁移的滨海湿地生态保护小区，如丹顶鹤外出觅食区。这样既可以防止缓冲区和实验区环境良好地区的生态恶化，也可以缓解核心区土地利用的紧张状况。

同时建立健全湿地环境管理机构，实行总体领导和分区分片负责制，如保护区由管理科总体管理，而下属的各管理站分区负责，保护区工作人员禁止参与湿地生产经营产业，更全心全意地为保护服务。盐城滨海湿地土地权属各市县区和保护区，故需要两者共同协作与管理，核心区主要由保护区管理处负责，而缓冲区和实验区由保护区、区域环保部门共同负责，建立管理站。

4.3.2.7　加强滨海湿地科学研究

对盐城滨海湿地开展科学研究，详细掌握盐城滨海湿地生态系统现状和存在问题，以便能够有针对性地进行修复和治理，以及更科学合理地制定湿地保护政策和规划。主要从如下几个方面着手：第一，详细开展对盐城滨海湿地的基础研究工作。对盐城滨海湿地生态环境的分类、功能、资源分布、生物多样性等有详细整理和汇总的基础资料，以便为盐城滨海湿地研究提供理论数据支撑。第二，运用新兴技术保护湿地。如利用 3S 技术、污染物收集检查技术等，获取更实时和精确的数据。第三，多学科交叉、综合、集成研究。滨海湿地涉及学科知识繁多，需要运用地理学、水文学、经济学、生态学等多门学科背景知识来分析湿地的实际情况。第四，纳入全球环境变化中研究。盐城滨海湿地作为全球湿地的重要组成部分，应在鸟类迁移、全球变暖、酸雨形成、物种入侵、海洋污染等方面加强研究，为国内外湿地保护提供借鉴意义。

4.3.2.8　加强与国内外世界自然遗产保护组织交流与合作

2019 年 7 月 5 日，盐城黄海湿地被列为世界自然遗产（表 4.38）。当前盐城滨海湿地的申遗成功，更有利于盐城进一步整合湿地、森林、滩涂等独特资源，构建生态廊道和生物多样性保护网络，加快建设生态保护特区，更能有效地保护盐城滨海湿地生态资源。

盐城滨海湿地作为我国的第 14 处世界自然遗产，且处于世界自然遗产的初期，对自然遗产的保护能力、保护政策、保护制度等还有待提高，也需要向国内外其他世界自然遗产地学习如何科学、高效地保护区域自然环境、动植物资源等；学习较为先进的湿地保护技术，如运用新兴技术建立滨海湿地动植物生长繁殖、迁徙的数据库，科学控制和解决外来物种的入侵；学习自然遗产地的经营策略，坚持保护优先、开发适度的原则。加强与国内外自然遗产保护区交流与合作，有利于借鉴不同自然遗产地的成功管理经验、交流管理中存在的问题和解决方法，并基于盐城滨海湿地的管理现状和实际情况，不断提升对盐城湿地的管理水平、管理能力、管理技术，努力做到对盐城滨海湿地依法管护立区、人才科研强区、生态文旅兴区。

表 4.38　中国世界自然遗产名录

世界自然遗产名称	列入时间	自然遗产区域特色
澄江化石地	2012 年	中国首个化石类世界遗产，填补了中国化石类自然遗产的空白。澄江化石地位于云南省玉溪市澄江县境内，面积 512 hm²，缓冲区面积 220 hm²，距今 5.3 亿年，于 1984 年被发现，被誉为"20 世纪最惊人的古生物发现之一"。澄江化石共涵盖 16 个门类、200 余个物种，这在世界同类化石地中极为罕见，完整展示了寒武纪早期海洋生物群落和生态系统。云南澄江化石群成功申遗，填补了中国化石类自然遗产的空白。
新疆天山	2013 年	新疆天山占天山总长度的 3/4 以上，横亘新疆全境。新疆天山属全球七大山系之一。新疆天山具有极好的自然奇观，将反差巨大的炎热与寒冷、干旱与湿润、荒凉与秀美、壮观与精致奇妙地汇集在一起，展现了独特的自然美；典型的山地垂直自然带谱、南北坡景观差异和植物多样性，体现了帕米尔—天山山地生物生态演进过程，也是中亚山地众多珍稀濒危物种、特有种的最重要栖息地，突出代表了这一区域由暖湿植物区系逐步被现代旱生的地中海植物区系所替代的生物进化过程。

世界自然遗产名称	列入时间	自然遗产区域特色
湖北神农架	2016 年	因华夏始祖神农氏尝百草救民之传说而得名，保存有全球北纬 30 度带最为完好的北亚热带森林植被，被誉为北半球同纬度上的"绿色奇迹"，其自然资源及生态系统的完整性、原真性、不可再生性和不可复制性全球少有。
青海可可西里	2017 年	可可西里是世界上最大、最高的高原。这片广阔的高山和草原系统位于海拔 4500 m 以上，总面积 450 万 hm²，是 21 世纪初世界上原始生态环境保存较好的自然保护区和野生动物资源最为丰富的自然保护区之一。保护区主要是保护藏羚羊、野牦牛、藏野驴、藏原羚等珍稀野生动物、植物及其栖息环境。
梵净山	2018 年	原始洪荒是梵净山的景观特征，云瀑、禅雾、幻影、佛光四大天象奇观，为梵净山添上了神秘的色彩。标志性景点有红云金顶、月镜山、万米睡佛、蘑菇石、万卷经书、九龙池、凤凰山等。梵净山有植物 2000 余种，被誉为地球绿洲、动植物基因库、人类的宝贵遗产。有华山之气势，泰山之宏伟，兔耳岭之奇石。
中国黄（渤）海候鸟栖息地（第一期）	2019 年	2019 年 7 月 5 日，第一期入选世界自然遗产。遗产地位于东亚—澳大利西亚水鸟迁飞路线（EAAF）的中心位置，每年有鹤类、雁鸭类和鸻鹬类等大批量多种类的候鸟选择在此停歇、越冬或繁殖。其中，全球极度濒危鸟类勺嘴鹬 90% 以上种群在此栖息，最多时有全球 80% 的丹顶鹤来此越冬，濒危鸟类黑嘴鸥等在此繁殖，数量众多的小青脚鹬、大杓鹬、黑脸琵鹭、大滨鹬等长距离跨国迁徙鸟类在此停歇补充能量。

4.3.2.9　加强对滨海湿地保护宣传教育

保护滨海湿地需要多方面共同努力。加强对滨海湿地保护宣传教育，既可以提高人们对滨海湿地的认识，有利于湿地知识传播，也可以扩大盐城滨海湿地的知名度，增加滨海湿地的受关注程度。按照湿地宣传教育的对象不同，宣传教育的内容也有其不同的着重点。按宣传对象的人群可以划分为湿地区域的周边居民；湿地旅游的外来游客；对湿地开展研究的科研学者和教学实习的各校师生；管理湿地的领导干部；中小学生；湿地保护区的工作管理人员。

（1）滨海湿地保护区周边居民。针对该群体，可着重宣传国家发布的关于环境保护的法律法规，以及保护区制定的相关湿地保护规定，明晰破坏湿地行为的严重后果，以及对保护湿地行为的奖励政策。要宣传建立湿地保护区的重要性，着重宣传保护区湿地的重要保护对象，防止本地居民误伤、误抓珍稀生物。

（2）湿地外来游客、科研学者和教学实习的各校师生。积极向湿地外来游客、科研学者和教学实习的各校师生宣传湿地相关的保护政策、法律法规；规范考察、参观的行为；宣传盐城滨海湿地保护区的重要意义、科研价值、当前保护成效；让其了解保护区湿地资源的空间分布。

（3）管理湿地的领导干部。管理湿地的领导干部了解湿地的重要性更有助于保护湿地资源，了解湿地涉及的法律法规、政策条例，如《中华人民共和国自然保护区条例》等。宣传滨海湿地的重要意义与价值，了解滨海湿地的主要保护对象、保护措施、存在问题，从而使湿地存在的问题得到有效解决。

（4）中小学生。对中小学生宣传介绍滨海湿地的重要意义、价值，向其科普湿地内的珍稀动植物资源、湿地学科基础知识，使其树立正确的湿地保护观念，规范自身行为。

（5）保护区的工作人员。注重提高保护区工作人员的工作热情、湿地保护技能和专业知识。宣传国家对湿地保护的相关法律法规、滨海湿地的重要意义和价值；提升自身的生态学、生物学、资源学基础知识，提升自身专业技能。

4.4 结论

基于压力-状态-响应模型，文章从资源压力、环境压力和社会经济压力三方面，结合湿地土壤状态、湿地水质状态、湿地生物状态和湿地景观状态，构建了盐城滨海湿地生态系统健康与稳定性评价指标体系，并对其进行分级和总体评价。基于评价结果分析影响盐城滨海湿地生态系统健康与稳定性的主要因素，提出相应的恢复策略。

（1）盐城滨海湿地在28年间生态系统健康指数减幅缩小，从1990年的0.54下降到2018年的0.45，仅下降16.67%，尽管早期粗放的发展模式导致其健康水平在研究初期相对较低，但由于区内国家湿地自然保护区的建立以及"申遗"成功，以及政府对生态环境保护的重视，使得盐城研究区生态系统健康水平相对稳定。

（2）盐城滨海湿地生态系统稳定性值为2.2727，处于预警阶段。各区域上，滨海段生态系统稳定性处于较稳定状态，稳定性值为3.1503，而响水段、射阳段、大丰段和东台段滨海湿地生态系统稳定性都处于预警状态，稳定性值分别为2.6711、2.9327、2.2370、2.6104。

子系统层面上，盐城滨海湿地生态系统稳定性压力中大丰段和盐城全区面临的压力最高，南部东台段的生态系统稳定性压力次之，北部的响水段和滨海段生态系统稳定性压力最小。滨海湿地生态系统稳定性状态中射阳段最高，状态值为2.8429，其次为滨海段，盐城全区状态最低，最后为响水段和大丰段。生态系统稳定性响应中，射阳段对生态系统稳定性响应最大。整体上南部的大丰段、东台段湿地响应大于北部的响水段和滨海段，但这4个区段都小于盐城全区的生态系统稳定性响应值。

要素层面上，盐城全区面临的资源压力、社会经济压力较大，水质状态较差，而环境压力相对较小，土壤、生物、景观状态反映较好，湿地保护响应积极。响水段上，水质、生物状态较差，区域对湿地保护力度较低，而该段景观状态较好、环境压力和资源压力较小。滨海段湿地资源压力、环境压力、社会经济压力均较小，水质状态较好，但该区段的土壤状态、生物状态、景观状态较差，区域对湿地的保护不够。射阳段湿地环境压力较小，生物状态、景观状态较好，对湿地生态保护投入较大，但同时也需要减缓资源压力、社会经济压力，改善区域水质状态。大丰段湿地正面临着巨大的资源、社会经济压力，水质状态较差，但区域生物、景观状态相对较好，对湿地保护投入较大。东台段湿地环境压力较小，而资源压力、社会经济压力较大，水质、生物状态也较差。

指标层面上，盐城全区中对生态系统稳定性影响较大的指标有潮滩湿地退化率（D_1）、区域开发指数（D_3）、城镇化率（D_6）、有机质（D_{14}）、生物多样性指数（D_{23}）、景观破碎度（D_{24}）、自然保护区建设投资（D_{31}）。响水段、滨海段、射阳段、大丰段和东台段湿地区域评价指标峰值较为类似，主要为潮滩湿地退化率（D_1）、区域开发指数（D_3）、工业废水排放量（D_5）、城镇化率（D_6）、人口密度（D_8）、围垦面积（D_{10}）、有机质（D_{14}）、化学需氧量（D_{17}）、生物多样性指数（D_{23}）、景观破碎度（D_{24}）、景观敏感度（D_{27}）、自然保护区建设投资（D_{31}）。

（3）影响盐城滨海湿地生态系统健康与稳定性的主要因素为：建设用地扩

张和工程建设；沿海围垦活动；湿地管理体制不健全；环境污染；外来物种入侵；区域社会公众参与湿地保护意识较差。针对当前存在的问题，主要的对策为：加强立法和资金投入；发展生态旅游业；建立湿地生态补偿机制；开展资源环境综合调查，建立生态系统网络监测体系；加强自然保护区管理，健全湿地环境管理机构；加强滨海湿地科学研究和宣传教育。

5 盐城滨海湿地景观模拟及 生态风险评价

5.1 盐城滨海湿地景观格局粒度效应

尺度大小是对景观空间研究的基础，体现了景观空间的异质性和差异性。分析不同景观尺度效应下的景观演变特征是当前景观生态学的重点研究方向和基础问题[289–292]。尺度包括空间和时间的粒度（grain）和幅度（extent），其中时间上的粒度反映了某种变化的间隔或发生频率，空间上的粒度体现具有不同分辨率所呈现的单元或像元，而空间上幅度则是某区域的面积大小[293–295]。文章的尺度效应研究是对不同粒度大小的空间效应分析，即景观格局空间粒度效应研究。景观内部的结构、形态、信息和功能均与粒度联系紧密，在对较大尺度下的景观格局研究时更需要分析不同尺度下的景观生态效应，有利于保障景观信息的完整性和准确性[296–298]。研究不同粒度下的景观格局特征，对高效利用景观资源、合理分析景观生态过程、提高研究精度等有着重要的理论与实践意义[299–301]。

尺度效应充分体现了景观异质性在景观研究中的重要作用，并成为景观生态学的重要研究内容，且对粒度效应研究较为广泛[292, 302–307]。如 Lu 等[308]选取利用遥感卫星解译和土地利用数据等，对比了高分辨率数据的重采样（RS）方法和多源、多分辨率数据（MSMRD）方法，分析了黄土高原上小流域景观粒度。粒度选取上，大多采用相同或等倍增长间隔为主，包括从 1~3000 m大小不一的，如 10 m、20 m、30 m……3000 m。如：汪桂芳等[309]选取了 3 m×3 m，35 m×35 m，60 m×60 m 三种不同粒度，结果发现在 3 m×3 m的最佳粒度下，景观格局的幅度效应最显著，变化趋势更稳定；任梅[310]选取 了 5 m、10 m、20 m、30 m、40 m、50 m、60 m、70 m、80 m、90 m、100 m、200 m、300 m、400 m、500 m 共 15 种粒度单元，确定安顺市规划区的景观格局粒度的[314, 315]。景观格局对空间异质性反应较为敏感，即不同的粒度下景观格局特征具有较大的差异。故研究不同粒度下景观格局特征，动态分析不同时间点上粒度效应对景观变化过程的反应具有重要意义[316-318]。鉴于当前静态研究粒度效应较为普遍，不同时间点的动态粒度效应研究对该研究起到一定的补充，且不同尺度动态研究结合景观面积损失指数可以更为客观的选取最佳适宜分析粒度[319, 320]。

盐城滨海湿地景观具备我国滨海湿地景观的重要生态特征，确定盐城滨海湿地景观的粒度大小，对于保障区域生态安全，促进因地制宜的生态环境保护措施具有重要意义。随着江苏省海洋开发强度的快速上升，港口开发、滩涂围垦、鱼塘养殖等规模不断扩大，使得盐城滨海湿地生态系统和景观稳定性受到一定威胁和冲击，导致了区域生物多样性减少和生态功能的退化。基于此，迫切需要了解人类活动影响下的盐城滨海湿地景观动态特征。但鉴于区域景观尺度效应差异显著，景观在不同尺度下异质性较强，使得研究结果具有差异性，所以需要深入讨论景观的粒度效应特征，分析粒度变化对区域景观格局的影响。而在描述景观格局前，需要先确定区域景观最优空间粒度。于是本文主要有四个目标：①利用景观格局下的景观水平和类型水平，分析盐城滨海湿地景观格局粒度效应；②确定景观尺度如何随着粒度大小而变化，以及粒度大小如何影响我们对景观格局的理解；③确定粒度大小对解释盐城滨海湿地景观格局及其自然和人工湿地景观变化是否有更显著的影响；④确定最合适的粒度来分析盐城滨海湿地景观格局变化。

当前对盐城滨海湿地研究颇为丰富，尤其在景观生态方面成果颇丰，时间线较长且起步较早，集中在滨海湿地扩张与缩减、生态服务功能、围填海对其作用、动植物介绍和保护等[18, 23, 184, 321-323]，如张东方等[16, 321]分析了20世纪60年代以来盐城滨海湿地面积的变化及驱动作用力；沈永明等[23]、李建国等[18]研究了盐城滨海湿地在围填海影响下的发展演变。对于盐城滨海湿地景观格局粒度效应研究较少，且研究时间较早，孙贤斌[111, 324]对其进行了简要的研究，但仅从静态角度和少量指标分析来看，盐城滨海湿地适宜尺度为200 m。文章基于盐城滨海湿地1991—2017年景观数据，从类型和景观水平选取了16个常用的景观指数，动态分析了景观格局的粒度效应及粒度效应对景观变化过程的反应，并选取了最适宜盐城滨海湿地分析的粒度值，以期丰富和补充盐城滨海湿地的研究内容，对不同粒度下的景观格局研究有一定的理论指导，为高效优化景观资源、合理利用和保护景观资源提供理论支持[325]。

5.1.1 研究方法

5.1.1.1 景观格局指数选取及计算

景观指数包括斑块水平、类型水平和景观水平 3 种类型指数。斑块水平的景观指数是景观最基本的组成部分，表现的是某个斑块的面积、周长、斑块数等特征。类型水平体现了某一类斑块的特征，反映的是区域景观结构变化，而景观水平表现的是研究区整个斑块的景观变化情况，两者都能表现研究区景观某一类或总体斑块的面积、形态、集聚、多样性、破碎化等景观特征。主要选取了常用的景观指数（表 5.1），指数通过 Fragstats4.2 计算得到，各指数具体含义和解释见表 5.2[238]。其中包括类型水平景观指数和景观水平景观指数（未选取斑块水平景观指数，类型水平景观指数和景观水平景观指数之间有重叠），来分析研究区景观格局的面积–边缘、形状、聚集度和多样性变化特征，从而研究不同粒度下的景观指数变化情况[196]。

表 5.1　景观格局指数

景观格局指数	英文缩写	类型水平	景观水平
斑块总面积	Class area，CA	√	
最大斑块指数	Largest patch index，LPI	√	√
边缘密度	Edge density，ED	√	√
平均斑块面积	Mean patch size，MPS	√	√
周长面积比	Perimeter area ratio，PARA	√	√
平均形状指数	Mean shape index，MSI	√	√
分维数	Fractal dimension，FRAC	√	√
邻近度	Contiguity index，CONTIG	√	√
斑块数	Number of patches，NP	√	√
斑块密度	Patch density，PD	√	√
聚集度	Aggregation index，AI	√	√
蔓延度	Contagion index，CONTAG		√

景观格局指数	英文缩写	类型水平	景观水平
景观形状指数	Landscape shape index，LSI	√	√
斑块丰富度	Patch richness，PR		√
香浓多样性指数	Shannon's diversity index，SHDI		√
香浓均匀度指数	Shannon's evenness index，SHEI		√

表 5.2　景观格局指数介绍

景观格局指数	计算公式	生态含义
斑块面积 （A/CA）	A：斑块总面积；CA：某一特定景观类型的斑块总面积（m²），除以 10 000 后转化为公顷（hm²）；即某斑块类型的总面积	CA 度量景观的组分，是计算其他指标的基础
最大斑块指数 （LPI）	$$LPI = \frac{a_{max}}{A}$$ a_{max}：某景观类型斑块的最大斑块面积，A：斑块总面积	有助于确定景观中的优势种、内部物种的丰度等生态特征；反映了区域人类活动强弱情况
边缘密度 （ED）	$$ED = \frac{E}{CA}$$ E：斑块边界总长度（km），CA：区域某一景观类型的斑块总面积，ED ≥ 0	指景观中单位面积的边缘长度，是表征景观破碎化程度的指标；边界密度越大，景观越破碎，反之，则越完整
平均斑块面积 （MPS）	$$MPS = \frac{CA}{NP}$$ CA：区域某一景观类型的斑块总面积，NP：景观类型的斑块数量	表征某一个地类的破碎程度；MPS 值越小，说明该地类越破碎
周长面积比 （PRAR）	$$PARA = \frac{P}{CA}$$ P：某斑块的周长；CA：区域某一景观类型的斑块总面积	反映景观组分以及空间异质性的关键指标之一
平均形状指数 （MSI）	$$MSI = \frac{\sum\limits_{i=1}^{m}\sum\limits_{i=1}^{n}\left(\frac{0.25P_{ij}}{\sqrt{CA_{ij}}}\right)R_i \times W_i}{NP}$$ P：斑块周长，CA：区域某一景观类型的斑块总面积，0.25 是正方形校正常数。i 和 j：分别代表景观类型数和各类景观的斑块数，NP：景观类型的斑块数量	MSI 表征景观类型斑块形状的总体复杂程度（$MSI \geq 1$），所有斑块均为正方形时，$MSI=1$，值越大，说明斑块形状越不规则

景观格局指数	计算公式	生态含义
分维数 （FRAC）	$$FRAC = \frac{2\ln 0.25P}{\ln CA}$$ P：斑块总周长（km），CA：区域某一景观类型的斑块总面积	$FRAC$ 可反映景观形状的复杂程度，取值范围为（1，2），值越接近 1 说明类型景观斑块形状越简单，受人类活动影响越大；越接近 2 则说明景观斑块形成越复杂，受人类活动影响越小。通常可能的上限值为 1.5
邻近度 （CONTIG）	斑块的邻近程度	描述各景观斑块的聚集性
斑块数量 （NP）	斑块个数	描述景观的异质性和破碎度，NP 值越大，破碎度越高，反之则越低。$NP \geqslant 1$
斑块密度 （PD）	$$PD = \frac{NP}{CA}$$ NP：景观类型的斑块数量，CA：区域某一景观类型的斑块总面积，$PD \geqslant 0$。	表征景观破碎化程度，斑块密度越大，景观破碎化程度越高，反之则越低
聚集度 （AI）	$$AI = \frac{g_{ii}}{\max \rightarrow g_{ii}}$$ g_{ii}：相应景观类型的相似邻接斑块数量。	反映景观类型内部的团聚程度，值越小说明景观由许多离散的小斑组成，值越大说明景观由连通度较高的大斑块组成
蔓延度 （CONTAG）	$$CONTAG = \left[1 + \frac{\sum_{i=1}^{m}\sum_{k=1}^{m}\left[\left(P_i\right)\left(\frac{g_{ik}}{\sum_{k=1}^{m}g_{ik}}\right)\right]\left[\ln(P_i)\left(\frac{g_{ik}}{\sum_{k=1}^{m}g_{ik}}\right)\right]}{2\ln(m)}\right] \times 100$$	描述景观中不同斑块类型的团聚程度或延展趋势
景观形态指数 （LSI）	$$LSI = \frac{0.25E}{\sqrt{CA}}$$ E：斑块边界总长度（km），CA：区域某一景观类型的斑块总面积，$LSI \geqslant 0$	反映斑块形态的复杂程度

景观格局指数	计算公式	生态含义
斑块丰富度 （PR）	景观中所有斑块类型的总数	反映景观组分以及空间异质性的关键指标之一，并对许多生态过程产生影响
香农多样性指数 （SHDI）	$$SHDI = -\sum_{i=1}^{m} P_i \ln(P_i)$$ M：斑块类型总数，P_i：第 i 类斑块类型所占景观总面积的比例，$SHDI \geq 0$	表征景观数量多少及各类型所占总景观面积比例的变化，体现不同景观的异质性，对景观中各类型非均衡分布状况较为敏感
香农均匀度指数 （SHEI）	$$SHEI = \frac{-\sum_{i}^{m} P_i \ln(P_i)}{\ln m}$$ M：斑块类型总数，P_i：第 i 类斑块类型所占景观总面积的比例	表征景观中不同景观类型的分配均匀程度。$SHEI=0$，表明景观仅有一类斑块组成，无多样性；$SHEI=1$ 表明各类斑块类型均匀分布，有最大的多样性

5.1.1.2 空间粒度分析

空间粒度选取是分析粒度效应的前提。文章主要利用上推法，按照尺度由小到大，从而推移到较大尺度的景观粒度[319]。前人对空间粒度研究因研究区面积、基底的自然和经济水平差异，粒度选取主要在 $1 \sim 3000$ m[196, 305, 309]。尺度大小不同会带来不同的景观变化，大尺度的景观变化可能会忽略小尺度的景观变化特点，而小尺度的景观变化在细微处体现大尺度下的景观变化规律。故文章采取的空间粒度范围为 30 m $\times 30$ m 至 1000 m $\times 1000$ m，以 20 m、50 m（栅格像元大小 20 m $\times 20$ m 、50 m $\times 50$ m）为上移尺度，借助 ArcGIS 10.5 空间分析的重采样模块，生成 20 个像元边长大小不同的研究区栅格分别为 30 m、50 m、100 m、150 m、200 m、250 m、300 m、350 m、400 m、450 m、500 m、550 m、600 m、650 m、700 m、750 m、800 m、850 m、900 m、1000 m。

5.1.1.3 景观指数变异特征分析

利用研究区景观指数的标准差与平均值的比值，即指数的变异系数（CV），来体现不同景观指数对不同粒度的反应和敏感度。参考前人研究经验[23]，在得到变异系数的基础上，根据数值差异，将反应敏感度划分为：反应不敏感（CV ≤ 1%）、反应低敏感（1% < CV ≤ 10%）、反应中度敏感（10% < CV ≤ 50%）、反应高度敏感（50% < CV ≤ 100%）和反应极高敏感（CV > 100%）。

根据得到的不同粒度景观指数，分析景观指数和粒度值之间的关系，即可表现出区域在不同粒度下景观指数的变化特征，以研究区景观年份、景观指数作为横、纵轴，即可反映出在不同时间点上景观指数的动态曲线趋势图[196]。

5.1.1.4　景观不同尺度信息损失分析

通过计算不同空间粒度下的景观面积信息损失程度，来选取研究区景观格局研究的最佳空间粒度。研究区景观面积差异指数愈大，表明空间粒度变化引起的信息损失也越高[326]。

$$\begin{cases} L_i = \dfrac{(A_i - A_{bi})}{A_{bi}} \times 100\% \\[2ex] S_i = \sqrt{\dfrac{\sum_{i=1}^{n} L_i^2}{n}} \end{cases} \qquad (5\text{--}1)$$

式 5–1 中，A_i 为某 i 景观类型的栅格面积值；A_{bi} 为某景观类型的尺度变化的基础矢量值；L_i 为景观面积损失差异比值；n 为研究区景观类型数量。

5.1.2　景观格局粒度效应分析

通过计算得到区域在不同粒度下景观指数的变异系数，选择了景观指数变化较为明显的 1991 年、2000 年、2008 年和 2017 年，分析不同景观指数对粒度变化的反应。景观水平上（表 5.3），在 15 个选取的指标中，NP、PD、PARA 对尺度上移变化表现为反应极高敏感（CV > 100%），NP、PD 变异系数均在 2008 年达到最大。MPS 对粒度表现为反应高度敏感，总体上反应敏感度随着趋于下降。ED、LSI、CONTIG、CONTAG 对粒度差异表现为反应中度敏感，研究期间反应敏感度只有 LPI 和 AI 呈上升趋势。MSI 的反应敏感度为低敏感，FRAC、SHDI、PR 对粒度变化反应不敏感。

类型水平上（表 5.4），从盐城 2017 年 12 个景观指数的变异系数可知，其

中 PARA 的变异系数在盐城滨海湿地 10 种景观类型中的粒度反应最为敏感。NP
和 PD 对粒度差异反应在高度敏感和极高敏感之间波动，MPS 对粒度反应高度敏
感，ED、CONTIG、LPI、LSI、MSI、AI 对粒度反应中度敏感，CA、FRAC 对
粒度变化反应最低。

表 5.3　景观水平上不同粒度的景观指数 CV 特征　（%）

年份	NP	PD	LPI	ED	LSI	MSI	FRAC	PARA	CON-TIG	CON-TAG	PR	SHDI	SHEI	AI	MPS
1991	100.89	100.86	3.13	41.29	33.73	4.22	0.88	158.16	32.38	12.35	0.	0.41	2.30	8.57	62.49
2000	116.40	116.28	16.50	40.72	33.72	3.59	0.92	158.05	20.89	11.69	0	0.23	0.23	9.34	64.26
2008	118.86	118.39	22.46	35.93	29.49	2.26	0.67	158.06	10.28	11.96	0	0.22	0.22	9.41	62.11
2017	105.05	104.92	31.27	34.13	28.20	3.55	0.82	158.73	17.03	13.59	0	0.35	0.35	10.27	60.19

表 5.4　2017 年类型水平上不同粒度的景观指数 CV 特征　（%）

景观类型	CA	NP	PD	LPI	ED	LSI	MSI	PARA	FRAC	CONTIG	AI	MPS
海水	1.41	75.96	75.82	61.61	51.32	44.79	10.04	171.53	1.24	26.53	35.91	60.21
潮滩	1.37	167.55	167.43	22.81	24.67	18.89	19.83	161.99	1.87	37.19	11.74	65.07
盐田	1.83	133.23	131.48	4.39	6.29	6.46	14.05	216.52	1.51	31.23	8.38	37.50
农田	1.35	117.37	117.22	31.27	28.12	22.24	6.67	158.79	0.64	10.74	5.25	60.79
鱼塘	0.91	71.01	70.81	17.70	20.14	19.46	2.80	159.04	0.60	22.77	9.18	42.93
干塘	4.19	134.22	134.12	11.80	37.68	39.67	3.76	163.81	0.79	13.00	17.76	66.64
建设用地	7.01	65.07	65.24	6.95	19.83	17.87	10.13	174.90	0.96	23.46	12.01	28.82
芦苇地	3.85	127.23	127.12	6.31	50.92	52.02	5.53	166.07	1.13	42.73	13.19	67.43
碱蓬地	10.09	129.98	129.87	29.94	64.93	63.62	6.78	174.08	1.20	45.41	31.71	70.35
互花米草	4.94	75.97	75.85	12.55	36.57	38.45	10.99	166.08	1.68	39.34	16.41	56.40

　　根据景观指数在不同粒度上的堆积图曲线发展趋势（图 5.1），可将其分 6
为种类型。第 1 类景观指数包括 ED、FRAC、CONTAG、AI、LSI（图 5.1 中 a、
d、e、h、i），表现为随粒度增大而缓慢下降，突出特点为不同粒度上曲线连接
更为平滑，总体上景观指数在不同粒度上差异缓慢减小，粒度在 30～300 m 间下

降幅度较大，而粒度在 400～1000 m 上的景观指数变化较小。第 2 类指数主要包括 PARA、NP、PD（图 5.1 中 b、f、g），表现为景观指数随粒度增大先快速下降而后下降趋势减缓，30～100 m 下降幅度最大，100～250 m 下降幅度趋缓，而 250～1000 m 下降幅度更趋于微弱，整个曲线在 250 m 以后更为平滑。第 3 类指数为 MPS（图 5.1 中 k），表现为景观指数随粒度增大而上升，30～150 m 上升幅度较小，150～1000 m 增长较快。第 4 类景观指数包括 MSI、CONTIG 指数（图 5.1 中 c、j），景观指数随粒度增大而波动下降，粒度连接曲折不平滑，30～50 m 下降幅度较大，100～1000 m 减幅趋缓。第 5 类主要为 LPI 指数（图 5.1 中 l），表现为景观指数随粒度增长先快速上升而后平稳，50～250 m 上升幅度明显，在 300～1000 m 间处于稳定状态。第 6 类景观指数包括 PR、SHDI、SHEI（图 5.1 中 m、n、o），表现为景观指数随粒度增长保持平稳，上升或缩减趋势较小，主要是反映景观的多样性指数，其中 SHEI 在 2008 年波动大于其他年份。

鉴于景观类型水平指数较多，仅选取 2017 年相关类型景观指数进行详细分析。景观指数 ED（图 5.2a）随粒度变化曲线上，海水是先快降而后减缓，潮滩、农田、干塘、鱼塘、芦苇地、碱蓬地、互花米草这 6 种景观变化曲线都处于缓慢下降。盐田、建设用地随着粒度变化 ED 无明显波动，处平稳状态。景观指数 PARA（图 5.2b）随粒度变化曲线，除盐田在粒度 250 m 处为最低值外，其他 9 种类型的曲线都表现为先快速下降而后减缓，在 30～100 m 表现最为明显，100～200 m 持续下降，减幅减弱，而后减小幅度更为平缓。景观指数 MSI、CONTIG（图 5.2c、e）随粒度变化曲线变化相似，10 种景观类型都处于波动状态，MSI 中盐田、潮滩波动状态最大，CONTIG 中，除海水外，其他 9 种景观类型起伏都较为明显。景观指数 NP、PD、LSI（图 5.2f、g、i）随粒度变化曲线变化相似，除盐田、建设用地为平稳曲线外，其他 8 种景观类型的曲线都呈现先快速下降而后减缓趋势，30～100 m 下降幅度较大。景观指数 AI 与 MPS（图 5.2h、j）随粒度变化曲线变化相反，AI 曲线除碱蓬地先快速下降而后趋缓外，其他类型的曲线都表现为缓慢下降状态，MPS 曲线随着粒度增长而增加，潮滩、农田、盐田、海水和鱼塘增长幅度较大。其他增长幅度较小。景观指数 FRAC、LPI 与 CA（图 5.2d、k、l）随粒度变化曲线变化相似，大多呈现平稳直线趋势，互花米草的 FRAC 值最大，海水最小；LPI 中农田在 30～150 m 快速上升，而后和其他类型保持平稳直线趋势；而农田斑块面积最大，碱蓬面积最小。

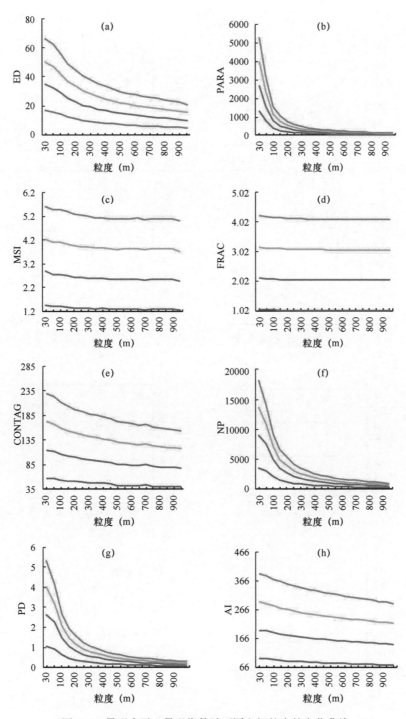

图 5.1 景观水平上景观指数随不同空间粒度的变化曲线

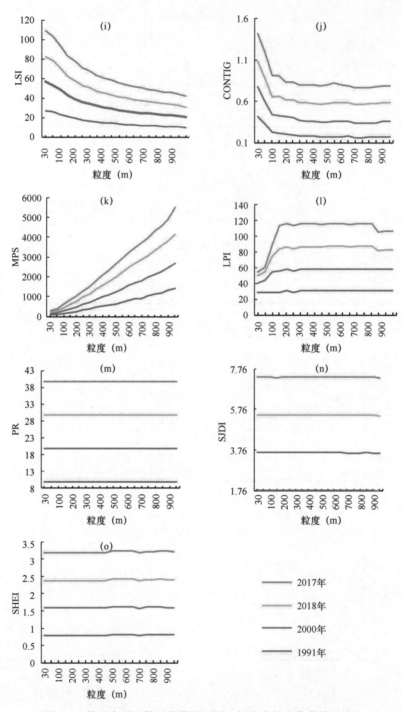

图 5.1　景观水平上景观指数随不同空间粒度的变化曲线（续）

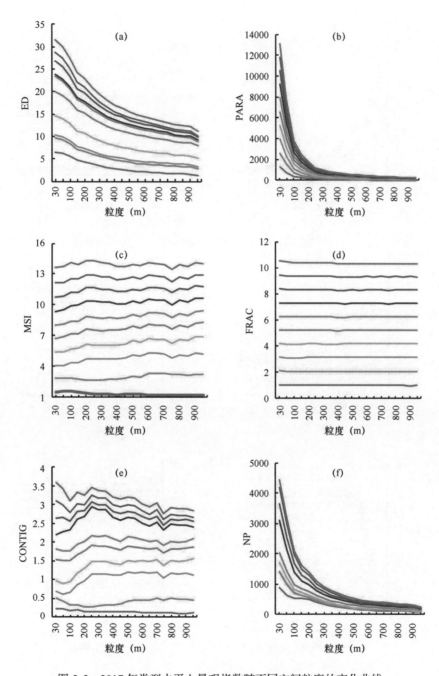

图 5.2　2017 年类型水平上景观指数随不同空间粒度的变化曲线

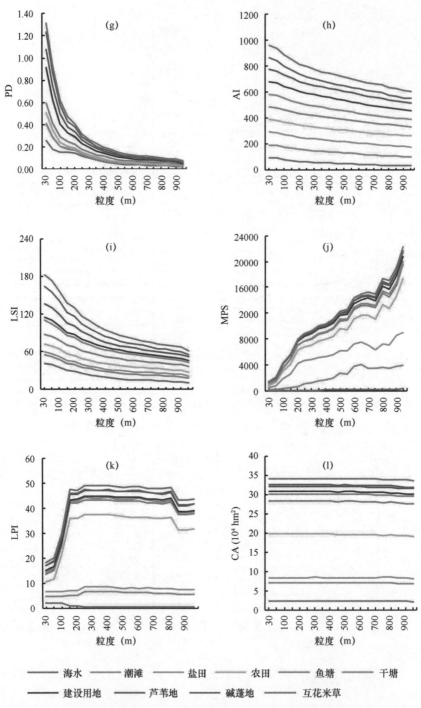

图 5.2　2017 年类型水平上景观指数随不同空间粒度的变化曲线（续）

5.1.3 景观格局粒度效应对景观变化过程的响应

盐城滨海湿地作为世界重点湿地的组成部分，在江苏省海洋经济快速发展过程中，伴随着滩涂围垦、养殖池的不断挖掘扩大，其滨海湿地景观正发生较大的改变，景观指数在不同时间点上表现为不同粒度效应特征，其景观格局的不同粒度对景观变化响应呈现不同特征。

通过景观指数的粒度变化特征可将其分为（图5.3）：第1类景观指数主要包括 ED、LSI（图5.3a、i），表现为指数在粒度150 m前波动下降，而在粒度150 m后波动上升，波动起伏较小，且不同粒度变化趋势大致相同，其不同年份上粒度的指数与粒度大小呈反比，即粒度越大，景观指数值越小。该类表明景观的动态变化对区域景观面积、形态产生波动影响，其景观形态趋于复杂。第2类景观指数主要包括 MSI、FRAC、NP、PD、CONTIG（图5.3c、d、f、g、j），表现为景观指数随时间增长表现为波动起伏较大，且粒度越小，景观指数随年度变化越大，其粒度在30~200 m上下起伏最大。表明景观格局变化对研究区景观聚集度影响较为明显，斑块数量增加，密集度上升，邻近度和最大斑块指数下降。第3类景观指数主要包括 CONTAG、AI、MPS、LPI（图5.3e、h、k、l），表现为随时间增长而下降，在不同粒度上曲线幅度相似，MPS 曲线与 CONTAG、AI 曲线的粒度效应相反，MPS 在 1000 m 粒度值最大，粒度越小其 MPS 越低，而 CONTAG、AI 值在 50 m 达到最大，粒度越大其值越小。研究区平均斑块面积减小，表明景观斑块的破碎化增加，区域主要景观的优势度下降。聚集度 AI 下降，蔓延度指数 CONTAG 减小，表明不同景观斑块间的连接被打断，景观整体性减弱。第4类景观指数为 PARA、PR（图5.3b、m），表现为指数随时间增长而变化幅度较小，呈现平行线分布特征。其中 PARA 指数在不同粒度发生变化，而不同年份上变化较小。PR 指数随着景观类型发生变化，与粒度变化不存在联系。第5类景观指数为 SHDI、SHEI（图5.3n、o），表现为指数随年份增长而上升，其中 SHDI 指数粒度变化较小，SHEI 指数的粒度效应变化更为突出。SHDI 指数不断增长且在不同粒度也保持相同增长趋势，表明各景观在区域均衡化分布，景观的主导度和优势度下降，而 SHEI 不断接近1，表明区域景观多样性增加，各种景观更为均匀分布。

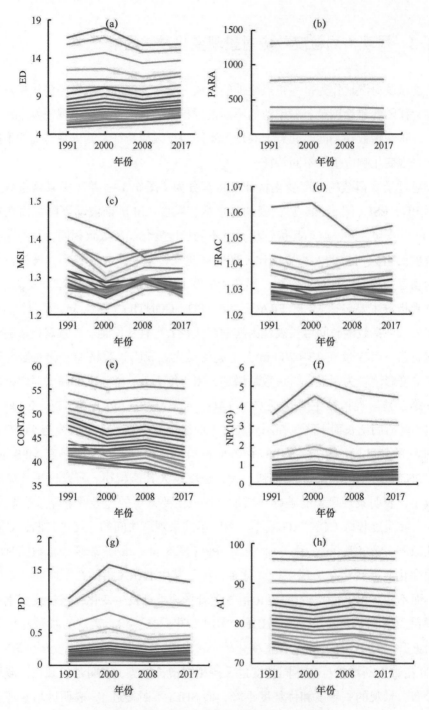

图 5.3　景观水平上空间粒度随时间变化曲线

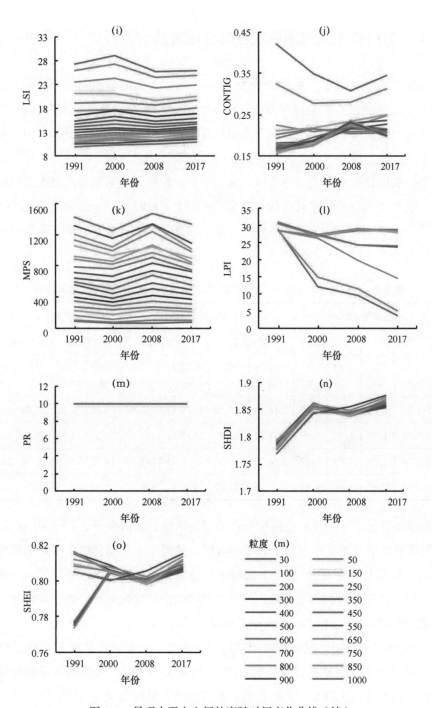

图 5.3　景观水平上空间粒度随时间变化曲线（续）

5.1.4 自然和人工湿地景观格局粒度效应对景观变化过程的响应

盐城滨海湿地景观类型可细分为 10 种，根据人类活动影响和干扰可分为自然和人工湿地。自然湿地遍布滩涂、芦苇、碱蓬和互花米草，受人为影响较小，而人工湿地在向海扩张中主要表现为围垦养殖，鱼塘、干塘、盐田和农田为主要利用形式，在盐城响水、滨海和射阳县的沿海地区围垦区域密集分布。鉴于地类的复杂，故以自然和人工湿地来探究类型水平上粒度效应对区域景观改变过程的反应。选取了景观指数中具有代表意义的 FRAC、MPS、AI，分别反映 1991 年、2000 年、2008 年和 2017 年自然和人工湿地的景观面积 - 边缘、形状和聚集度变化情况（表 5.5）。

表 5.5　1991—2017 年不同空间粒度的自然和人工湿地景观指数变异特征

年份	分维数 FRAC				平均斑块面积 MPS				聚集度 AI			
	自然湿地		人工湿地		自然湿地		人工湿地		自然湿地		人工湿地	
	平均值	CV（%）	平均值	CV（%）	平均值 /（hm²）	CV（%）	平均值 /（hm²）	CV（%）	平均值	CV（%）	平均值	CV（%）
1991	1.04	1.60	1.04	1.60	1611.64	167.98	1635.53	166.94	70.16	34.32	70.06	34.41
2000	1.04	1.47	1.04	1.49	1633.17	186.70	1625.51	187.23	70.37	30.62	70.02	31.51
2008	1.04	1.29	1.04	1.28	1278.53	146.37	1298.14	145.19	74.73	22.29	74.72	22.15
2017	1.04	1.69	1.04	1.68	1116.35	125.97	1169.72	128.32	73.97	23.89	73.70	23.84

FRAC 可体现不同景观或斑块形状的复杂情况，其值介于 1 ~ 2，FRAC 趋近 1 表明景观类型的斑块形态趋于简单和规则，趋近于 2 表明其斑块不规则和更复杂化，一般其上限为 1.5。盐城滨海湿地自然和人工湿地分维数差异较小，表明粒度不断变化下自然和人工湿地内的景观斑块的形状变化较小，趋于规整化。变异系数 1991 年相等，但都较低，而后降低。

MPS 体现了不同景观类型斑块的面积变化大小，盐城自然和人工湿地 MPS 都处于下降状态，分别缩减了 495.29 hm² 和 465.81 hm²，自然湿地平均斑块面积下降幅度大于人工湿地，表明自然和人工湿地完整的斑块被割裂，自然湿地的破碎程度更高。人工湿地平均斑块面积在不同年份均大于自然湿地。自然和人工湿地 MPS 的变异系数对粒度增长的反应处于极高度敏感状态，系数先增加后下降。

AI 体现了景观类型斑块内的集聚性，值越大反映了区域景观内各斑块的连接较好，斑块较大，更为简单和规则；而值越小反映了区域景观内部斑块更为破碎和不规则，斑块较小，离散布局。自然和人工湿地聚集度呈现上升状态，表明盐城滨海湿地景观的连通性上升，斑块聚集度提高，特别是近 20 年来对核心区未进行任何开发利用活动，缓冲区和试验区保护取得一定成效。滨海湿地滩涂上芦苇、互花米草和碱蓬密集分布，形成天然的防护带，而人工湿地在围填海和围垦养殖驱动下，小斑块更趋于集聚，自然湿地聚集度在各年份均大于人工湿地。自然和人工湿地对粒度变化反应处于中度敏感状态，1991—2008 年反应程度下降，2008—2017 年自然湿地对粒度反应稍大于人工湿地。

5.1.5 盐城滨海湿地景观格局最佳适宜分析粒度选取

通过公式 5–1 计算得到 1991 年和 2017 年盐城滨海湿地景观格局在不同粒度下的景观面积差异指数，也即得到景观在不同粒度下的信息损失程度。在对景观栅格数据进行从 50 m 粒度大小到 1000 m 粒度大小的重采样过程中，景观斑块位置、邻近区域斑块、周长、面积等相关属性都有一定的变化，这也导致了不同粒度效应下的景观格局出现差异，所以对不同粒度下的景观面积变化精度进行分析，寻求最小的景观斑块信息损失的粒度值。

计算盐城滨海湿地研究期始末的两期景观数据，得到不同粒度下的景观面积变化精度曲线图（图 5.4）。可以发现，随着粒度增长，面积变化精度呈现波动起伏状态，1991 年面积变化精度存在两个高峰值点，即 650 m 和 800 m，表明在这两处景观信息损失最大，而在 30～100 m 面积变化精度较小。2017 年面积变化精度曲线起伏较小，在 650 m 景观信息损失最大，在 30～250 m 景观信息损失较小。两期面积变化精度曲线表明研究区最佳分析粒度处于 30～100 m，而比较 3 0 m（1991 年为 0.39%，2017 年为 0.07%）、50 m（1991 年为 0.72%，2017 年为 0.11%）、100 m（1991 年为 0.47%，2017 年为 0.24%）的面积变化精度值以及前文对各景观指数的粒度效应研究可知，盐城滨海湿地景观格局最佳分析粒度为 30 m，这既能提高计算的准确性，又保证了景观信息的完整性。

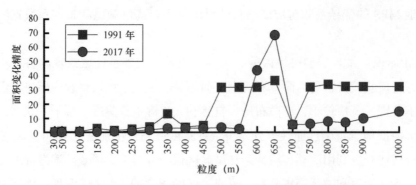

图 5.4　1991 年、2017 年不同粒度下景观面积变化精度

5.1.6　讨论

文章基于盐城滨海湿地 1991 年、2000 年、2008 年和 2017 年景观数据，从景观指数的类型和景观水平出发，以 20 m、50 m、100 m 为粒度间隔，从 30~1000 m 的不同粒度分析了盐城滨海湿地景观粒度效应、景观粒度对景观变化过程的响应及景观格局最佳分析粒度选取。

5.1.6.1　景观指数对不同粒度的反应敏感性

本文主要选择了共 27 个常用的景观指数，包括类型水平 12 个，景观水平 15 个，其中对不同粒度反应具有极高敏感的有 6 个，对不同粒度反应具有高度敏感的有 2 个，对不同粒度反应具有中度敏感的有 11 个，对不同粒度反应具有低度敏感的有 4 个，对不同粒度反应不敏感的有 4 个。该研究与陈雅如等[196]，Teng 等[314] 分析结论相似。综合来看，面积 - 边缘指数所属的 LPI、ED、MPS，形状指数的 MSI、PARA、CONTIG 对不同粒度的反应更为敏感。聚集度指数 NP、PD、AI、CONTAG、LSI 对粒度变化存在一定差异。多样性指数的 PR、SHDI、SHEI 对粒度反应程度低，其中 PR 对粒度变化没有反应。文章在粒度从 50 m 到 2000 m 推移过程中，景观类型斑块也在发生变化。景观粒度上升，包括某一种或某几种的景观类型的栅格开始扩大，景观类型的斑块边缘和形状发生改变，直接作用在景观斑块的周长和平均斑块面积上。此外，斑块的数量、密度、聚集度等聚集性指数也发生相应的改变。表征多样性的 PR、SHDI、SHEI 指数中，PR 值由区域的固定景观类型组成而未发生变化，SHDI、SHEI 趋近与 1，表明区域优势景观较少，景观较均匀化分布，景观异质性突出。因此基于这些景观分析所得出的粒度效应关系也具有一定的普遍性和相似性。

5.1.6.2　粒度效应下的景观指数变化

通过观察不同粒度下的景观指数变化曲线，将其划分为 6 种变化类型：第 1 类缓慢下降型，曲线连接平滑，粒度在 30～350 m 下降幅度较大，包括 ED、FRAC、CONTAG、AI、LSI。第 2 类先快速下降而后缓慢下降型，30～100 m 下降幅度最大，曲线在 250 m 以后更为平滑，该类指数主要包括 PARA、NP、PD。第 3 类上升型，30～150 m 上升幅度较小，150～1000 m 增长较快，该类指数为 MPS。第 4 类波动下降型，粒度连接曲折不平滑，如 MSI、CONTIG 指数。第 5 类上下起伏型，即 LPI 指数。第 6 类平稳型，无明显的上升或减缓趋势，如 PR、SHDI、SHEI。该研究结果与陈雅如等[196]研究结果有微小差异，鉴于陈雅如等[196]对研究区采样的栅格大小以 30 m、50 m 和 100 m 方式，与本文采样的 30 m、50 m、100 m、150 m、200 m、250 m、300 m、350 m、400 m、450 m、500 m、550 m、600 m、650 m、700 m、750 m、800 m、850 m、900 m、1000 m 栅格存在差异，故景观指数对不同粒度响应与采样栅格大小存在密切联系。相对于前人的研究，文章扩大了景观粒度分析的尺度范围，更能客观准确地分析景观指数对粒度变化的响应，可为景观格局分析时指数选择、结果分析，以及进行空间尺度推导提供参考。

类型水平的景观指数中，海水的 ED 曲线下降速度先快后慢，潮滩、农田、干塘、芦苇地、碱蓬地、互花米草的 ED 曲线都在缓慢下降，建设用地与鱼塘呈上下波动状态，盐田表现平稳。除盐田的 PARA 曲线在粒度 250 m 处为最低值外，其他景观的 PARA 曲线先快速下降而后缓慢下降。所有景观类型的 MSI、CONTIG 曲线变化相似，都处于波动状态。NP、PD、LSI 曲线变化相似，除盐田、建设用地为平稳曲线外，其他 8 种景观曲线先快速下降而后减缓。AI 与 MPS 随粒度变化曲线变化相反，LPI、FRAC 与 CA 曲线呈现平稳直线趋势。

5.1.6.3　景观指数的不同粒度效应变化

根据景观粒度变化曲线，可将其分为 4 种类型：第 1 类波动上升型，不同粒度变化趋势大致相同，主要包括 ED、PARA、LSI，其景观形态趋于复杂。第 2 类波动起伏型，粒度保持相似趋势，其粒度在 30～100 m 最为明显，包括 MSI、FRAC、NP、PD、CONTIG，斑块数量增加，密集度上升，邻近度下降。第 3 类单调下降型，包括 CONTAG、AI、MPS、LPI，平均斑块面积减小，景观斑块的破碎化增加，区域主要景观的优势度下降，不同景观斑块间的连接被打断，景观整体性减弱。第 4 类单调上升型，各粒度上的景观指数无差异，主要为 PR、SHDI、SHEI。各景观在区域均衡化分布，景观的主导度和优势度下降，景观多样性增加，景观趋于均匀分布。综上，形状、聚集度、面积－边缘指数对粒度响应更为剧烈，而多样性指数在 30～1000 m 粒度增长过程中无差异变化，即不受粒度影响。在 1991—2017 年，盐城滨海湿地景观在较高强度的开发利用下，景观趋于破碎化和复杂化，内部连通性减弱，优势景观面积缩小，小斑块集聚分布。

5.1.6.4　自然和人工湿地粒度效应对景观变化的响应

盐城滨海湿地中自然和人工湿地在 1991—2017 年，分维数 FRAC 变化较小，MPS 下降，AI 指数增加，总体上自然湿地对粒度效应的反应敏感度大于人工湿地。自然和人工湿地内的景观斑块的形状变化较小，但斑块趋于破碎，且自然湿地 MPS 降幅大于人工湿地，聚集度增加，表明盐城滨海湿地景观的连通性上升，斑块聚集度提高，随着盐城滨海湿地保护力度上升，如建立的核心区、缓冲区和试验区、各种滨海湿地公园的建立和保护机构的成立，对盐城自然湿地保护起到关键作用。而人工湿地在盐城沿海地区围填海、围垦养殖作用下，鱼塘、盐田、农田和干塘斑块更趋于小斑块集聚。对比自然和人工湿地面积，也可发现自然湿地在人为影响下面积减少，人工湿地面积趋于快速上升，区域景观 MPS 下降，斑块破碎，这也与左平[17]等、刘力维[184]等研究结论相同。

5.1.6.5　景观最佳适宜分析粒度选取

根据 1991 年和 2017 年两期面积变化精度曲线表明研究区最佳分析粒度处于 30～100 m，而 30 m 粒度处的景观指数对不同粒度变化反应更为剧烈，以及 30 m 粒度的景观信息损失最小，故盐城滨海湿地景观格局最佳分析粒度为 30 m。该研究结果与陈雅如等[196]选取的 30～60 m、张皓玮等[320]选取的 60 m 研究结论类似，与孙贤斌[324]对盐城滨海湿地尺度最佳为 200 m 有差异，因为后者只选取了 FRAC 和 PARA 两个指标,而本文指标选取了 27 个,并分析了不同粒度下的景观信息损失情况得到最佳分析粒度值,更能体现研究分析的准确性和信息的完整性。

粒度效应研究是景观分析的基本前提,研究区不同粒度下景观格局存在较大的差异,这也对景观信息获取有一定影响,故选取更为合适的粒度对于研究区域景观格局有重要意义,既能有效获取景观信息数据,又能简化景观数据,使得数据不冗杂。本文分析了景观格局指数在不同粒度下的反应程度、景观指数粒度效应对景观变化的响应及探索其最佳粒度。这些结果对于复杂的景观格局粒度分析和选取有一定的参考意义。当然,粒度效应不止局限于对景观格局的分析,景观作用于和服务于生态系统,故粒度效应更应该体现在生态系统研究中,从而加强粒度与生态过程的响应研究[197, 327]。

5.2 基于 CA-Markov 模型盐城滨海湿地景观模拟与分析

在快速城镇化背景下,人们越来越深刻地认识到可能影响生态系统面临风险因素的相互作用,如城市化、工业化、全球气候变化、土地利用变化、景观变化等[289, 318]。其中景观是区域生态系统的直接表现,各个景观类型、斑块等反映了生态系统的某个种群、群落等的结构或状态,景观变化能直接或者间接作用在区域的生态环境系统上,通过景观变化的积累和推移,从而从正向或负向影响区域生态系统的稳定性[328, 329]。故景观的动态变化对评价区域生态系统、反映全球和地区生态环境具有重要指示意义,这也成为国内外专家对区域生态环境研究的重点[329, 330]。结合区域景观地表覆盖特征,考虑对景观影响较大的内在、外在影响因素,并综合不同的区域发展情景,模拟得到区域未来景观格局,分析在不同情景下的景观变化,为区域生态环境保护政策制定、区域景观合理利用提供理论与决策指导。

当前国内外对于模拟研究已趋于成熟,模拟研究常用的模型集中为 CLUE、CLUE–S、Markov、CA、SD 系统动力学、SLEUTH、GeoSOS 理论等[106, 331, 332]。如 Silva 和 Clarke 等[333, 334]借助 SLEUTH 模型模拟了欧洲城市和美国旧金山湾地区城市扩张情形。黎夏等[105]提出 GeoSOS 理论,将地理过程模拟预测和空间

优化进行了耦合，为此类研究提供了有利的工具。CA-Markov 模型结合 CA 空间模拟和 Markov 的时间序列模拟的特点，被广泛应用于模拟实验中，具有易于操作性、实用性[335]。当前 CA-Markov 模型广泛应用于模拟城市扩张、人口和疾病扩散、火灾范围、土地利用变化、景观变化等[336-338]。Wu 和 Webster[339] 将多准则评估（MCE）集成到 CA 中，模拟得到广州城市用地。岳东霞等[340] 利用 CA-Markov 模型模拟得到流域未来土地利用图像，并模拟了生态承载力的时空变化。胡碧松和张涵玥[341] 借助 CA-Markov 模型，在 Logistic 回归下得到各因子的驱动力大小，成功模拟了鄱阳湖 2025 年土地利用状况。当前运用 CA-Markov 模型研究多集中在受人类活动干扰强度剧烈的城市地域[342]，主要模拟在经济活动干扰下的区域土地利用变化[107, 344]，而对于受人类活动干扰有限且生态环境极为脆弱的滨海湿地研究较少。由于当前土地利用变化模拟的兴起[343]，景观作为生态系统的重要组成部分，模拟景观的动态变化也因此对滨海湿地保护有着重要的实践指导意义。

盐城滨海湿地作为江苏省重点保护湿地，保护政策和规划制定已经较为齐全，核心区、缓冲区和试验区的划定保护，更有利于滨海湿地的合理开发与保护。但江苏省作为海洋经济的强省，海洋开发强度依旧较大，主要表现在大丰区和东台市的港口和渔业区，以及北部响水县和滨海县鱼塘围垦区，这些经济驱动下的人工湿地与生态保护下自然湿地的动态关系需要进一步分析和探讨。模拟未来不同情景下的盐城滨海湿地景观变化，了解自然湿地与人工湿地在未来情景下的时空变化，对于合理制定盐城滨海湿地保护与开发政策、维持滨海湿地生态系统稳定发展，促进滨海湿地与当地人类社会和谐发展提供理论与决策依据。

5.2.1　CA-Markov 模型介绍

5.2.1.1　基本原理

CA-Markov 模型融合元胞自动机（CA）模型的空间模拟优势与马尔可夫 Markov 模型的时间模拟优势，从而在从空间上模拟得到某一事件在某一时刻出现的概率。其中 CA 模型是时空和状态都呈离散、不连续的动态模拟模型，可以用较为简单的局部规则来解决复杂烦琐的系统[344]。表达式为：

$$S_{(t+1)} = f[S_{(t)},\ N] \tag{5-2}$$

式 5–2：S 为元胞的状态集合；N 为其领域范围；t 为起始时间；$t+1$ 为结束时间；f 为元胞状态的转换规则。

Markov 模型主要是了解某一种时间状态转移到其他时间状态下的发展趋势，并利用这种变化趋势来预测未来的发展情况，常被广泛应用于土地利用的模拟。Markov 模型模拟土地利用的关键在于确定模拟在 m 时间上的转换概率 Pij，公式为：

$$
\begin{bmatrix}
P_{11} & P_{12} & \cdots & P_{1n} \\
P_{21} & P_{22} & \cdots & P_{2n} \\
\vdots & \vdots & \vdots & \vdots \\
P_{m1} & P_{m2} & \cdots & P_{mn}
\end{bmatrix} \tag{5-3}
$$

以此得到 Markov 模型土地利用预测公式：

$$S^{(k+1)} = S^k P = S^{(o)} P_{(k+1)} \tag{5-4}$$

式 5–4：$S^{(k+1)}$ 为某土地利用在 $t = k+1$ 的预测结果，$S^{(o)}$ 为开始时某土地利用的面积，S^k 为某类型在 $t=k$ 的预测结果，P_{ij} 为类型 i 转为 j 类型的概率[344]。

5.2.1.2　基本设置

文章对盐城滨海湿地景观模拟主要借助 IDRISI17.0 软件中的 CA-Markov 功能实现，而在实现其模拟之前，需要对软件运行、图像数据等进行基本的设置与处理，基本的设置如下。

1）统一投影坐标系

为了实现模拟和便于处理数据，文章主要采用 WGS_1984_UTM_Zone_50N 投影，对影响景观数据的道路、城镇、河流等数据进行统一投影。

2）统一研究区边界

模拟需要完全一致的研究区边界，故文章采用 ArcGIS10.5 中的栅格计算器计算研究区始末的两期景观数据，求它们的交集来得到一个边界，并以此来作为一个固定边界带，对各期景观图层、影响因素图层进行掩膜提取，得到一致的范围图层。通过要素转栅格得到各图层的栅格图件，并转为 ASCII。

3）统一元胞大小

根据第 5 章中就最优粒度的探讨，选取 30 m×30 m 元胞，即研究区栅

格单元为 30 m。元胞邻域选取默认值，即 55 的滤波器，也表明单个元胞在 150 m × 150 m 空间内对元胞变化会有明显的影响。

4）重分类景观图像

景观影像的重分类是在 IDRISI 软件各模块运行的前提，因为在 ArcGIS 导出为 ASCII 过程中，属性中将很多空值自动赋予了 –9999 值，这对于其他步骤会产生错误影响。故在运行其他模块之前，需要进行重分类（Reclass），景观类型的重分类主要是将 –9999 归为 0 值，其他景观类型代码延续。而在重分类禁止性因素时，需要颠倒属性值，即 1 变为 0，0 变为 1 值。详细分类步骤为：GIS Analysis → Database query → Reclass，具体设置见图 5.5。

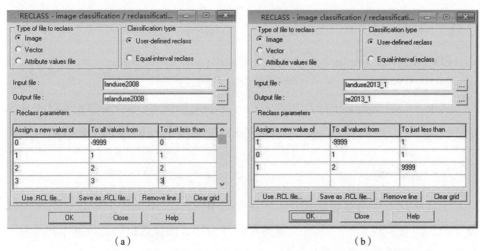

图 5.5　重分类操作模块（a 和 b 分别为景观类型和禁止性因子重分类）

5）转移概率矩阵

文章选取的时间段分别为 1991 年、2000 年、2004 年、2008 年、2013 年和 2017 年，基于 2008 年与 2013 年的图像来模拟 2017 年的图像分布。前人的研究结果中，大多时间间隔设置上都是相等的，即各图像时间段间隔一致或者呈倍数增长。而本文 2008 年与 2013 年、2013 年与 2017 年之间的间隔存在 1 年差异，即以 2008 年和 2013 年 5 年间隔期，来预测 2013 年和 2017 年 4 年的间隔期。但在 IDRISI 软件中的 Markov 模块中，设置了前一时间段间隔及将要预测的时间段间隔，这也表明模拟的间隔即迭代次数可以存在差异。Markov 模型作为模拟时间序列的重要模型，基于图像两者的转换概率，可有效预测得到下一时间段的数量和状态。故在 Markov 模块中，得到 2008 年和 2013 年的转移概率图像与矩阵，以此概率图集作为模拟转换过程的概率预测计算机制（图 5.6）。在该模块下得到 2013 年和 2017 年的转移矩阵，并以此作为预测 2021 年和 2025 年的转换概率矩阵。

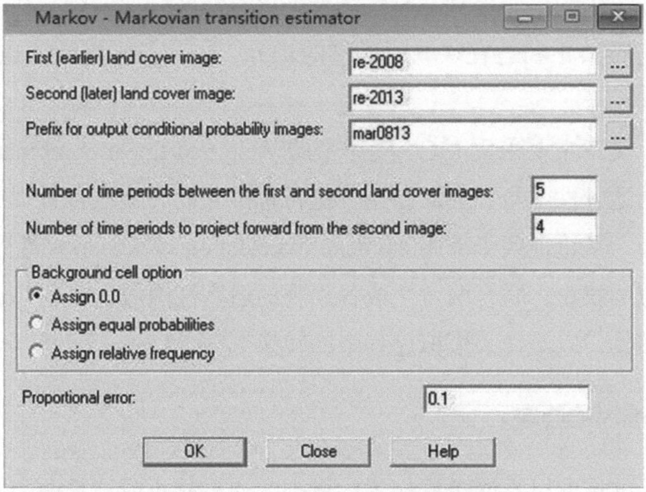

图 5.6　Markov 转移矩阵计算模块

5.2.2　盐城滨海湿地景观转变适宜性评价

5.2.2.1　适宜性模块介绍

IDRISI 软件中可得到景观转变适宜性图集的模块主要有 LOGISTICREG 和 MCE 模块。其中 LOGISTICREG 模块通过各景观类型与影响因素联合，借助 logisticregression 生成各景观类型的适宜性概率图像，并得到相关回归参数。但各影响因素对景观类型的作用大小没有提前进行确定和讨论，故生成的适宜性图集只是各影响因素的作用表现形式，缺乏有效影响力的讨论。MCE 模块主要包括 3 个评价方法，包括 Boolean intersection、Ordered weighted average、Weighted linear combination 模型，这是 3 个不同的评价准则，这也表明 MCE 模型集合多个评价准则和评价标准，可有效适宜于景观类型适宜性概率评价。Boolean intersection 方法是对各条件的图像进行标准化为布尔值和重分类，且分为禁止和适宜两类，分别用 0 和 1 来表示，从而生成各地类适宜性图集，但这种方法只考虑了适宜和禁止两种比较绝对的地域，而没有对可达性因素进行分析。Ordered weighted average 方法有效控制影响因子的顺序，以及赋予相应的权重值。Weighted linear combination 方法在对各影响因素进行标准化后，按相应的权重进行组合，结合布尔约束，得到适宜性图像，该方法联合前两种方法的优势，既包括对研究区进行禁止和适宜区域或条件的划分，也对各影响因子进行有序分析，效果较好。

鉴于此，文章主要采用 MCE 模型中的 Weighted linear combination 方法生成区域各景观的适宜性图集，在对各条件进行标准化后，选取各景观的禁止性因子和适宜性因子，禁止性因子采用 Boolean intersection 方法，适宜性因子采用 AHP 方法赋予相应的权重，联合两者生成各景观的适宜性图像，并在 Collection Editor 模块下生成图集，以此作为模拟过程中的转换规则。

5.2.2.2 影响因子选取

影响因子的选取以不同条件作为约束力，通过禁止或适宜两类不同的决策模拟景观。盐城滨海湿地作为江苏省重点保护对象，特别是在生态文明高度建设的当前，针对滨海湿地的保护规划与政策陆续出台，盐城滨海湿地核心区、试验区、缓冲区建设正在实施中，不同区域景观变化具有差异性，景观变化必须考虑到对农田、植被、水域等生态用地的保护。此外，岸线不同岸段如北部的侵蚀区和南部的淤积区，也对景观变化产生一定影响。人类活动如道路和城镇建设等对附近景观变化的正负作用需要讨论。最后，各地类景观的相互影响，人工湿地与自然湿地的转换作用也需要考虑。

盐城滨海湿地的 DEM 数据显示最高海拔约 79 m，都处于低平原区域，高程与坡度对景观变化影响较小；南北气候具有一定的差异性，但并不显著，故也没有考虑。盐城滨海湿地景观变化较为复杂，更多受到人为外界干扰，故影响因子选取侧重于人为活动，主要选取可达性因子，包括道路、城镇和河流（图 5.7）。此外，考虑对生态用地的保护，设定盐田、鱼塘、干塘、建设用地等人工湿地禁止向互花米草、芦苇地碱蓬地转换，各景观禁止转换类型不一。由于盐城滨海湿地核心区禁止一切人类活动和外界干扰，故把核心区提取出来作为一个禁止转换区加入条件。鉴于限制性因子较多，故不一一展示。

以上提到的适宜性因子（主要为可达性因子，包括道路、城镇和河流）对研究区 10 种景观类型（海水、潮滩、盐田、农田、鱼塘、干塘、建设用地、芦苇地、碱蓬地和互花米草）的作用具有差异性，故对生成的 10 种景观类型适宜性图像分别进行分析。如耕地景观，考虑对农田的保护，禁止向建设用地、鱼塘、干塘景观转换，河流对耕地影响呈正向作用，故以此生成适宜性图像。海水景观作为生态保护用地，在各类景观变化中都禁止转换，部分海水由于靠近盐田等，也会受到人类活动影响，故海水景观转换规则遵循转移概率图像，不施加其他因素。

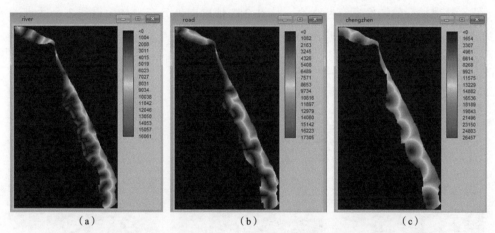

图 5.7　适宜性因子图像（a、b、c 分别为与河流、道路和城镇的距离）

5.2.2.3　适宜性因子标准化

禁止条件下的图像呈现 0 与 1 的两种分类，包括禁止转换区域和适宜转换区域。而适宜性因子图像呈现连续性和拉伸性，在被加入某景观适宜性图像前还需要进行标准化。标准化利用 IDRISI 软件里面的 FUZZY 板块操作，将图像拉伸，每个像元值在 0–255，数值越高表明适宜性越强。适宜性因子对景观类型影响包括正向和负向，且影响大小不一。在选取的 3 个主要适宜性因子中，其标准化条件设置主要为：①区域的主要道路如国道、省道、市道等，道路形态和分布有其政策和使用的延续性，变化较小，稳定性强，道路对于建设用地、盐田、鱼塘等呈现负向作用，即递减曲线，以 150 m 和 300 m 作为期间间隔，150 m 内和 300 m 外影响小，150～300 m 间转换的适宜性随着距离增大而下降。对于海水、潮滩、芦苇地、碱蓬地和互花米草等自然湿地呈现正向作用，期间保持一致，但在 150～300 m 间转换的适宜性随着距离增大而上升。②城镇作为建设用地的中心，对于建设用地有着极大的辐射带动作用，也即城镇和建设用地呈负相关，以 150 m 和 500 m 作为期间间隔，150 m 内和 500 m 外影响小，而 150～500 m 间转换的适宜性随着距离增大而下降。和自然湿地呈正相关，在 150～500 m 间转换的适宜性随着距离增大而上升。③河流作为水域补给，和建设用地、鱼塘等景观有着重要作用，主要呈负相关，50 m 和 200 m 作为临界点，小于 50 m 和大于 200 m 外影响效果不明显，50～200 m 内随距离外移而适宜性降低。基于此，赋予各景观类型的转换适宜性大小，从 0–255 依次向外分布，从而得到 3 个适宜性因子对不同地类的图像，并作为下一步合并的条件加入景观适宜性图像的制作中（图 5.8）。

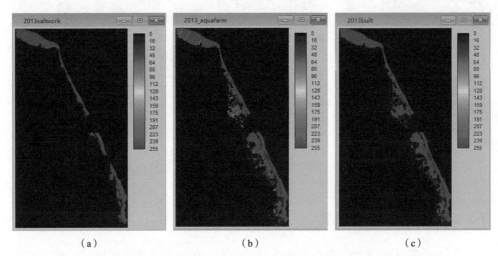

图 5.8　主要景观适宜性转换图像（a、b、c 分别为盐田、鱼塘和建设用地）

5.2.2.4　景观适宜性图集制作与生成

景观适宜性图集是 CA 模型模拟的核心，是模拟过程中的转换规则。根据 IDRISI 软件中 MCE 模型制作各景观类型的适宜性图像，以此作为模拟中的转换标准和规则，模拟确定某一时间上的元胞状态。在 MCE 模型利用 Weighted linear combination 方法加载各个景观类型的禁止性条件图像和适宜性图像，利用 AHP 方法赋予相应的权重，最后生成某地类的生态学图像。

在前面影响因子选取中提到的农田与海水的图像条件，盐城滨海湿地 10 种景观类型中，潮滩作为靠近海水的最外缘，是围垦和养殖的集中区，也是重要的生态保护区，其转换遵循自身的转移概率矩阵。盐田、鱼塘、干塘和建设用地，作为主要的人工湿地区，道路、河流、城镇作为适宜性因子需要加载，考虑对生态保护政策响应，禁止性因子中包括禁止向芦苇地、碱蓬地和互花米草地转换，禁止向核心区转换，禁止向河流水域转换，禁止向基本农田转换等。而芦苇、碱蓬和互花米草作为生态保护区重要的景观类型，其发展遵循自身转移规律，不施加影响约束因子。最后，得到各地类的转换适宜性图像，利用 Collection Editor 工具按景观类型的顺序合并生成一个统一的适宜性图集，保存格式为 rgf。

5.2.2.5　景观模拟结果

文章利用 IDRISI 软件对景观模拟的完整步骤为：以 2013 年景观图像作为预测初始年份，利用 2008 年和 2013 年图像的 Markov 矩阵作为转换概率，以各禁止性条件和适宜性条件生成各地类适宜性图像并将合并的适宜性图集作为转换标准和规则，在以 4 年作为转换间隔，运行 CA-Markov 模块得到 2017 年景观类型图，并与真实的 2017 年图像进行精度验证。这就是该模拟的总体思路和基本程序，基于前面的操作，得到研究区预测的 2017 年景观类型图像。

5.2.3　基于 CA-Markov 模型的滨海湿地景观模拟

5.2.3.1　景观模拟结果检验

根据 *Kappa* 指数对模拟的 2017 年盐城滨海湿地景观分布图与现有的 2017 年景观类型分布图进行一致性检验，若 *Kappa* > 0.75，表明模拟效果好；若 0.4 < *Kappa* ⩽ 0.75，表明该预测结果一般；若 *Kappa* ⩽ 0.4，则表明预测可信度低[66–68]。

$$\begin{cases} Kappa = \dfrac{P_o - P_c}{P_p - P_c} \\ P_o = \dfrac{n_1}{n} \quad P_c = \dfrac{1}{N} \end{cases} \tag{5-5}$$

式中：Po 为预测正确栅格的比率；Pc 为预测图像正确栅格比率的期待值；Pp 值一般取 1，为预测理想值，n 为图像栅格数，n_1 为预测栅格的正确数量，N 为景观类型。

利用 IDRISI 软件中的 CROSSTAB 模块做 Kappa 指数检验，并根据实际与模拟面积比较得到预测误差（图 5.9 和表 5.6），可以发现：文章对盐城滨海湿地结果模拟的精度值高，到达 0.9562，一致性图像检验高，选用的约束因子和禁止条件可被用于 2021 年和 2025 年的模拟过程。在湿地实际与模拟的面积比较中，建设用地模拟误差最小，仅为 2.14%，干塘和碱蓬地景观的模拟误差相对较大，分别为 23.45% 和 20.67%，除干塘和碱蓬地外，其他景观模拟误差值都小于 10%，该结果误差值相对于肖蕾[346]的研究误差值较小，表明误差可被接受。

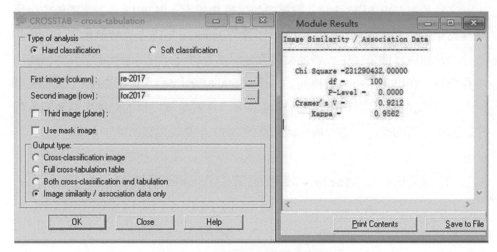

图 5.9　精度验证模块和结果图

表 5.6　研究区 2017 年预测结果误差比较

景观类型	实际 2017 年面积（km²）	模拟 2017 年面积（km²）	误差（%）
海水	236.82	228.10	3.68
潮滩	460.36	478.67	3.98
盐田	141.52	148.82	5.16
农田	1133.37	1084.82	4.28

景观类型	实际 2017 年面积（km²）	模拟 2017 年面积（km²）	误差（%）
鱼塘	856.96	916.39	6.93
干塘	171.95	131.63	23.45
建设用地	70.40	68.89	2.14
芦苇地	132.01	123.64	6.34
碱蓬地	43.28	52.22	20.67
互花米草	155.83	169.30	8.65

5.2.3.2 不同情景景观模拟

文章根据盐城滨海湿地当前的现状和政府政策规划要求，假设了三个不同情景，主要为现状利用情景、自然发展情景和生态保护情景，三种情景下的适宜性图集、转移概率矩阵在不同情景下发生相应的变化。

（1）现状利用情景。文章在一致性检验合格下的景观模拟，选取的约束条件和禁止因子考虑了研究区历史和现状条件下的景观变化，故该结果模拟继续运行，保持 4 年的迭代间隔，得到 2021 年和 2025 年研究区景观模拟图像。该模拟更趋于研究区真实的景观数据，模拟遵循现状条件和基本约束因子，可称为现状利用情景模拟。即以 2013 年与 2017 年转移矩阵为转换概率，以 2017 年适宜性因子如道路、河流、城镇及相关禁止性条件作为转换规则，从而得到现状利用情景下的 2021 年和 2025 年景观图像。

（2）自然发展情景。自然发展情景下盐城滨海湿地景观转换需求主要是参照 2013—2017 年景观转换概率，景观之间发生变化遵循 2013—2017 年各景观转换规律和规则，景观变化不考虑当前及未来的人类干扰活动、社会经济和政策等因素，因为在真实 2013—2017 年各景观解译图像转换中，景观也在转换中反映了当前的人类活动、社会经济等干扰力，在这个干扰力作用下才形成 2013—2017 年真实转移概率图像和矩阵。故自然发展情景遵循该概率和规则，保持景观类型间转换概率不变，以 4 年作为迭代期，适宜性图集也以 2013—2017 年转换的转移概率图像，从而预测得到自然发展情景下的 2021 年和 2025 年景观图像（图 5.10）。

```
mar1317transition_probabilities - 记事本
文件(F)  编辑(E)  格式(O)  查看(V)  帮助(H)
Given :   Probability of changing to :

          Cl. 1  Cl. 2  Cl. 3  Cl. 4  Cl. 5  Cl. 6  Cl. 7  Cl. 8  Cl. 9 Cl. 10

Class 1 : 0.8604 0.0532 0.0000 0.0002 0.0509 0.0021 0.0000 0.0048 0.0097 0.0186
Class 2 : 0.0016 0.7755 0.0000 0.0000 0.0352 0.1080 0.0000 0.0078 0.0101 0.0618
Class 3 : 0.0000 0.0000 0.8319 0.0000 0.0000 0.1667 0.0001 0.0000 0.0000 0.0012
Class 4 : 0.0001 0.0000 0.0000 0.8903 0.0500 0.0548 0.0000 0.0004 0.0043 0.0001
Class 5 : 0.0001 0.0002 0.0000 0.0003 0.8739 0.1083 0.0001 0.0065 0.0066 0.0041
Class 6 : 0.0003 0.0002 0.0000 0.0002 0.2075 0.7611 0.0001 0.0110 0.0029 0.0168
Class 7 : 0.0000 0.0006 0.0000 0.0000 0.0048 0.0048 0.8958 0.0000 0.0751 0.0232
Class 8 : 0.0005 0.0002 0.0000 0.0012 0.0323 0.0008 0.8658 0.0570 0.0422
Class 9 : 0.0008 0.0008 0.0000 0.0002 0.1604 0.0700 0.0075 0.0052 0.6746 0.0805
Class 10 : 0.0011 0.0012 0.0000 0.0000 0.0733 0.0830 0.0003 0.0014 0.0048 0.8348
```

图 5.10　自然发展情景转换概率矩阵

（3）生态保护情景。盐城滨海湿地作为中国乃至世界的重要湿地组成部分，在生态文明建设背景下，江苏省和盐城市相继颁布和出台了大量关于盐城滨海湿地保护的政策法规，及制定了滨海湿地保护规划方案。在此背景下，对盐城滨海湿地生态保护已是当前和未来不变的发展方向。生态保护情景下的盐城滨海湿地景观模拟，主要考虑对 2013—2017 年转移概率矩阵做一些改变，适宜性图集保持不变。而在转换矩阵中，减少自然湿地的转出，特别是向人工湿地的转换，因此在转移过程中，自然湿地转为建设用地的转换面积都降为 0（图 5.11）。海水向鱼塘转换减少了 10 000 hm^2，干塘缩减 557 hm^2，潮滩向鱼塘和干塘分别减小转换了 10000 hm^2 和 50 000 hm^2，农田转出鱼塘和干塘缩减了 60 000 hm^2，芦苇向鱼塘和干塘减小转换了 177 hm^2 和 4200 hm^2，碱蓬向鱼塘和干塘减小转换了 7000 hm^2 和 3000 hm^2，互花米草向鱼塘和干塘减小转换了 10000 hm^2 和 12 000 hm^2。基于缩减转换得到的转移面积矩阵，辅之以适宜性图集，得到生态保护情景下的 2021 年和 2025 年景观图像。

```
Cells in :   Expected to transition to :

             Cl. 1    Cl. 2    Cl. 3    Cl. 4    Cl. 5    Cl. 6    Cl. 7    Cl. 8    Cl. 9   Cl. 10

Class 1 :   225029    13916       0       55    13310      557        3     1263     2544     4857
Class 2 :      806   396543       1        7    17975    55222        7     3988     5173    31609
Class 3 :        0        4   130883       0        6    26221       18        0        2      189
Class 4 :      171        0       0  1121154    62993    69024       10      472     5398      101
Class 5 :       85      152       4      250   832141   103092       67     6178     6294     3934
Class 6 :       50       38       3       35    39611   145314       23     2094      552     3212
Class 7 :        0       44       0        0       44      377    70060        0     5871     1817
Class 8 :       67       28       0        0      177     4732      120   126861     8350     6189
Class 9 :       38       39       0       10     7699     3358      358      250    32383     3866
Class 10 :     188      209       0        0    12712    14391       54      238      831   144691
```

图 5.11　生态保护情景下景观模拟空间分布

5.2.4　盐城滨海湿地景观时空变化特征

5.2.4.1　景观组成结构变化特征

统计盐城滨海湿地景观面积（表5.7和图5.12）可以发现：鱼塘是盐城滨海湿地景观变化最大的景观类型，在经济因素驱动下的大面积围垦养殖，使得研究区鱼塘面积大幅增长。鱼塘在遥感影像上呈长条规则状分布，且范围不断扩张，1991—2017年间其面积上升了749 km²，2017年鱼塘面积相对于1991年增长了近6.94倍。1991—2017年潮滩面积下降幅度最大，减少了666.56 km²，因其是靠近海洋的最外缘景观类型，且自身资源丰富而备受关注，在陆地资源有限背景下，向海洋开发已成为重要的经济发展方式，潮滩面积大幅减少，也是在海洋开发热潮影响下的结果。人工湿地中农田、鱼塘、干塘、建设用地面积增长，这也表明人为干扰的影响程度在滨海湿地趋于上升，人类对景观的开发强度增大，而盐田面积下降，这主要与盐城市对盐田的开发政策相关，2012年盐城市支持相关企业对滩涂沿海的盐田进行深度开发，导致靠陆一侧的盐田将逐渐减少。自然湿地中潮滩、芦苇、碱蓬的生长区域被人工湿地侵占，受人类影响较大，面积减少，而入侵物种互花米草大面积蔓延，也对原有的湿地景观造成破坏。海水面积小幅上升，也表明区域需水量大，养殖需要引进海水，湿地植被的蓄水等对区域海水上升有一定促进作用。

表5.7　研究区景观面积变化　　　　　　　　　　　　　单位：km²

景观类型	1991年	2000年	2004年	2008年	2013年	2017年	变化量
海水	181.50	210.69	205.35	210.22	246.99	236.81	55.32
潮滩	1126.91	919.17	787.06	681.64	529.33	460.36	−666.56
盐田	365.26	362.46	303.55	233.83	153.09	141.52	−223.74
农田	856.57	1041.22	1099.70	1076.11	1145.66	1133.37	276.80
鱼塘	107.97	373.75	640.83	752.28	835.91	856.96	749.99
干塘	112.99	74.67	48.16	104.75	105.51	171.95	58.96
建设用地	0.35	6.04	5.10	21.54	70.37	70.40	70.05

续表

景观类型	1991 年	2000 年	2004 年	2008 年	2013 年	2017 年	变化量
芦苇	372.79	164.33	92.95	104.94	131.76	132.01	−240.78
碱蓬	272.01	104.34	74.51	80.24	46.12	43.28	−228.73
互花米草	6.14	145.82	145.28	136.94	137.75	155.83	149.69

注：变化量为 1991 年景观面积与 2017 年景观模拟面积差值

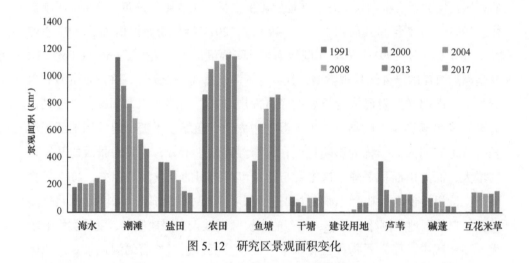

图 5.12　研究区景观面积变化

　　整理预测不同情景下的两期景观面积，现状利用情景下，2021—2025 年海水、潮滩和盐田面积在 4 年内变化较小，鱼塘和干塘变化最大。相对于 2017 年各景观面积，干塘面积快速上升，上升幅度为 56.37%。海水、潮滩面积保持下降趋势，盐田面积减小与当前政策相呼应，农田在鱼塘和干塘扩张下缩减，碱蓬和互花米草面积增长，芦苇和建设用地微缩。现状利用情景延续过去、当前和未来一段时间的政策和规划，生态保护、经济发展并行，也就解释了人工湿地中鱼塘、干塘的扩张，碱蓬和互花米草的增加，开发与保护相互存在。自然发展情景是在不考虑外界影响下的增长，即保持原来的景观转换规律，遵循当时的有一定持续性的外界影响作用。它与现状利用有所不同，它不用当前的各种条件约束。在此背景下，人工湿地中鱼塘、干塘面积增长，盐田和建设用地减少，海水和潮滩在人为利用下缩减，碱蓬和互花米草扩张。生态保护情景是在减小对人工湿地转换下，实现较大生态保护效果的增长，海水、潮滩相对于前两种情景缩减比例减小，鱼塘和干塘增长速度减缓，生态用地的芦苇、碱蓬、互花米草快速上升，建设用地下降幅度增大，盐田也快速下降。在生态保护情景下，滨海湿地中人工湿地与自然湿地矛盾趋于和缓，更容易促进湿地生态系统健康发展，维持生态系统平衡。

5.2.4.2 景观空间结构变化特征

利用转移矩阵来反映各景观间的主要转换方向、转换大小和速率，选取盐城滨海湿地 1991 年、2008 年和 2017 年三个实际景观图像，以及利用 2017 年与模拟得到的三个不同情景下的 2025 年图像作转移，从而反映盐城实际转换和模拟转换下的主要变化特征，以转移矩阵和选取主要的转换类型在空间上呈现来表达（表 5.8–表 5.11，图 5.13–图 5.14）。

1991—2008 年，碱蓬、芦苇和干塘景观发生转移概率最大，到达 94.28%、87.51% 和 88.59%，其他类型发生转换概率较低。潮滩转出面积最大，达到了 487.91 km^2，其次为芦苇和碱蓬，这也表明自然湿地受到人为干扰强度较大，在选取的 6 种主要转换类型中，5 种为自然转人工湿地。各个类型转换上，海水主要向农田转换，向其转进了 10.47 km^2，潮滩主要向鱼塘转换，向其转进了 216.56 km^2，主要发生在大丰区和东台市，其次为转为互花米草，转进了 116.80 km^2，在盐城滨海湿地射阳县以南地区沿海地区集中发生转换，潮滩的转换方向反映了 1991—2008 年对潮滩的主要利用方式，如养殖的鱼塘、互花米草的入侵式扩张。盐田和干塘分别向鱼塘转进了 100.01 km^2、74.24 km^2，盐田的转换集中在响水县，也反映了在经济因素驱动下的鱼塘养殖的扩张。建设用地面积小，故保持其空间位置未发生转换，而农田和干塘向其转入，使得建设用地面积扩大。芦苇和碱蓬向鱼塘和农田转换，集中在经济活跃的大丰区，人类活动对自然湿地的开发利用趋于频繁。

2008—2017 年，在选取的 5 种主要转换类型中，4 种为自然转人工湿地。以碱蓬和干塘转换概率最大，概率分别为 85.67%、79.16%，其次为互花米草和盐田发生转换概率较大，其他景观类型转换概率不明显。潮滩发生转移面积依旧最大，各种景观向其扩张，建设用地发生转移面积最小。各景观类型上，海水转出了 27.48 km^2，其中大部分转向鱼塘。潮滩主要向鱼塘和互花米草转换，潮滩集中向鱼塘转换趋于分布在东台市，海洋经济活跃发达，互花米草的转换集中在大丰区与东台市沿海地区,互花米草集聚并向南北扩散。盐田和农田主要转向鱼塘和干塘,鱼塘也大部分转向农田,反映农田与鱼塘的相互转换,鱼塘的转换集中在射阳县。干塘主要转为农田和鱼塘,建设用地发生转换少,农田和鱼塘是主要的转入方式。芦苇、碱蓬和互花米草主要转型鱼塘,碱蓬也向芦苇地转换。

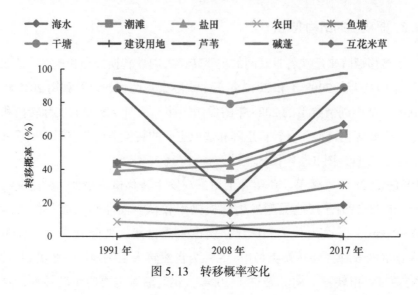

图 5.13　转移概率变化

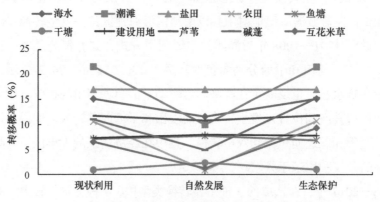

图 5.14　不同情景下景观类型转移概率

　　1991—2017 年,盐城滨海湿地景观转换差异较大,转换方向在人类活动干扰下更为复杂和多样,发生转换涉及区域也更广,在选取的 6 种主要转换类型中,5 种为自然转人工湿地。整体上看,盐城滨海湿地发生转换了 1770.36 km²,

表 5.8 模拟景观面积变化

单位：km²

景观类型	现状利用情景				自然发展情景				生态保护情景			
	2017年	2021年	2025年	变化率（%）	2017年	2021年	2025年	变化率（%）	2017年	2021年	2025年	变化率（%）
海水	236.81	205.68	205.65	-13.16	236.81	205.65	205.62	-13.17	236.81	214.75	214.83	-9.28
潮滩	460.36	374.91	374.38	-18.68	460.36	374.87	374.32	-18.69	460.36	428.81	428.29	-6.97
盐田	141.52	117.96	117.94	-16.66	141.52	117.97	117.93	-16.67	141.52	117.96	117.93	-16.67
农田	1133.37	1016.58	1016.63	-10.30	1133.37	1014.98	1015.06	-10.44	1133.37	1129.22	1129.25	-0.36
鱼塘	856.96	898.84	888.29	3.66	856.96	888.83	887.5	3.56	856.96	805.47	805.91	-5.96
干塘	171.95	368.14	379.49	120.70	171.95	380.39	379.64	120.79	171.95	257.83	257.07	49.50
建设用地	70.4	68.28	65.97	-6.29	70.4	69.72	67.16	-4.60	70.4	67.96	65.42	-7.07
芦苇	132.01	126.28	126.9	-3.87	132.01	126.36	126.98	-3.81	132.01	132.04	132.48	0.36
碱蓬	43.28	46.5	49.19	13.66	43.28	45.84	48.85	12.87	43.28	51.95	53.98	24.72
互花米草	155.83	179.32	178.05	14.26	155.83	177.88	179.43	15.14	155.83	196.5	197.33	26.63

注：变化率使用 2017 年景观模拟面积与 2025 年景观模拟面积计算得到

表 5.9　1991—2008 年景观转移矩阵　　　　　　　单位：km²

景观类型	海水	潮滩	盐田	农田	鱼塘	干塘	建设用地	芦苇	碱蓬	互花米草	总计
潮滩	38.84	639	0.44	22.74	216.56	22.43	0.12	12.32	57.66	116.80	1126.91
盐田	0.47	1.97	223.12	9.23	100.01	21.33	5.35	1.19	2.59	0	365.26
农田	4.03	0.03	0.34	781.84	61.41	1.93	6.93	0.05	0.01	0	856.57
鱼塘	0.2	1.94	1.89	15.11	86.08	2.58	0	0.04	0.03	0.1	107.97
干塘	0.77	6.02	6.61	7.02	74.24	12.89	4.47	0.26	0.47	0.24	112.99
建设用地	0	0	0	0	0	0	0.35	0	0	0	0.35
芦苇	10.1	6.6	0.66	187.18	100.08	12.75	1.96	46.56	3.36	3.54	372.79
碱蓬	6.21	22.75	0.5	42.51	100.08	27.93	1.87	43.19	15.55	11.42	272.01
互花米草	0.04	0.49	0	0.01	0.32	1.53	0	0.08	0.24	3.43	6.14
总计	210.22	681.64	233.83	1076.11	752.28	104.75	21.54	104.94	80.24	136.94	3402.26

表 5.10　2008—2017 年景观转移矩阵　　　　　　　单位：km²

景观类型	海水	潮滩	盐田	农田	鱼塘	干塘	建设用地	芦苇	碱蓬	互花米草	总计
海水	180.56	6.77	0.09	7.01	8.77	0.99	1.56	3.1	0.1	1.27	210.22
潮滩	25.21	447.09	0.15	4.02	66.48	29.53	5.21	16.51	20.64	66.80	681.64
盐田	0.08	0.15	134.85	0.08	65.56	32.79	0.01	0	0.23	0.08	233.83
农田	15.33	0.12	0.04	1005.89	23.89	14.98	13.86	1.83	0.15	0.02	1076.11
鱼塘	6.91	1.4	3.65	73.09	599.93	50.91	12.02	1.85	1.26	1.26	752.28
干塘	0.21	0.5	2.74	32.12	37.81	21.83	7.33	1.44	0.28	0.49	104.75
建设用地	0.03	0	0	0.04	0	0.17	20.04	0.04	0.86	0	21.54
芦苇	3.44	0.58	0	5.11	7.55	0.99	1.17	80.3	4.31	1.49	104.94
碱蓬	3.32	1.02	0	5.24	13.88	10.7	3.01	21.95	11.5	9.62	80.24
互花米草	1.72	2.73	0	0.77	33.09	9.06	5.83	4.99	3.95	74.8	136.94
总计	236.81	460.36	141.52	1133.37	856.96	171.95	70.4	132.01	43.28	155.83	3402.49

表 5.11 1991—2017 年景观转移矩阵　　　　　　　　单位：km²

景观类型	海水	潮滩	盐田	农田	鱼塘	干塘	建设用地	芦苇	碱蓬	互花米草	总计
海水	147.06	5.58	0.01	8.7	12.57	2.52	1.56	1.51	0.14	1.85	181.50
潮滩	60.31	433.02	0.17	34.51	301.99	65.77	27.89	36.2	30.96	136.09	1126.91
盐田	1.24	1.21	138.96	18.64	145.75	49.46	6.55	1.19	2.04	0.22	365.26
农田	8.89	0	0	774.31	55.27	7.02	10.38	0.51	0.19	0	856.57
鱼塘	0.18	2.1	0.03	25.3	74.82	4.72	0.57	0.03	0.05	0.17	107.97
干塘	0.24	5.24	2.32	18.05	62.91	12.34	10.02	0.11	0.72	1.04	112.99
建设用地	0	0	0	0	0	0	0.35	0	0	0	0.35
芦苇	11.46	3.00	0.01	194.39	102.65	9.45	4.88	42.43	2.25	2.27	372.79
碱蓬	7.38	9.19	0.02	59.45	100.15	18.79	8.2	49.84	6.82	12.17	272.01
互花米草	0.05	1.02	0	0.02	0.85	1.88	0	0.19	0.11	2.02	6.14
总计	236.81	460.36	141.52	1133.37	856.96	171.95	70.4	132.01	43.28	155.83	3402.49

发生转换概率为 52.03%，这表明整体上的景观转换频繁，且各类型上看差异较大。其中碱蓬发生转换概率为 79.49%，而建设用地转换概率为 0，在转换面积上，潮滩向外转出了 693.89 km²，而建设用地向外转出为 0 km²，这充分反映了各类型景观的转换差异。分类型上，海水和潮滩主要向鱼塘、互花米草和干塘转换，转为鱼塘地域集中在大丰区和东台市，两地区对海开发利用强度大，转为互花米草的地域向保护区核心区靠拢，人类活动影响小或趋于无人类活动干扰，使得互花米草自然扩张。盐田和农田集中向鱼塘和干塘转换，响水和滨海县盐田转换活跃频繁。鱼塘主要转为农田，干塘主要转为鱼塘，相互补充。建设用地在各个阶段转出都较少，潮滩、农田和干塘作为主要补充来源。芦苇和碱蓬集中向农田、鱼塘转换，集中在大丰区。互花米草转出少，潮滩是其主要扩张对象。

现状利用情景下（表 5.12），潮滩景观发生转移概率最大，到达 21.56%，其次为盐田，转移概率为 16.98%，海水、芦苇、碱蓬和盐田发生转移概率较大，其他景观转移概率相对较小。农田转出量最大，转出了 119.77 km²，其次为潮滩，发生转换了 99.25 km²。现状利用在施加当前人为因素影响下的道路、城镇影响因子，从而得到的 2025 年模拟图像，在转换过程中，自然湿地向人工湿地转换增加，如主要转换类型中的农田、鱼塘、潮滩集中转向干塘，而人工湿地转出较少，在选取的 6 种主要转换类型中，5 种为自然转人工湿地。各类型上，海水和潮滩主要转向鱼塘、干塘，人类活动对海水、潮滩利用方式主要是围垦养殖活动，潮滩转为干塘集中在响水县的沿海地区，该地区鱼塘也集中向干塘转变，潮滩也以较大面积向互花米草转换，集中在射阳县中路以南的沿海地区。盐田主要转为干塘，农田集中转为鱼塘和干塘，且转换区域集中在大丰区。干塘、建设用地、芦苇、碱蓬和互花米草发生转换较小，生态湿地的芦苇、碱蓬和互花米草也主要转向鱼塘和干塘。

　　自然发展下（表 5.13），整体上看，盐城滨海湿地发生转换了 382.52 km²，发生转换概率为 11.24%，这表明整体上的景观转换相对较小。其中潮滩发生转换概率为 21.54%，而干塘转换概率仅为 0.98%，最大转换概率是最低转换概率的约 21.92 倍。在转换面积上，农田向外转出了 121.14 km²，而干塘向外转出仅为 1.69 km²，最大转出面积是最低转出面积的 71.68 倍，这充分反映了各类型景观的转换存在差异。沿用一致的景观转换矩阵和不同的适宜性图集得到两种情景图像，故自然发展情景与现状利用情景较为类似。故不做各类型上的分析，主要类型上也呈现大量自然湿地向人工湿地转换的趋势，在选取的 5 种主要转换类型中，4 种为自然转人工湿地，干塘和鱼塘面积大幅增加，芦苇、互花米草、碱蓬面积下降。

　　生态保护情景下（表 5.14），以保护生态用地为核心的景观利用情景，在该情景下，自然湿地转出减少和转入面积上升，人工湿地面积下降且主要向自然湿地转换。选取的 6 个主要转换类型中，一半为人工转为自然湿地，相对于自然发展情景来说，该情景取得一定的景观生态保护效果。其中以盐田转换概率最大，概率为 16.99%，海水、芦苇、潮滩和鱼塘发生转换概率较大，其他景观类型转换概率不明显。其中鱼塘发生转换面积最大，转换了 66.19 km²，而互花米草和碱蓬地发生转换面积较小，仅转换了 1.90 和 2.11 km²。空间上，生态保护情景下，各景观类型转换面积较小，共发生转换面积 201.23 km²，发生转移概率仅为 5.91%，表明景观转换趋于简单，景观结构趋于稳定。北部响水县干塘变化最为剧烈，射阳县和大丰区沿海互花米草变化迅速。

表 5.12　现状利用情景下 2017—2025 年转移矩阵　　　单位：km²

景观类型	海水	潮滩	盐田	农田	鱼塘	干塘	建设用地	芦苇	碱蓬	互花米草	总计
海水	201.04	13.17	0	2.25	12.48	1.61	0.26	2.17	0.34	3.5	236.82
潮滩	0.5	361.11	0.04	0.16	19.76	53.12	0.01	3.37	0.29	22	460.36
盐田	0	0	117.49	0	0.53	23.5	0	0	0	0	141.52
农田	1.98	0.01	0	1013.6	55.82	61.49	0.21	0.24	0.01	0.01	1133.37
鱼塘	0.19	0	0.4	0.3	796.19	55.38	0.08	3.94	0.2	0.28	856.96
干塘	0.65	0	0	0	0.02	170.44	0.12	0.32	0.16	0.24	171.95
建设用地	0.17	0.01	0	0.19	1.97	0.38	65.29	0.01	2.08	0.3	70.4
芦苇	0.91	0.03	0	0.11	0.34	1.68	0	116.51	7.4	5.03	132.01
碱蓬	0.13	0.05	0	0.01	0.4	2.93	0	0.28	38.5	0.98	43.28
互花米草	0.08	0	0.01	0.01	0.78	8.96	0	0.06	0.21	145.71	155.83
总计	205.65	374.38	117.94	1016.63	888.29	379.49	65.97	126.9	49.19	178.05	3402.49

表 5.13　自然发展情景下 2017—2025 年转移矩阵　　　单位：km²

景观类型	海水	潮滩	盐田	农田	鱼塘	干塘	建设用地	芦苇	碱蓬	互花米草	总计
海水	201.02	13.02	0	2.26	11.94	1.55	0.33	2.09	0.53	4.08	236.82
潮滩	0.49	361.18	0.04	0.01	12.17	56.05	0.19	3.22	0.47	26.54	460.36
盐田	0.00	0	117.48	0	0.39	23.52	0.13	0.00	0	0.00	141.52
农田	1.99	0.01	0	1012.23	55.49	62.33	1.07	0.23	0.01	0.01	1133.37
鱼塘	0.17	0	0.40	0.24	798.52	53.00	0.18	4.35	0.05	0.05	856.96
干塘	0.65	0	0	0	0.01	170.26	0.29	0.31	0.17	0.26	171.95
建设用地	0.17	0.01	0.00	0.19	0.09	0.48	64.91	0.02	3.45	1.08	70.40
芦苇	0.91	0.01	0	0.11	0.40	1.78	0.02	116.41	7.38	4.99	132.01
碱蓬	0.12	0.06	0	0.01	2.11	2.87	0.04	0.29	36.66	1.11	43.28

景观类型	海水	潮滩	盐田	农田	鱼塘	干塘	建设用地	芦苇	碱蓬	互花米草	总计
互花米草	0.10	0.03	0.01	0.01	6.38	7.80	0.00	0.06	0.13	141.31	155.83
总计	205.62	374.32	117.93	1015.06	887.50	379.64	67.16	126.98	48.85	179.43	3402.49

表 5.14　生态保护情景下 2017—2025 年转移矩阵　　　　单位：km²

景观类型	海水	潮滩	盐田	农田	鱼塘	干塘	建设用地	芦苇	碱蓬	互花米草	总计
海水	209.34	13.68	0	2.53	3.31	0.86	0.22	2.10	0.53	4.25	236.82
潮滩	0.53	414.37	0.05	0.02	5.88	4.25	0.01	3.61	0.56	31.08	460.36
盐田	0.01	0	117.48	0.04	0.40	23.47	0.00	0.12	0	0.00	141.52
农田	2.05	0.02	0.00	1123.70	4.28	1.92	0.21	1.16	0.02	0.01	1133.37
鱼塘	0.87	0.00	0.40	2.33	790.77	56.48	0.07	5.47	0.22	0.35	856.96
干塘	0.67	0.00	0	0.16	0.00	167.98	0.12	1.87	0.34	0.81	171.95
建设用地	0.17	0.01	0.00	0.23	0.14	0.41	64.79	0.02	3.44	1.19	70.40
芦苇	0.93	0.03	0	0.18	0.30	0.39	0.00	117.74	7.42	5.02	132.01
碱蓬	0.13	0.11	0	0.04	0.28	0.55	0	0.31	41.17	0.69	43.28
互花米草	0.13	0.07	0.00	0.02	0.55	0.76	0.00	0.08	0.28	153.93	155.83
总计	214.83	428.29	117.93	1129.25	805.91	257.07	65.42	132.48	53.98	197.33	3402.49

5.2.5　讨论

本章节基于 2008 年、2013 年和 2017 年这三期数据，选取较为适宜对盐城滨海湿地景观变化影响较大的影响因素，在适宜性因子和禁止性因子合并作为转换标准下，以前两期景观数据生成的转移概率图像作为转换概率，从而生成模拟的 2017 年图像，经精度验证文章的 Kappa 指数达到 0.9562，表明文章选用的因子和方法较为合理。故利用 CA-Markov 模型模拟得到了盐城滨海湿地 2021 年和 2025 年景观数据,这也表明 CA-Markov 模型的时空模拟可行性、实用性和合理性。盐城滨海湿地作为江苏省重点保护湿地,人工干扰虽一直存在,但干扰力却趋于下降,湿地内部和外界影响下的景观变化研究在不同时间段有不同的表现形式,外界影响减弱和内部影响增强,故文章选取的多为内部影响因子。外部因子多选用可达性因子,用于保证景观模拟的适宜性。因研究区湿地的特殊性,故影响因子选取上与井云清等[344]、徐蕖[345]等存在一定差异。

CA-Markov 模型模拟得到的未来某个特定时间段的图像数据,考虑了当前的自然、社会经济等因素,而这些因素中的某个因素的延续性有待探讨,各因素的作用力对不同景观的影响也需分开探讨,这也表明模拟的景观数据与真实景观数据不可避免存在一定的误差,但误差是可控的。故需要深入学习和研究提高模拟的精度。

5.3 盐城滨海湿地景观生态风险评价

生态风险评价是在某生态系统及相关组成部分在受到外界干扰的情况下,对其可能产生的不利结果进行评估的方法[128, 346]。在快速城镇化背景下,人们逐渐意识到可能影响生态系统面临风险因素的相互作用,如城市化、工业化、全球气候变化、土地利用变化、景观变化等[123, 347-349]。这使人们认识到单边风险管理在复杂系统的管理中作用较小[347, 350]。生态风险源与风险受体的相互交织,使得治理生态风险不再只是一个部门的责任,生态风险评估的结构为各个部门提供了一个共同框架,允许多个利益相关者、监管组织和科学家就管理复杂系统的固有困难达成协议,这也表明风险评估有可能成为多尺度环境管理和决策的重要工具[127, 129, 130]。

生态风险评价方法主要为两种:一是准确反映区域风险受体与风险源的关系,清楚表达区域风险源汇,构建相关模型来分析区域生态风险[116, 132, 351],如 Solomon 等[352]分析了北美地表水中面临除草剂污染的威胁。正确分析风险源和风险受体的关系,是科学合理评价区域生态风险的基础[122, 351, 353, 354]。二是基于景观格局的景观生态风险评价[355-357],人类干扰活动导致的流域景观生

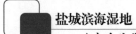
态风险格局变化可以表示为流域景观生态脆弱性的风险受体对风险源（景观对人类利用活动，如森林砍伐、湿地围垦、城市扩张等）的响应关系[358-360]。这种方法大多以景观格局或土地利用变化为诱导因素，而且在区域缺少对生态环境监测的相关数据和资料时，往往利用目前容易获得的土地利用类型数据来定量分析和评价土地利用结构、类型等的变化对区域生态系统不同程度的影响[361-363]。Kapustka 等[131]建议从景观生态学角度出发对区域进行生态风险评价；LI 等[130]基于浙江省海岸带长时段的遥感影像，分析在围填海和城市扩张影响下浙江省海岸带景观格局变化引起的生态风险危机。

　　生态风险评价研究区域的选取体现了当前存在生态风险危机区域的集中分布，目前关于研究生态风险评价的尺度集中在城镇、流域、海岸带等[126, 364, 365]。而对于流域、海岸带滨海湿地等研究伴随着人类活动对其干扰的增大而增多[114, 366, 367]。相对于人类活动明显和剧烈的城镇区域，生态环境相对脆弱的流域和海岸带地区研究相对较少，这与近年来宏观生态学的发展趋势是一致的，它强调了人类活动对人类生态系统的影响，并着重研究了生态环境—社会经济复合体[126, 368]。河流流域、海岸带滨海湿地、沙漠绿洲等生态脆弱区作为自然生态环境的重要组成部分，不仅为人类社会生产生活提供物质资源，而且在调节气候、涵养水源、后备资源存储等发挥着不可限量的作用[369, 370]。但在快速工业化和城市化干扰下，生态脆弱区正面临着直接或间接的巨大威胁，其自身内部景观的稳定性受到冲击，生态系统趋于紧张边缘，生态风险加剧[197, 357, 371]。

　　盐城海岸带作为江苏省和盐城市经济向海进军的排头兵，滨海湿地正受到快速城镇化和工业化的负面影响。在国家生态文明建设政策的驱动下，盐城滨海湿地在实施各种生态保护规划和政策努力下，生态保护也取得较大进展[121]。在此背景下，了解盐城滨海湿地生态现状，分析未来不同情景下的湿地生态风险，对于盐城滨海湿地生态政策制定和规划更有现实和实践指导意义。

5.3.1 研究方法

5.3.1.1 生态风险指数

利用研究区景观类型的改变来表现风险受体对人类各类开发活动的响应关系[358, 365]。借鉴景观指数法利用景观相应指标的定量化，清楚地反映区域景观格局的动态变化，选取景观干扰度指数 E_i 和脆弱度指数 R_i 来创建景观损失度指数，表示各景观受到外界影响时其自身的损失大小。其公式为：

$$R_i = E_i \times F_i \tag{5-6}$$

Ei 表示各种景观受到外界影响的程度。表达式：

$$E_i = aC_i + bN_i + cD_i \tag{5-7}$$

式 5-7 中：C_i 为景观破碎度指数；N_i 为景观分离度指数；D_i 为景观优势度指数；a、b、c 为其对应的权重，参考前人研究和结合区域特点，其值分别选用 0.5、0.3、0.2。

F_i 反映了区域景观内部生态系统结构稳定性和脆弱性，若 F_i 值呈现高值，则表明区域生态系统脆弱性突出，稳定性较差。参考 Liu 的研究[182]，将 10 种景观类型按受到外界影响下保持自身稳定的能力分级，由高到低为：干塘为 10、鱼塘为 9、潮滩为 8、水域为 7、农田为 6、盐田为 5、互花米草为 4、碱蓬为 3、芦苇为 2、建设用地为 1，并通过归一化计算出 F_i 值（表 5.15 和 5.16）。

根据研究区范围及参照前人研究[356, 362, 372]，渔网宜为研究区平均斑块面积的 2~5 倍[122, 373]，利用 ARCGIS10.5 渔网工具创建了 2 km × 2 km 的格网，共划分风险小区为 1010 个。结合各样区面积大小，生态风险指数计算公式为：

$$ERI_i = \sum_{i=1}^{N} \frac{A_{ki}}{A_k} R_i \tag{5-8}$$

式 5-8 中：ERI_i 表示区域第 i 类景观的生态风险值，A_{ki} 表示区域第 k 个样本区内 i 种景观类型的面积大小，A_k 为区域第 k 个样本的面积[361]。

5.3.1.2　生态风险空间分析法

在软件 ARCGIS10.3 中将生态风险值赋给风险小区的中心点[374]，借助空间分析模块下的克里金插值生成生态风险图[356, 375]。为便于突出区域生态风险变化以及对其进行统一评价，以 0.10 为等间距划分，把风险等级分为 7 个生态风险等级，即极低生态风险区（$ERI < 0.35$）、低生态风险区（$0.35 < ERI \leqslant 0.45$）、较低生态风险区（$0.45 < ERI \leqslant 0.55$）、中生态风险区（$0.55 < ERI \leqslant 0.65$）、较高生态风险区（$0.65 < ERI \leqslant 0.75$）、高生态风险区（$0.75 < ERI \leqslant 0.85$）、极高生态风险区（$ERI > 0.85$）。

5.3.2　盐城滨海湿地景观生态风险评价

由计算得到景观格局指数（表 5.15 和表 5.16），结合生态风险指数，得到研究区 1991、2000、2004、2008、2013、2017 各年份和各个样区的生态风险值，通过连接到样区中心点，借助 ArcGIS 里空间分析下的 Kriging 工具得到盐城滨海湿地生态风险的空间分布图像，并统计 7 个风险等级区的面积（图 5.15），从而分析盐城滨海湿地不同时期不同情景下的生态风险时空变化。

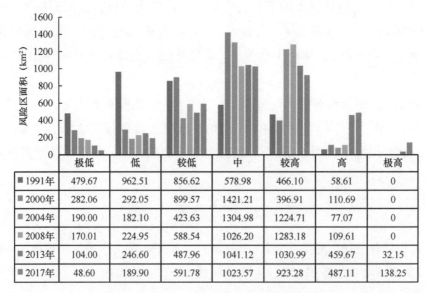

	极低	低	较低	中	较高	高	极高
■ 1991年	479.67	962.51	856.62	578.98	466.10	58.61	0
■ 2000年	282.06	292.05	899.57	1421.21	396.91	110.69	0
■ 2004年	190.00	182.10	423.63	1304.98	1224.71	77.07	0
■ 2008年	170.01	224.95	588.54	1026.20	1283.18	109.61	0
■ 2013年	104.00	246.60	487.96	1041.12	1030.99	459.67	32.15
■ 2017年	48.60	189.90	591.78	1023.57	923.28	487.11	138.25

图 5.15　1991—2017 年风险区面积变化特征

表 5.15 1991—2017 年景观格局指数

年份	类型	海水	潮滩	盐田	农田	鱼塘	干塘	建设用地	芦苇	碱蓬	互花米草
1991 年	破碎度 C_i	0.04	0.00	0.00	0.00	0.01	0.00	0.08	0.02	0.04	0.07
	分离度 N_i	0.00	0.01	0.00	0.00	0.00	0.00	0.00	0.00	0.00	0.00
	优势度 D_i	0.21	0.26	0.11	0.23	0.07	0.05	0.00	0.18	0.21	0.01
	干扰度 E_i	0.06	0.06	0.02	0.05	0.02	0.01	0.04	0.04	0.06	0.04
	损失度 R_i	0.01	0.01	0.00	0.01	0.00	0.00	0.00	0.00	0.00	0.00
2000 年	破碎度 C_i	0.06	0.01	0.00	0.00	0.01	0.01	0.01	0.05	0.15	0.02
	分离度 N_i	0.00	0.01	0.00	0.00	0.00	0.00	0.00	0.00	0.00	0.00
	优势度 D_i	0.23	0.26	0.10	0.28	0.15	0.04	0.00	0.13	0.16	0.07
	干扰度 E_i	0.08	0.06	0.02	0.06	0.03	0.01	0.01	0.05	0.11	0.02
	损失度 R_i	0.01	0.01	0.00	0.01	0.01	0.00	0.00	0.00	0.01	0.00
2004 年	破碎度 C_i	0.05	0.01	0.00	0.00	0.01	0.01	0.01	0.07	0.20	0.02
	分离度 N_i	0.00	0.01	0.00	0.00	0.00	0.00	0.00	0.00	0.00	0.00
	优势度 D_i	0.22	0.24	0.08	0.30	0.22	0.03	0.00	0.10	0.15	0.08
	干扰度 E_i	0.07	0.06	0.02	0.06	0.05	0.01	0.01	0.06	0.13	0.02
	损失度 R_i	0.01	0.01	0.00	0.01	0.01	0.00	0.00	0.00	0.01	0.00
2008 年	破碎度 C_i	0.04	0.02	0.00	0.00	0.01	0.01	0.01	0.03	0.13	0.02
	分离度 N_i	0.00	0.01	0.00	0.00	0.00	0.00	0.00	0.00	0.00	0.00
	优势度 D_i	0.22	0.21	0.06	0.30	0.25	0.05	0.00	0.06	0.12	0.08
	干扰度 E_i	0.06	0.06	0.01	0.06	0.05	0.01	0.01	0.02	0.09	0.03
	损失度 R_i	0.01	0.01	0.00	0.01	0.01	0.00	0.00	0.00	0.01	0.00
2013 年	破碎度 C_i	0.04	0.01	0.00	0.00	0.01	0.00	0.00	0.04	0.12	0.03
	分离度 N_i	0.00	0.01	0.00	0.01	0.00	0.00	0.00	0.00	0.00	0.00
	优势度 D_i	0.25	0.22	0.05	0.32	0.27	0.05	0.03	0.09	0.08	0.10
	干扰度 E_i	0.07	0.05	0.01	0.07	0.06	0.01	0.01	0.04	0.07	0.03
	损失度 R_i	0.01	0.01	0.00	0.01	0.01	0.00	0.00	0.00	0.00	0.00

续表

年份	类型	海水	潮滩	盐田	农田	鱼塘	干塘	建设用地	芦苇	碱蓬	互花米草
2017年	破碎度 C_i	0.04	0.01	0.00	0.00	0.00	0.06	0.01	0.04	0.12	0.02
	分离度 N_i	0.00	0.00	0.00	0.00	0.00	0.00	0.00	0.00	0.00	0.00
	优势度 D_i	0.23	0.19	0.05	0.31	0.28	0.16	0.03	0.10	0.08	0.09
	干扰度 E_i	0.07	0.04	0.01	0.06	0.06	0.06	0.01	0.04	0.08	0.03
	损失度 R_i	0.01	0.01	0.00	0.01	0.01	0.01	0.00	0.00	0.00	0.00

注：脆弱度指数赋值为：海水（0.13），潮滩（0.15），盐田（0.09），农田（0.11），鱼塘（0.16），干塘（0.18），建设用地（0.02），芦苇（0.04），碱蓬（0.05），互花米草（0.07）。

表 5.16　2021—2025 年不同情景下景观格局指数

情景	年份	类型	海水	潮滩	盐田	农田	鱼塘	干塘	建设用地	芦苇	碱蓬	互花米草
自然增长情景	2021年	破碎度 C_i	0.03	0.01	0.00	0.00	0.02	0.02	0.01	0.03	0.09	0.01
		分离度 N_i	0.00	0.00	0.00	0.00	0.01	0.00	0.00	0.00	0.00	0.00
		优势度 D_i	0.20	0.14	0.04	0.28	0.36	0.19	0.03	0.08	0.07	0.09
		干扰度 E_i	0.06	0.03	0.01	0.06	0.08	0.05	0.01	0.03	0.06	0.02
		损失度 R_i	0.01	0.00	0.00	0.01	0.01	0.01	0.00	0.00	0.00	0.00
	2025年	破碎度 C_i	0.03	0.01	0.00	0.00	0.02	0.02	0.01	0.03	0.06	0.01
		分离度 N_i	0.00	0.00	0.00	0.00	0.00	0.00	0.00	0.00	0.00	0.00
		优势度 D_i	0.22	0.14	0.04	0.29	0.30	0.21	0.03	0.09	0.06	0.09
		干扰度 E_i	0.06	0.03	0.01	0.06	0.06	0.05	0.01	0.03	0.04	0.02
		损失度 R_i	0.01	0.00	0.00	0.01	0.01	0.01	0.00	0.00	0.00	0.00
现状利用情景	2021年	破碎度 C_i	0.03	0.01	0.00	0.00	0.02	0.02	0.01	0.03	0.08	0.02
		分离度 N_i	0.00	0.00	0.00	0.00	0.01	0.00	0.00	0.00	0.00	0.00
		优势度 D_i	0.20	0.14	0.04	0.28	0.37	0.19	0.03	0.09	0.06	0.10
		干扰度 E_i	0.05	0.03	0.01	0.06	0.09	0.05	0.01	0.03	0.05	0.03
		损失度 R_i	0.01	0.00	0.00	0.01	0.01	0.01	0.00	0.00	0.00	0.00

续表

情景	年份	类型	海水	潮滩	盐田	农田	鱼塘	干塘	建设用地	芦苇	碱蓬	互花米草
生态保护情景	2025年	破碎度 C_i	0.03	0.01	0.00	0.00	0.01	0.02	0.01	0.03	0.08	0.01
		分离度 N_i	0.00	0.00	0.00	0.00	0.01	0.00	0.00	0.00	0.00	0.00
		优势度 D_i	0.21	0.14	0.04	0.29	0.31	0.20	0.03	0.09	0.07	0.10
		干扰度 E_i	0.06	0.03	0.01	0.06	0.07	0.05	0.01	0.03	0.05	0.03
		损失度 R_i	0.01	0.00	0.00	0.01	0.01	0.01	0.00	0.01	0.00	0.00
	2021年	破碎度 C_i	0.03	0.01	0.00	0.00	0.01	0.03	0.01	0.03	0.08	0.01
		分离度 N_i	0.00	0.00	0.00	0.00	0.00	0.00	0.00	0.00	0.00	0.00
		优势度 D_i	0.21	0.15	0.04	0.32	0.28	0.17	0.03	0.08	0.07	0.09
		干扰度 E_i	0.06	0.03	0.01	0.07	0.06	0.05	0.01	0.03	0.05	0.02
		损失度 R_i	0.01	0.00	0.00	0.01	0.01	0.01	0.00	0.01	0.00	0.00
	2025年	破碎度 C_i	0.03	0.01	0.00	0.00	0.01	0.03	0.01	0.03	0.08	0.01
		分离度 N_i	0.00	0.00	0.00	0.00	0.00	0.00	0.00	0.00	0.00	0.00
		优势度 D_i	0.22	0.16	0.04	0.32	0.28	0.18	0.03	0.09	0.08	0.10
		干扰度 E_i	0.06	0.03	0.01	0.07	0.06	0.05	0.01	0.03	0.05	0.02
		损失度 R_i	0.01	0.01	0.00	0.01	0.01	0.01	0.00	0.01	0.00	0.00

5.3.2.1 盐城滨海湿地景观生态风险时空变化特征

从盐城滨海湿地生态风险区面积及空间分布可以发现,时间上(1991—2017年),盐城滨海湿地风险等级增加,从1991—2008年的6个风险等级上升到2013年的7个等级。极低风险区面积快速下降,下降了431.07 km²,下降幅度达到89.87%,在1991—2000年下降幅度最大,极低风险区迅速缩减,而后下降速度趋缓。低风险区与极低风险区面积变化相似,面积下降了772.61 km²,下降幅度为80.27%,其前9年大幅减少,在1991—2000年下降幅度为69.66%,减少了670.46 km²。较低风险区面积缩减幅度相对较小,下降幅度为30.92%,在2000—2004年缩减较大。中、较高和高风险区面积快速上升,分别增加了444.59 km²、457.18 km²、428.50 km²,上升幅度分别达到76.79%、98.09%、

731.10%，这也表明盐城滨海湿地生态风险的加剧。中风险区 1991—2000 年巨幅增长，增加了 842.23 km²，而后缓慢下降。较高风险区先下降后巨幅增加而后趋缓缩减，在 2000—2004 年快速增加了 827.80 km²。高风险区在 26 年内增长了 428.50 km²，极高风险区从无到有，且在 2013—2017 年上升了 106.10 km²。综合盐城滨海湿地生态风险区时间变化特征，处于极低、低和较低的低等级风险区面积快速减小，而处于中、较高、高和极高的高等级面积大幅增长，表明盐城滨海湿地正面临较大的生态风险威胁。

空间上，生态风险呈现较大的空间分布差异。总体上看，6 个时期生态风险都表现为北部低南部高，以射阳县中部为界，南北差异较大且不断扩大，但生态风险都趋于上升。此外生态风险在陆地向沿海过渡中也表现出较大的空间差异，1991—2004 年，生态风险由陆地向沿海呈条带状增加，陆地生态风险小于沿海；2008—2017 年，生态风险呈现中间高四周低，且生态风险由中间向陆地和沿海递减特征。极低、低和相对低生态风险区集中布局在盐城滨海湿地的北部，如响水县、滨海县和射阳县中部以北地区。中生态风险集中在射阳县中南部和大丰区的靠内陆地区，高等级生态风险区包括相对高、高和极高，主要集中在大丰区和东台市，且呈现由沿海向内陆迁移趋势。

从各个时间段上，1991 年盐城滨海湿地生态风险以低等级区为主，整体上生态风险等级较低，集中分布在北部和靠陆一侧。2000 年和 2004 年生态风险主导类型为中等级区，风险等级中的较高、高等级区面积上升，低等级风险区集中在滨海县以北，但靠陆一侧的低等级风险区被高一级的风险区所取代。2008 年较高等级风险区占主导，集中在经济发达的大丰区和东台市。1991—2008 年，大丰区、东台市沿海生态风险等级偏高，主要因为江苏省增加对沿海的开发力度，通过众多优良港口建设沿海港口产业带，对外开放程度不断提高，沿海临港工业园、外贸产业、国际物流等现代化工业快速发展，带动沿海临港城镇和现代化设施建设，对其区域景观利用和转换加剧，加深区域生态风险等级。2013—2017 年，生态风险出现极高等级，极高区域的景观类型主要为鱼塘，鱼塘的成片分布，加上相关设施建设，使得形成以鱼塘为中心的极高风险等级区，并以此为中心向四周风险等级呈圈层状递减。

盐城滨海湿地南北部生态风险差异与盐城市经济发展差异密切相关，盐城偏南部的大丰区、东台市经济发展水平远高于北部的响水县和滨海县，北部地区，经济发展方式以盐田生产为主，依据成熟的制盐工艺和优质海盐而闻名中外，故景观类型上表现为单一的盐田，人类对景观利用强度有限，生态风险等级较低，1991—2008 年都以极低和低等级的生态风险为主，随着经济开发强度的增大，生态风险等级上升为中风险区为主。南部包括射阳县中部以南、大丰区和东台市，生态风险等级一直保持较高的等级，主要是由于南部经济开发强度远大于北部区域。南部河流密布，河流入海口大多为港口，通过河海港口建设，对外联系频繁。南部岸线属于淤积类型，潮滩面积广阔，人类活动对滩涂利用强度不断增大，养殖池不断向海扩展，由此带来的灌溉渠道系列的水利设施、道路联系的路网设施、生活所需的服务设施和电力设施等不断建设，对潮滩、农田、植被等占用现象突出。南部城镇化水平高，沿海城镇通过村与村的融合，使得人口数量增加，但实际建设用地面积并没有显著上升，但城镇化的质量的提升，也使得景观转换频繁。基于南部地区经济发展引起的景观快速转换，使得南部地区生态风险等级较高。

陆地与沿海的生态风险差异也与经济发展和当前政策有着显著相关性，沿海地区港口优势明显，以此带来的相关产业和基础设施建设，增加了对景观的利用程度和转换速率。内地相当于沿海资源欠缺，经济发展历史和速度远不及沿海，故人类活动对景观利用水平相较于沿海较低，这在 1991—2004 年生态风险空间分布上表现比较明显。这也表明经济发展对景观利用程度的增加，使得经济水平对生态风险的影响显著。除经济发展外，政府政策对于生态有着较为重要的影响力，2008—2017 年盐城滨海湿地最外缘的滨海湿地生态风险等级开始下降，向相对低、低和极低转换。特别是射阳县与大丰区接壤的区域，这里主要是盐城滨海湿地保护划定的核心区，2007 年政府对盐城滨海湿地的核心区、试验区和缓冲区进行调整，都增加了区域面积，其中核心区面积多划分了 0.46 万 hm²，并规定在核心区内禁止一切人类相关活动，严格保护区域生态系统，使其自然生长发展。该措施缓解了区域的生态风险，促进了生态系统的恢复和稳定。

5.3.2.2 未来不同情景下盐城滨海湿地景观生态风险时空变化

通过模拟得到盐城滨海湿地未来不同情景下的景观图像，运用生态风险指数插值生成 2021—2025 年三种不同情景下的生态风险空间布局图，并统计其面积，以此分析得到未来不同情景下的生态风险时空变化特征（表 5.17、图 5.16）。

时间上，现状利用情景下，中风险区保持主导地位，极高生态风险区面积上升了 142.19 km²，但高、相对高、中风险区面积下降，极低、低和较低风险区缓慢增长。表明在现状利用情景下，利用当前的可达性因子和生态保护措施，在 2025 年盐城滨海湿地生态风险虽极高，但总体风险趋于减缓。自然增长情景下，主导等级类型由 2021 年的中等级转为 2025 年的较高等级，极高等级风险区增长面积相较于现状利用较小，且处于低等级的极低、低、较低风险区增长幅度大于现状利用情景，高等级中的高、较高、中风险区下降幅度增大。表明遵循盐城滨海湿地景观内部转换规律的自然发展情景生态保护效果大于现状利用情景。生态保护情景下，主导等级类型由 2021 年的较高等级转为 2025 年的中等级，在生态保护控制下，景观转换为人工湿地面积大为缩减，而这也使得高等级生态风险区减小，低等级生态风险区向高风险区域扩展。其中极低、低和较低风险区相对于 2017 年面积分别增长了 73.75 km²、166.05 km²、55.87 km²，极低风险区上升幅度最大，增长率达到 151.75%。中和较高风险区下降，高和极高风险区上升，上升幅度相较于现状利用情景相对较低。综合三种不同的景观利用情景，生态风险都得到一定的控制和减缓，现状利用和自然发展情景生态风险高等级的风险区面积远大于生态保护情景，这也表明生态保护对于控制和减弱生态风险的重要性，以及遵循自然发展概率、制定新的生态保护政策的必要性。

5.17　2021—2025 年不同情境下风险区面积

风险等级	2021 年			2025 年		
	现状利用（km²）	自然增长（km²）	生态保护（km²）	现状利用（km²）	自然增长（km²）	生态保护（km²）
极低	59.42	84.97	143.99	62.22	78.44	122.35
低	202.30	201.01	404.3	234.06	250.74	355.95
较低	509.72	531.45	661.38	661.55	870.2	647.65
中	786.75	799.17	704.60	973.15	789.01	688.71
较高	671.05	681.83	874.37	764.26	802.64	833.40
高	496.56	455.51	437.96	426.81	402.92	500.46
极高	676.69	648.55	175.89	280.44	208.54	253.97

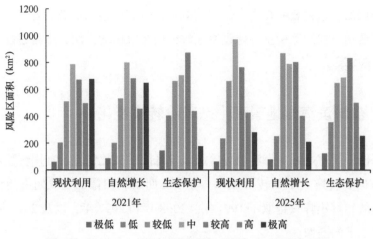

图 5.16　2021—2025 年不同情境下风险区面积变化趋势

　　空间上，三种情景下，生态风险高等级集中为射阳县南部，大丰区和东台市的中部。低值区集中在滨海县的狭长区及射阳和大丰相接的核心区，北部的低等级生态风险区向较低、中等级转换，在经济高速发展的北部，盐田依旧为主导景观类型，但模拟景观中干塘、鱼塘出现，占用了一定面积的盐田和潮滩，使得北部响水县和和滨海县生态风险加深。高等级生态风险区主要景观类型为鱼塘，盐城滨海湿地靠近黄海，河流自东向西流入海洋，河流交汇处养料丰富，适宜发展大面积的渔业养殖，且水利建设较为便利。而鱼塘的大面积增长，增加了对潮滩、芦苇、互花米草和碱蓬、农田等利用，使得生态风险出现高值区。现状利用和自然发展情景下，2021 年生态风险高值区范围大于 2025 年，北部的响水县和滨海县在 2021 年出现高、较高风险区，而后在 2025 年向中、较低、低转换。在射阳县、大丰区和东台市的沿海地区，由低、较低、中、较高风险等级向陆地一侧递进，表明在 2025 年对海洋开发更为合理和有序。在生态保护情景下，极低、低、较低的生态风险扩张，相对于 2017 年，对低等级的生态风险区保护较好，中、较高、高和极高风险区也得到一定的控制。

　　综合三种情景下的生态风险时空变化，现状利用下的生态风险更为加重，大于自然发展和生态保护情景。2017—2025 年，生态保护情景对抑制生态风险更起到关键作用，故在该情景利用下，极低、低、较低等级的风险区增长，并把中、较高、高和极高风险区缩减，从而有效控制区域生态风险。如核心区的建设，禁止区域一切人类活动，景观遵循自然发展，使得核心区为中心的区域生态风险等级偏低。这也表明在生态保护政策下，也需要遵循景观的自然发展，减小人类干预活动，如潮滩围垦、建设用地对植被、农田的占用、道路建设对完整景观斑块的破坏等。

5.3.3　盐城滨海湿地景观生态风险转换变化

为了便于了解盐城滨海湿地各等级风险区间的变化情况，利用转移矩阵分析其转换方向、转换大小和转换速率。鉴于 6 期景观图像加上 6 期不同情景下图像较多，故转移矩阵只选取了 1991 年、2008 年和 2017 年，以及 2017 年与 2025 年三个情景下的图像。

5.3.3.1　景观生态风险转换特征

整体上看，1991—2017 年盐城滨海湿地生态风险等级转换剧烈（表 5.18）。1991 年的 6 种生态风险类型转换为 2017 年的 7 种，且各等级风险区转移概率较大。极低、低和较低生态风险区发生转换概率最大，分别达到了 97.25%、98.52%、93.86%。较高、高和极高生态风险区发生转移也较大，其转移概率为76.52%、70.60%、88.01%。其中极低生态风险区主要向较低和中生态风险区转换，低和较低生态风险主要向中、较高生态风险区转换。1991—2017 年，由低向高等级方向共转换了 2473.34 km²，而由高到低方向转换了 569.12 km²，由低到高方向转换的是由高到低方向转换的 4.35 倍。这也表明低等级的生态风险区面积减少，高风险区面积大幅上升，区域生态风险加剧和扩张。

表 5.18　1991—2017 年风险区转换矩阵　　　　　单位：km²

行标签	极低	低	较低	中	较高	高	极高	总计
极低	13.18	66.69	137.71	142.28	55.34	35.29	29.18	479.67
低	7.06	14.23	195.58	325.72	237.53	143.56	38.83	962.51
较低	10.90	22.71	52.60	265.81	359.36	120.21	25.03	856.62
中	14.70	62.87	154.34	135.94	94.02	84.79	32.32	578.98
较高	2.76	23.40	49.55	144.22	137.05	96.23	12.89	466.10
高	0	0	2.00	9.60	39.98	7.03	0	58.61
总计	48.60	189.90	591.78	1023.57	923.28	487.11	138.25	3402.49

分时间段上（表 5.19 和表 5.20），1991—2008 年生态风险等级转换突出表现为低和较低分别向各自高一到三级左右的风险区转换，即低集中向较低、中和较高转换，较低集中向中和较高转换，低和较低的转换概率到达 92.80%、92.79%。其中低向高等级方向共转换了 2205.32 km²，而由高到低方向转换了 313.94 km²，由低到高方向转换的是由高到低方向转换的 7.02 倍。生态风险快速上升。2008—2017 年，生态风险等级增加为 7 种，极高等级风险区出现。生态风险转换概率对于 1991—2008 年较为平缓，集中表现为极低和低风险区的转换，其转换概率分别为 92.59%、80.60%。转换面积较大的为中和相对高，分别转换了 494.55 km²、634.47 km²，中主要转向相对高，相对高集中转向高风险区。其中低向高等级方向共转换了 1382.22 km²，而由高到低方向转换了 494.00 km²，由低到高方向转换的是由高到低方向转换的 2.8 倍。相较于前两者，2008—2017 年生态风险转换趋缓，但鉴于生态风险高值的增加，生态风险总体上依旧呈现快速扩散的趋势。

表 5.19　1991—2008 年风险区转换矩阵　　　　　　　　单位：km²

风险等级	极低	低	较低	中	较高	高	总计
极低	160.81	119.46	65.84	65.13	59.12	9.31	479.67
低	7.41	69.28	347.88	236.69	259.73	41.52	962.51
较低	1.79	18.40	61.79	356.54	397.54	20.56	856.62
中	0.00	17.22	90.19	251.18	201.58	18.81	578.98
较高	0	0.59	22.84	110.69	326.37	5.61	466.10
高	0	0	0	5.97	38.84	13.80	58.61
总计	170.01	224.95	588.54	1026.20	1283.18	109.61	3402.49

表 5.20　2008—2017 年风险区转换矩阵　　　　　　　　单位：km²

风险等级	极低	低	较低	中	较高	高	极高	总计
极低	12.60	48.36	64.52	43.73	0.80	0	0	170.01
低	31.37	43.64	86.44	60.30	3.20	0	0	224.95
较低	4.63	85.87	248.82	231.76	15.08	0.99	1.39	588.54
中	0	12.03	169.87	531.65	244.91	38.85	28.89	1026.20

续表

风险等级	极低	低	较低	中	较高	高	极高	总计
较高	0	0.00	22.13	149.73	648.71	406.42	56.19	1283.18
高	0	0	0.00	6.40	10.58	40.85	51.78	109.61
总计	48.60	189.90	591.78	1023.57	923.28	487.11	138.25	3402.49

在高度重视生态文明建设的背景下，江苏省和盐城市就滨海湿地保护制定了大量的政策和规划，这也在一定程度上减缓了区域生态风险。而文章模拟得到的三种不同情景，根据当前对盐城滨海湿地的利用、遵循景观内部转换规则的自然发展及生态严格保护的生态保护情景下的三种情景，都对当前盐城滨海湿地生态起到重要保护作用。因此 2017—2025 年盐城滨海湿地生态风险转换中（表 5.21—表 5.23），由高向低方向转换的风险面积大于由低到高方向转换的风险区面积，现状利用、自然发展和生态保护情景下由低向高等级方向分别发生转换了 492.97 km²、267.76 km²、595.84 km²、而由高向低等级方向分别发生转换 569.62 km²、854.41 km²、873.85 km²，其中自然发展和生态保护情景下，由高到低等级方向转换面积最大。从转移矩阵上看，三种情景下相对低、中和相对高风险区发生转换面积最大。现状利用情景下，中和较高风险区转换面积最大，中风险区集中向相对低转换，转换了 252.64 km²，较高风险区集中向中和高等级区转换。自然发展情景下，中向相对低风险区转进了 439.54 km²，较高向中风险区转进了 206.59 km²。生态保护情景下，中风险区集中向较低和较高转换，分别转换了 193.76 km²、346.37 km²，较高风险区集中向中和高等级区转换。

表 5.21　2017—2025 年现状利用情景生态风险转移矩阵　　　　　　单位：km²

风险等级	极低	低	较低	中	较高	高	极高	总计
极低	47.24	1.36	0	0	0	0	0	48.6
低	14.97	146.57	20.85	7.51	0	0	0	189.9
较低	0	86.1	388.05	100.52	17.08	0	0.03	591.78
中	0	0.03	252.64	680.71	90.15	0.04	0	1023.57
较高	0.01	0	0.01	184.41	632.28	106.57	0	923.28

续表

风险等级	极低	低	较低	中	较高	高	极高	总计
高	0	0	0	0	24.75	313.5	148.86	487.11
极高	0	0	0	0	0	6.7	131.55	138.25
总计	62.22	234.06	661.55	973.15	764.26	426.81	280.44	3402.49

表 5.22　2017—2025 年自然发展情景生态风险转移矩阵　　　　单位：km²

风险等级	极低	低	较低	中	较高	高	极高	总计
极低	46.25	2.35	0	0	0	0	0	48.6
低	32.19	131.73	22.16	3.82	0	0	0	189.9
较低	0	116.35	407.1	51.06	17.27	0	0	591.78
中	0	0.1	439.54	527.54	56.39	0	0	1023.57
较高	0	0.21	0.64	206.59	680.82	34.55	0.47	923.28
高	0	0	0.76	0	48.16	358.5	79.69	487.11
极高	0	0	0	0	0	9.87	128.38	138.25
总计	78.44	250.74	870.2	789.01	802.64	402.92	208.54	3402.49

表 5.23　2017—2025 年生态保护情景生态风险转移矩阵　　　　单位：km²

风险等级	极低	低	较低	中	较高	高	极高	总计
极低	48.11	0.47	0.02	0	0	0	0	48.6
低	68.49	96.52	18.52	6.37	0	0	0	189.9
较低	5.75	211.19	278.32	87.7	8.82	0	0	591.78
中	0	47.77	346.37	433.98	193.76	1.69	0	1023.57
较高	0	0	4.42	158.45	604.96	155.43	0.02	923.28
高	0	0	0	0.21	25.86	338	123.04	487.11
极高	0	0	0	0	0	5.34	132.91	138.25
总计	122.35	355.95	647.65	686.71	833.4	500.46	255.97	3402.49

5.3.3.2　景观生态风险转换方向和速率

在转移矩阵中统计不同转换年份下的转移方向，从而分析滨海湿地转换方向的多样性和复杂性，以及在一定时间段之内的转移速率，反映研究区生态风险的转换情况。主要选取 1991—2017 年的 5 个时间段，以及模拟情景下的 2017—2025 年三个不同情景。

统计各个时期的转换方向，1991—2017 年生态风险区转换方向达到 35 种，足以表明盐城滨海湿地生态风险的转换复杂性，以及在快速城镇化和工业化建设中对区域生态风险的影响加剧。表 5.24 展示了主要选取的转换类型，剔除了转换面积小于 2 km^2 的转换方向，但若相同转换方向中其他年份存在较大的转换面积，也对这一少于 2 km^2 转换方向保存在图表。1991—2000 年、2000—2004 年、2004—2008 年、2008—2013 年、2013—2017 年这五个时间段内，生态风险转换方向分别为 17、16、18、25、23 种，转换方向呈上升趋势，主要转换类型分别为 13、14、14、15、15 种。转换方向的增长，体现了景观利用的复杂性，相互之间转换的频繁性引起区域景观的不稳定和破碎，使得区域生态风险加深。而 5 个时间段内生态风险等级由低到高分别转换了 1807.03 km^2、1649.45 km^2、533.28 km^2、1161.03 km^2、717.69 km^2，由高到低分别转换了 260.93 km^2、182.70 km^2、596.60 km^2、442.56 km^2、443.76 km^2、544.09 km^2，由低到高转换面积呈下降趋势，由高到低则呈上升趋势，表明 1991—2017 年生态风险等级虽不断上升，高等级风险区面积不断扩展，但在当前政府对滨海湿地的高度重视下，生态呈现缓慢的好转态势。

表 5.24　1991—2017 年风险区主要转换方向　　　　　　　　单位：km^2

主要转换方向	1991—2000 年	2000—2004 年	2004—2008 年	2008—2013 年	2013—2017 年
极低→低	128.29	50.59	32.10	71.01	27.35
极低→较低	31.49	25.37	12.77	27.53	17.17
极低→中	37.96	18.41	0.00	0.00	24.65
低→极低	1.15	3.22	17.16	34.25	14.55
低→较低	540.63	96.48	43.76	83.25	84.20
低→中	251.15	67.77	13.97	24.66	43.68
较低→低	0	6.93	38.19	58.63	60.87

续表

主要转换方向	1991—2000 年	2000—2004 年	2004—2008 年	2008—2013 年	2013—2017 年
较低→中	615.40	474.34	67.20	256.69	112.32
较低→较高	7.91	150.54	16.20	3.24	17.49
中→较低	75.45	34.01	227.78	84.94	193.04
中→较高	114.57	761.64	253.05	278.79	114.44
较高→较低	18.69	0.01	2.55	25.63	0.09
较高→中	126.66	118.90	194.06	181.23	129.02
较高→高	72.79	3.40	75.86	326.19	149.78
高→较高	37.90	19.63	61.69	20.62	46.17
高→极高	0	0	0	11.25	93.40

利用各个年份间的主要转换方向，得到各个时间段的生态风险区转换速率（图 5.17）。选取的 16 种主要转换类型中，极低→低、低→较低、低→中、较低→中、较高→较低这 5 种转换类型的年均转换速率呈下降趋势，其中以低到高方向的转换为主。而极低→较低、极低→中、低→极低、较低→低、较低→较高、中→较低、中→较高、较高→中、较高→高、高→较高、高→极高这 11 种转换类型年均速率正上升趋势，其中以低到高方向的转换为主。这表明区域生态风险在由低到高等级风险转换，高等级风险区面积大幅扩散。在各个转换方向中，主要的两个峰值出现在 2000—2004 年的相对低→中、中→相对高，峰值分别为 118.59 km²/a、190.41 km²/a。

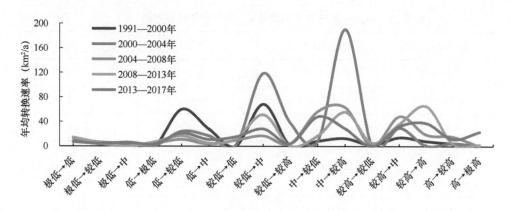

图 5.17　1991—2017 年主要生态风险转换方向的转换速率

2017—2025 年，统计的转换方向达到 24 种，相当于 1991—2017 年转换方向减小了 9 种，生态风险等级转换趋缓。现状利用、自然发展和生态保护情景下，转换方向分别为 19、19 和 21 种，其中由低到高分别转换方向为 10、9、10 种，由高到低转换方向分别为 14、15、14 种，主要转换方向分别有 13、13 和 15 种（表 5.25）。三种情景由高到低转换面积分别为 569.62 km²、854.41 km²、873.85 km²，生态保护情景下的转移方向上由高到低转换上，转换面积大于现状利用和自然发展，如相对低→低、相对低→极低、低→极低等。三种情景由低到高转换面积分别为 492.97 km²、267.76 km²、595.84 km²。转换速率上（图 5.18），选取了 15 个主要转换方向，其中极低→低、低→较低、低→中、较低→中、较低→较高、较高→中、高→极高、极高→高 8 种转换方向的年均速率下降，其中以由低到高方向风险区转换为主。低→极低、较低→极低、较低→低、中→低、中→较低、中→较高、较高→较低、较高→高、高→较高 7 中转换方向的年均速率上升，其中以高到低方向风险区转换为主。三种情景下的在不同转换方向上呈现较为类似的波动起伏，各峰值区和低值区曲线大体一致，突出为 5 个峰值区，分别为低→较低、较低→低、中→较低、较高→中、高→极高，其中自然发展情景下的中→较低为最大峰值区，转换年均速率达到了 109.89 km²/a。峰值区多为高向低的风险区转换方向，表明在模拟情景下，随着生态保护政策的落实和景观的合理开发利用，盐城滨海湿地生态风险得到有效的控制和缩减，这也强调了在未来对湿地更需要加强生态恢复与保护，落实当前的生态保护政策，并根据未来新的环境制定新的规划政策，促进滨海湿地的高效、合理利用与保护。

表 5.25　2017—2025 年不同情景生态风险主要转移方向　　　　单位：km²

风险等级转换方向	现状利用	自然发展	生态保护
低→极低	14.97	32.19	68.49
低→较低	20.85	22.16	18.52
低→中	7.51	3.82	6.37
较低→极低	0	0	5.75
较低→低	86.1	116.35	211.19
较低→中	100.52	51.06	87.7

续表

风险等级转换方向	现状利用	自然发展	生态保护
较低→较高	17.08	17.27	8.82
中→低	0.03	0.1	47.77
中→较低	252.64	439.54	346.37
中→较高	90.15	56.39	193.76
较高→中	184.41	206.59	158.45
较高→高	106.57	34.55	155.43
高→较高	24.75	48.16	25.86
高→极高	148.86	79.69	123.04
极高→高	6.7	9.87	5.34

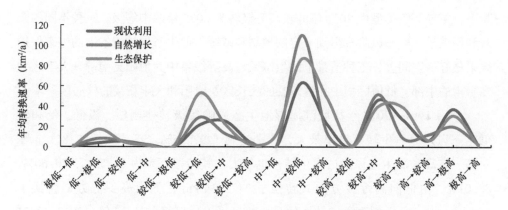

图 5.18　2017—2025 年主要生态风险转换方向的转换速率

5.3.4　讨论

基于景观格局的生态风险评价，即利用景观类型变化表征区域生态系统对人类活动干扰（城市扩张、植被破坏、水体污染、耕地侵占）及全球气候变化等因素的响应，该方法具有较好的环境指示意义[121, 372]。尤其是在生态环境较为脆弱的滨海湿地，景观通过自身变化及其相互影响，不同程度作用于区域生态系

统，并不断累积从而威胁生态系统的稳定性和可持续性。故文章基于盐城滨海湿地 1991—2025 年景观类型面积、结构、功能等变化，评价其生态风险的时空变化特征，得出如下主要结论。

（1）1991—2017 年，盐城滨海湿地风险等级增加且空间分异明显。从 1991—2008 年的 6 个风险等级上升到 2013 年的 7 个等级，处于极低、低和较低的低等级风险区面积快速减小，而处于中、较高、高和极高的高等级面积大幅增长。生态风险空间上都表现为北部低南部高，以射阳县中部为界，南北差异较大且不断扩大。此外陆地与沿海生态风险不同时期呈现不同分异，1991—2004 年，生态风险由陆地向沿海呈条带状增加，陆地生态风险小于沿海；2008—2017 年，生态风险呈现中间高四周低，且生态风险由大丰区和东台市中部向陆地和沿海递减特征。

（2）2017—2025 年，现状利用情景下，中风险区保持主导地位，自然增长情景下，主导等级类型由 2021 年的中等级转为 2025 年的较高等级。生态保护情景下，主导等级类型由 2021 年的较高等级转为 2025 年的中等级。三种不同的景观利用情景，生态风险都得到一定的控制和减缓，但生态保护情景下的生态保护效果最好。空间上，三种情景下的生态风险高等级集中为射阳县南部，大丰区和东台市的中部。低值区集中在滨海县的狭长区及射阳和大丰相接的核心区。

（3）1991—2017 年盐城滨海湿地生态风险等级转换剧烈。极低、低和较低生态风险区发生转换概率最大，分别达到了 97.25%、98.52%、93.86%。相对高、较高和高生态风险区发生转移也较大，其转移概率为 76.52%、70.60%、88.01%。由低向高等级方向共转换了 2473.34 km²，而由高到低方向转换了 569.12 km²，由低到高方向转换的是由高到低方向转换的 4.35 倍。2017—2025 年盐城滨海湿地生态风险转换中，由高向低方向转换的风险面积大于由低到高方向转换的风险区面积，三种情景下由低向高等级方向转换的面积小于由高向低等级方向转换的，其中自然发展和生态保护情景下，由高到低等级方向转换面积最大。

（4）1991—2017 年生态风险区转换方向达到 35 种，五个时间段（1991—2000 年、2000—2004 年、2004—2008 年、2008—2013 年、2013—2017 年）内生态风险转换方向分别为 17、16、18、25、23 种，主要转换类型分别为 13、14、14、15、15 种。表明当前景观利用的复杂性、相互之间转换的频繁性引起区域景观的不稳定和破碎，使得区域生态风险加深。在 16 种主要转换类型中，主要的两个峰值出现在 2000—2004 年的较低→中、中→较高，峰值分别为 118.59 km^2/a、190.41 km^2/a。

（5）2017—2025 年，统计的转换方向达到 24 种，现状利用、自然发展和生态保护情景下，转换方向分别为 19、19 和 21 种，其中由低到高转换方向分别为 10、9、10 种，由高到低转换方向分别为 14、15、14 种，主要转换方向分别有 13、13 和 15 种。三种情景下各峰值区和低值区曲线大体一致，突出为 5 个峰值区，分别为低→较低、较低→低、中→较低、较高→中、高→极高，其中自然发展情景下的中→相对低为最大峰值区，转换速率达到了 109.89 km^2/a。

5.4 结论

（1）基于盐城滨海湿地 1991 年、2000 年、2008 年、2017 年景观数据，研究景观格局指数在粒度 30~1000 m 的反应敏感程度，分析景观粒度效应对景观变化的响应，及探究研究区最佳适宜分析粒度。结果表明：粒度反应在 12 个类型水平和 15 个景观水平指数中，8 个指数呈高度敏感状态，11 个反应中度敏感，4 个反应低度敏感，4 个反应不敏感，其中面积－边缘指数，形状指数对不同粒度的反应更为敏感，聚集度指数对粒度变化存在一定差异，多样性指数对粒度反应程度低。景观指数对不同粒度增长呈现 6 种反应类型，包括缓慢下降型、先快降而后减缓型、上升型、波动下降型、上下起伏型、平稳型。1991—2017 年，不同景观类型的景观粒度变化曲线，可以分为 4 种类型：波动上升型、波动起伏型、单调下降型、单调上升型。不同粒度曲线对景观变化解释存在差异，但总体上盐城滨海湿地景观趋于破碎化和复杂化，内部连通性减弱，优势景观面积缩小，自然湿地对粒度效应的反应敏感度大于人工湿地。30 m 粒度处的景观指数对不同粒度变化反应更为剧烈及景观信息损失最小，景观格局最佳适宜分析粒度为 30 m。

（2）利用 CA-Markov 模型，基于三期景观影像，模拟得到研究区 2021 年和 2025 年三种情景下的景观数据，并分析其时空变化特征。研究结果表明：CA-Markov 模型检验精度较高，一致性检验通过。根据模拟过程可将模拟结果分为现状利用情景、自然发展情景和生态保护情景模拟。1991—2017 年，人工湿地中农田、鱼塘、干塘、建设用地面积增长，自然湿地中潮滩、芦苇、碱蓬面积减少。情景模拟中，现状利用和自然发展情景下人工湿地趋于增长，自然湿地减小。生态保护情景下，生态用地的芦苇、碱蓬、互花米草快速上升，人工湿地面积下降。1991—2025 年，盐城滨海湿地发生转换复杂和涉及转换区域较广，共发生转换了 1770.36 km^2，转换剧烈区域集中在射阳县中部以南地区。现状利用情景和自然发展情景下，自然湿地向人工湿地转换增加，人工湿地转出较少。生态保护情景，自然湿地转出减少和转入面积上升，人工湿地面积下降且主要向自然湿地转换，景观结构趋于稳定。

（3）基于盐城滨海湿地 6 期景观数据及模拟得到的 2021 和 2025 年三种不同情景景观数据，构建生态风险评价指数模型，分析生态风险的时空分异特征。主要结论为：1991—2017 年，盐城滨海湿地生态风险加剧且空间分异明显。极低、低和较低的低等级风险区快速减小，而处于中、较高、高和极高的高等级大幅增长。生态风险空间上突出表现为北低南高，以射阳县中部为界，南北差异较大且不断扩大。陆地与沿海生态风险不同时期呈现不同风险分异。2017—2025年，现状利用情景下，中风险区保持主导地位，自然增长情景下，主导等级类型由 2021 年的中等级转为 2025 年的较高等级。生态保护情景下，主导等级类型由 2021 年的较高等级转为 2025 年的中等级。生态风险高等级集中为射阳县南部、大丰区和东台市的中部。1991—2017 年盐城滨海湿地生态风险等级转换剧烈，由低到高方向转换的是由高到低方向转换的 4.35 倍。2017—2025 年，三种情景下由低向高等级方向转换的面积小于由高向低等级方向转换的，其中自然发展和生态保护情景下，由高到低等级方向转换面积较大。1991—2017 年生态风险区转换方向达到 35 种，2017—2025 年，统计的转换方向达到 24 种。三种情景下转换速率突出表现为 5 个峰值区，分别为低→较低、较低→低、中→较低、较高→中、高→极高。

6 盐城滨海湿地碳足迹与碳补偿研究

6.1 研究区概况与数据处理

6.1.1 研究区范围选取

1992 年 10 月，江苏省盐城地区沿海滩涂珍禽自然保护区（1983 年建立）经国务院批准晋升为国家级自然保护区，更名为"江苏盐城国家级珍禽自然保护区"，划定保护区核心区、缓冲区、实验区范围。由于最原始的保护区范围包含了江苏大丰麋鹿国家级自然保护区，本章研究即以此作为基础确定研究区范围，并统称为"盐城自然保护区"。2019 年 7 月 5 日，以江苏盐城湿地珍禽国家级自然保护区和江苏大丰麋鹿国家级自然保护区两个国家级自然保护区为基础的江苏盐城的黄（渤）海候鸟栖息地（第一期）申报世界自然遗产目录成功，成为中国第 54 处世界遗产，也是我国第一个滨海湿地类型的自然遗产。

盐城滨海湿地自然保护区范围的确定：江苏盐城湿地珍禽国家级自然保护区于 1992 年正式被国务院批准成立，并划定了保护区范围，靠陆边界大致以临海公路为界，靠海大致以海水低潮位等深线 –3 m 为界。因此在确定陆侧边界时，考虑了此条界限，并将多期遥感影像进行叠加，最终将最内侧边线定义为研究区向陆一侧的边界线。从 6 个潮汐观测站（滨海港、射阳河口、新洋河口、大丰港、弶港和陈家武）获得了预测的潮位。一般情况下，每天获得四个水位记录。通过收集一年的记录，模拟了潮汐曲线，有效地划定了向海一侧的边界线。以上海陆两侧矢量边界围成的范围作为盐城自然保护区的范围，在 ArcGIS 10.3 中进行掩膜，并对 1987—2017 年 8 期的栅格影像进行提取，最终得到研究区范围。

6.1.2　研究区开发历程

盐城自然保护区包含江苏盐城湿地珍禽国家级自然保护区和江苏大丰麋鹿国家级自然保护区两个国家级自然保护区，两个国家级自然保护区建制均为处级单位，受省林业主管部门和盐城市双重管辖。

江苏盐城湿地珍禽国家级自然保护区，是我国最大的滩涂湿地保护区之一。主要保护丹顶鹤等珍稀野生动物及其赖以生存的滩涂湿地生态系统。自1983 年建立以来，到2019 年为止，历经36 年的发展，为保护生物多样性、滩涂生态系统做出了积极的贡献。表6.1 是江苏盐城湿地珍禽国家级自然保护区发展历程[376]。

表6.1　江苏盐城湿地珍禽国家级自然保护区发展历程[377]

时间	事件
1983 年2 月	江苏省盐城地区沿海滩涂珍禽自然保护区建立
1984 年10 月	正处级保护区管理处成立
1992 年10 月	升级为国家级自然保护区，更名为"江苏盐城国家级珍禽自然保护区"
1992 年11 月	被纳入"世界生物圈保护区网络"
1996 年4 月	成为"东北亚鹤类保护网络"成员
1999 年11 月	成为"东亚—澳大利亚涉禽迁徙网络"成员
2002 年1 月	被列入"拉姆萨尔国际重要湿地"名录
2007 年2 月	调整保护区边界，并更名为"江苏盐城湿地珍禽国家级自然保护区"
2013 年	调整保护区边界

江苏大丰麋鹿国家级自然保护区占地面积4 万亩（2666 hm²），由林地、芦苇地、沼泽地、光滩等组成，其所占面积、野生麋鹿数量均居世界首位。1986年至1996 年，通过十年的建设，大丰麋鹿自然保护区的面积由1000 hm² 增加到了2666 hm²。大丰麋鹿国家级自然保护区分为核心区、缓冲区和实验区，其中核心区是麋鹿保护区的核心部分。核心区又分为麋鹿生活区、外围盐碱地和沿海滩涂三个部分。表6.2 是江苏大丰麋鹿国家级自然保护区发展历程。

表 6.2　江苏大丰麋鹿国家级自然保护区发展历程

时间	事件
1986 年	大丰麋鹿自然保护区建立
1995 年	被列入"人与生物圈自然保护区保护网络"
1997 年	晋升为国家级自然保护区
2002 年	被列入《国际重要湿地名录》
2006 年	被国家林业局确定为"全国示范自然保护区"

2019 年 7 月 5 日，第 43 届联合国教科文组织世界遗产委员会会议（世界遗产大会）审议通过将地处江苏盐城的黄（渤）海候鸟栖息地（第一期）（Migratory Bird Sanctuaries Along the Coast of Yellow Sea Bohai–Gulf of China（PHASE I）列入世界自然遗产名录，其范围包括了江苏盐城湿地珍禽国家级自然保护区部分区域、江苏大丰麋鹿国家级自然保护区全境、盐城条子泥市级湿地公园、东台市条子泥湿地保护小区和东台市高泥淤泥质海滩湿地保护小区，即江苏盐城南部候鸟栖息地（YS–1）和江苏盐城北部候鸟栖息地（YS–2）两部分，表 6.3 是中国黄（渤）海候鸟栖息地（第一期）申报世界自然遗产的过程。黄（渤）海候鸟栖息地（第一期）世界自然遗产的申报成功，对盐城自然保护区的进一步发展将会产生巨大的推动作用，为保护区内植被、鸟类、麋鹿等滨海湿地生态系统的保护和可持续发展创造更加良好的条件。

表 6.3　中国黄（渤）海候鸟栖息地（第一期）申报世界自然遗产历程[377]

时间	事件
2014 年	盐城依托湿地珍禽、麋鹿两个国家级自然保护区谋划申报世界自然遗产工作
2016 年	国家有关部委对申遗项目予以支持、推动
2017 年	中国渤海—黄海海岸带成功列入世界遗产预备名录
2018 年	世界自然保护联盟（IUCN）评估
2019 年	中国黄（渤）海候鸟栖息地（第一期）被列入世界自然遗产名录

6.1.3　数据来源说明

（1）遥感影像数据。遥感影像数据来自美国地质调查局网站（USGS，http://glovis. usgs. gov/）的 1987 年、1991 年、1996 年、2000 年、2004 年、2008 年、2013 年和 2017 年（表 6.4）的 Thematic Mapper（TM）和 Operational Land Imager（OLI）卫星图像，共 16 幅图像。时间以秋季和冬季（10 月至翌年 2 月）为主。

表 6.4　研究区影像信息

卫星	传感器	行带号	日期	卫星	传感器	行带号	日期
Landsat5	TM	119/37	1987–12–19	Landsat5	TM	120/36	1987–12–24
Landsat5	TM	119/37	1991–11–28	Landsat5	TM	120/36	1991–11–19
Landsat5	TM	119/37	1996–12–11	Landsat5	TM	120/36	1996–12–18
Landsat5	TM	119/37	2000–12–06	Landsat5	TM	120/36	2000–12–13
Landsat5	TM	119/37	2004–11–15	Landsat5	TM	120/36	2004–12–08
Landsat5	TM	119/37	2009–01–13	Landsat5	TM	120/36	2008–12–19
Landsat8	OLI	119/37	2013–12–10	Landsat8	OLI	120/36	2013–12–01
Landsat8	OLI	119/37	2017–12–22	Landsat8	OLI	120/36	2017–12–06

（2）DEM 数字高程数据。研究区 DEM 数字高程数据来源于地理空间数据云（http://www. gscloud. cn/）提供的 ASTER GDEM V2 数据，空间分辨率为 30 m。

（3）其他数据。研究区河流、道路、行政区划等矢量数据来源于全国地理信息资源目录服务系统（http://www. webmap. cn/main. do?method=index）。此外，还包括研究区县市区的统计年鉴、相关统计部门的统计数据、盐城自然保护区管理处的相关数据以及其他社会经济数据。

6.2 盐城自然保护区景观演化分析

6.2.1 景观演化分析方法及指标选取

6.2.1.1 景观动态度

本研究采用单一景观动态度指数和景观综合动态度分析盐城自然保护区景观动态变化。景观单一动态度指数可定量描述区域景观变化的速度，对比较景观变化的区域差异和预测未来景观变化趋势有重要作用[378]：

$$K = \frac{U_b - U_a}{U_a} \times \frac{1}{T} \times 100\% \qquad (6\text{--}1)$$

式中，K 为研究时段内某一景观类型的动态度；U_a、U_b 分别为研究期初、研究期末某类景观的面积；T 为研究时段，单位为年。

利用综合动态度（LC）表征研究区景观的变化速度，表达式为：

$$LC = \frac{\sum_{i=1}^{n} (LU_j - LU_i)}{\sum_{i=1}^{n} LU_i} \times \frac{1}{T} \times 100\% \qquad (6\text{--}2)$$

式中：LU_i、LU_j 分别为研究初期、研究末期某类景观类型的面积；T 为研究时段；n 为景观类型数量[379]。

6.2.1.2 景观类型转移矩阵

景观类型转移矩阵用来研究某一时期各景观类型转移变化的方向，包含静态的不同景观类型的面积信息，以及不同景观类型相互转化的面积信息，通常用于描述景观的转移。景观类型转移矩阵通用形式为[380]：

$$S_{ij} = \begin{bmatrix} S_{11} & S_{12} & \dots & S_{1n} \\ S_{21} & S_{22} & \dots & S_{2n} \\ \dots & \dots & \dots & \dots \\ S_{m1} & S_{m2} & \dots & S_{mn} \end{bmatrix} \qquad (6\text{--}3)$$

式中：S 为面积；n 代表转移前后的景观类型数；i，j（i，j=1，2，3，…，n）分别代表转移前后的景观类型；S_{ij} 表示转移前的第 i 种景观类型转换成转

后的第 j 种景观类型的面积。

6.2.1.3　景观指数选取

　　景观格局指构成景观的生态系统或者土地利用（土地覆被）类型的形状、比例和空间配置[197]。而景观指数的重要作用在于可以定量地描述景观格局，建立景观结构与过程或现象的联系，更好地理解与解释景观功能。FRAGSTAT 是一款功能强大的景观指数分析软件，包含三种不同尺度的景观级别：斑块级别、斑块类型级别和景观级别，能够反映各个级别的景观格局的结构特征。由于许多指标之间具有高度的相关性，因而需要全面了解各指标的生态含义和代表的景观格局特征，并以此来选取符合研究区需要的合适指标和尺度[230]。根据欧维新等[381]对盐城自然保护区的景观分析，发现景观指数的粒度在 30~70 m 最为适宜，因此本研究选取粒度为 60 m。同时根据欧维新对景观指数进行的独立性检验，以及本研究需要，选取斑块密度（PD）、边缘密度（ED）、形状指数（LSI）、最大斑块指数（LPI）来表征斑块类型级别特征，选取斑块密度（PD）、边缘密度（ED）、形状指数（LSI）、最大斑块指数（LPI）、多样性指数（SHDI）和均匀性指数（SHEI）来表征景观级别特征[238]。

6.2.2　景观面积时空演化分析

6.2.2.1　景观面积数量变化

　　1987—2017 年 30 年间，盐城自然保护区景观发生了较大的变化，根据遥感影像分类结果，自然湿地占绝对优势，一直占总面积的 68% 以上，人工湿地和非湿地所占比例相似，都低于 16%（图 6.1）。如表 6.5 所示，自然湿地在 1987—2017 年 30 年间一直呈现下降趋势，从 1987 年的 634 766.93 hm² 下降到了 2017 年的 523 448.22 hm²，减少了 111 318.71 hm²。其中光滩、芦苇地和碱蓬地减少较多，分别为 66 053.27 hm²、37 118.99 hm² 和 20 831.32 hm²。只有互花米草地呈现增加趋势，从 1987 年的 69.79 hm² 增加到了 2017 年的 17 122.13 hm² 共增加了 17 052.34 hm²，增长了 244 倍。人工湿地包括鱼塘、干塘和盐田，其总面积不断增加，从 1987 年的 57 315.22 hm² 增长为 2017 年的

118 033. 57 hm^2，占比从 7.51% 上涨为 15.46%，涨幅明显。三者中，除盐田面积不断减少外，鱼塘和干塘面积总体呈增加趋势，在 2017 年达到最大。两种非湿地类型增加显著，农田和建设用地分别增加了 43 475. 29 hm^2 和 7125. 07 hm^2，导致非湿地面积增加了 50 600. 36 hm^2，面积占比也增加了 6.63%。这些变化均表明，盐城自然保护区的人工化程度逐渐增强。

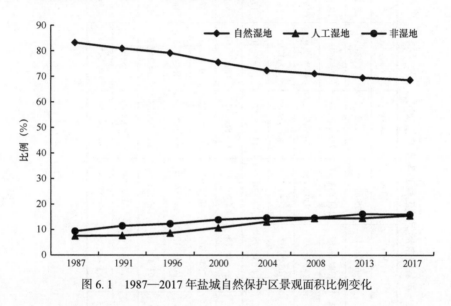

图 6.1　1987—2017 年盐城自然保护区景观面积比例变化

6.2.2.2　景观动态度变化

根据公式 6.1 和 6.2 计算出盐城自然保护区 1987—2017 年间的景观综合动态度和单一景观类型的动态度，如图 6.2 和表 6.6。1987—1991 年单一景观类型动态度中，互花米草地、建设用地、芦苇地和农田动态变化最为显著，其中芦苇地为 −6.53%，面积减少量为 13218. 75 hm^2。1991—1996 年单一动态以仍然以互花米草地为最高，达到了 175.40%，其次是鱼塘动态度为 10.34%，但相比于1987—1991 年，动态度有明显减弱的趋势。综合动态度波动较小，1987—1991年动态度为 3.81%，1991—1996 减至 2.57%。在 1992 年江苏盐城国家级珍禽自然保护区建立后，政府加大了保护区内自然湿地的保护，建设用地、农田等景观类型变化减小。光滩和海域的动态度一直维持在较低水平。盐田动态度一直为负，说明其一直呈下降趋势，在 2008—2013 年间下降了 6.90%，下降幅度最大。

表 6.5 1987—2017 年盐城自然保护区景观面积变化状况

单位：hm²

	年份	1987	1991	1996	2000	2004	2008	2013	2017	变化量
自然湿地	海域	306 526.75	300 154.78	288 868.07	296 026.11	295 692.27	296 202.71	302 331.67	302 159.28	-4367.47
	光滩	252 185.04	252 246.99	253876.72	238443.67	224 843.71	213 256.29	194 660.42	186 131.77	-66 053.27
	芦苇地	50 586.27	37 367.52	35325.22	16603.23	9392.85	10 748.74	13 498.92	13 467.28	-37 118.99
	碱蓬地	25 399.08	27 301.2	20129.7	10549.93	7599.72	8653.49	4964.12	4567.76	-20 831.32
	互花米草地	69.79	613.67	5995.48	14 581.78	14 528.3	13 693.92	14 631.43	17 122.13	17052.34
人工湿地	鱼塘	10 957.16	10 835.36	16439.74	37 677.22	64 220.38	75 858.31	83 876.01	86 144.55	75 187.39
	干塘	11 105.44	11 299.19	10023.98	7554.61	4813.61	10 459.2	10 965.71	17 744.14	6638.7
	盐田	35 252.62	36 528.5	39154.46	36 245.18	30 356.84	23 382.75	15 315.53	14 144.88	-21 107.74
非湿地	农田	69 819.16	84 877.77	91224.59	103 400.86	109 590.53	106 791.33	114 247.54	113 294.45	43 475.29
	建设用地	1456.04	2132.37	2319.39	2274.76	2319.14	4310.61	8866	8581.11	7125.07
	总计	763 357.35	763 357.35	763 357.35	763 357.35	763 357.35	763 357.35	763 357.35	763 357.35	0

注：变化量为 1987 年景观面积与 2017 年景观面积差值

鱼塘从 1996—2000 年的 32.30% 下降为 2013—2017 年的 0.68%，活跃程度逐渐降低。干塘动态度变化明显，2000—2004 年下降了 9.07%，2004—2008 年上升了 29.32%，2008—2013 年上升了 0.97%，说明其变化幅度都十分显著，受人类活动干扰十分剧烈。建设用地在 2004—2013 年间，动态度均维持在 21% 以上，说明这 9 年间发生了较大的变化；其余阶段均较小，说明这几期建设用地较为稳定。芦苇地除 2004—2013 年为增加趋势外，其余阶段均表现为减少，但总的来看其变化速度是减小的，并不断向稳定的趋势发展。碱蓬地的动态变化也较为强烈，但基本表现为减少趋势。互花米草地自 1996—2000 年为 35.80% 之后，直到 2017 年，动态度虽有正负但一直较小。1996—2000 年、2000—2004 年和 2004—2008 年三期的综合动态度均维持在 3.70% 以上。之后快速下降，在 2013—2017 年间下降为 1.64%，说明这一阶段保护区景观类型变化较小，整体趋于稳定。

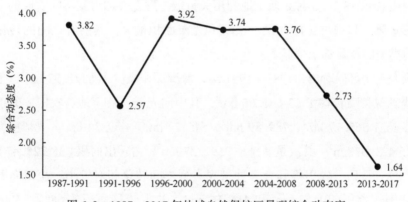

图 6.2　1987—2017 年盐城自然保护区景观综合动态度

表 6.6　1987—2017 年盐城自然保护区景观单一动态度　　　　单位：%

	1987—1991	1991—1996	1996—2000	2000—2004	2004—2008	2008—2013	2013—2017
海域	−0.52	−0.75	0.62	−0.03	0.04	0.41	−0.01
光滩	0.01	0.13	−1.52	−1.43	−1.29	−1.74	−1.10
盐田	0.90	1.44	−1.86	−4.06	−5.74	−6.90	−1.91
农田	5.39	1.50	3.34	1.50	−0.64	1.40	−0.21
鱼塘	−0.28	10.34	32.30	17.61	4.53	2.11	0.68

续表

	1987—1991	1991—1996	1996—2000	2000—2004	2004—2008	2008—2013	2013—2017
干塘	0.44	−2.26	−6.16	−9.07	29.32	0.97	15.45
建设用地	11.61	1.75	−0.48	0.49	21.47	21.14	−0.80
芦苇地	−6.53	−1.09	−13.25	−10.86	3.61	5.12	−0.06
碱蓬地	1.87	−5.25	−11.90	−6.99	3.47	−8.53	−2.00
互花米草地	194.83	175.40	35.80	−0.09	−1.44	1.37	4.26

注：负号表示面积减少，数值越大表示变化越快

6.2.2.3 景观类型转化分析

利用 ArcGIS 10.3 对 8 期土地利用矢量数据融合叠加得到不同阶段的马尔可夫转移矩阵。1987—2017 年间，海域和光滩面积最大，其两者之间的转化以及向其他类型的转移都十分显著。

从表 6.7 可以看出，1987—1991 年，海域面积减少了 6371.97 hm²，主要是向其他景观类型转移了 33 661.65 hm²，其中向光滩、芦苇地、农田、碱蓬地分别转移了 31 565.17 hm²、789.89 hm²、545.22 hm²、489.34 hm²。光滩向海域转出了 25 423.07 hm²，其次是碱蓬地 9592.27 hm²，占转出面积（38 225.47 hm²）的 91.6%。盐田、农田等其余 8 种景观类型之间转化相对较小。盐田向干塘和鱼塘分别转移了 491.53 hm² 和 416.16 hm²，共占转移面积的 68%。农田向建设用地和鱼塘转移面积较多，分别为 770.36 hm² 和 619.73 hm²，总的转移面积较小。鱼塘和干塘主要是两者之间的互相转化，此外还有鱼塘向农田转化了 3442.87 hm²，干塘向盐田转移了 1474.74 hm²。建设面积总的面积变化不大，主要向农田转移了 164.52 hm²，向其他类型转移面积很小。芦苇地面积分布较广，但损失面积较大，主要是由于其向农田、碱蓬地、鱼塘等类型转移了大量面积所致。碱蓬地虽然向芦苇地和光滩转移了大量面积，但其他类型向其转化的面积超出了损失的面积，使得其面积增加了 1902.12 hm²。互花米草地在 1987 年面积较小，因此向其他类型的转化不明显，但由于其快速繁殖，使得大量光滩变成了互花米草地，由此增加了 543.88 hm²。

如表 6.8，1991—1996 年，光滩向其他自然湿地转化明显，共转移了 27 777.71 hm²。盐田主要是向鱼塘和干塘景观类型的转移，但转移面积总体较小。农田主要向鱼塘转移了 2493.44 hm²，向其他类型转移较少。鱼塘和干塘之间转化显著，除此以外，鱼塘还主要向农田转移，而干塘主要向盐田转移。建设用地除向农田转移了 358.03 hm² 以外，向其他类型仅转移了 13.77 hm²。芦苇地减少面积较大，分别向农田、碱蓬地、鱼塘转移了 5303.35 hm²、2145.88 hm²、2135.67 hm²。碱蓬地向芦苇地转移面积最大，达到了 8194.72 hm²，占转出面积的 51.53%。互花米草地转出面积较小，但转入面积较大，有 6453.27 hm² 转化为了互花米草地，使其面积增加显著。

如表 6.9，1996—2000 年，光滩除向海域转换以外，还向互花米草地、碱蓬地、鱼塘、芦苇地转移了 13 706.89 hm²。盐田主要是向鱼塘转移面积较多，为 2155.89 hm²。农田 4 年间共转出 6474.77 hm²，其中向鱼塘和干塘就转移了 5100.40 hm²。鱼塘向农田转移了 1468.04 hm²，向干塘转移了 969.62 hm²，而干塘向鱼塘转移了 7509.30 hm²，向农田转移了 598.48 hm²。建设用地主要向农田转化了 480.92 hm²，同时农田又向建设用地转入了 386.06 hm²，总的转出多于转入，使其总面积减少了 44.63 hm²。芦苇地向农田、鱼塘、干塘、碱蓬地等类型转移较多，共减少了 22 384.76 hm²，但转入面积仅为 3662.77 hm²，面积减少明显。碱蓬地景观面积减少也较为明显，主要是由光滩、鱼塘、农田、芦苇地等转移了较多面积所致。互花米草地转入面积较大，其中又以光滩向互花米草地转移为主。

如表 6.10，2000—2004 年，海域向光滩变化了 21 542.65 hm²，此外主要还向农田和鱼塘转移了 2214.67 hm²。光滩向海域转化了 21 581.23 hm²，基本与海域向光滩转化面积相等。此外，光滩还向鱼塘、互花米草地、碱蓬地、干塘转化较多，达到了 16 253.63 hm²。盐田主要向鱼塘和干塘分别转化了 5559.17 hm² 和 1182.45 hm²。鱼塘相较于干塘转出面积更多，但绝大多数还是两类互转。建设用地除转移为农田 732.55 hm² 以外，转化为其他景观类型较少。芦苇地依然减少明显，向农田和鱼塘分别转化了 4534.97 hm² 和 2808.97 hm²，占转出面积的 75.29%。碱蓬地主要是向鱼塘转移了 3245.91 hm²，向光滩转移了 1414.71 hm²，向芦苇地转移了 1382.04 hm²，向其他类型转移不多。互花米草地面积变化较小，主要是向鱼塘和互花米草地两类转移较多。

如表 6.11，2004—2008 年，海域除向光滩、农田和鱼塘转移面积超过

1000 hm²，其余转移面积都较小。光滩向海域转化了 23 269.26 hm²，还主要向碱蓬地、互花米草地和鱼塘转移了 13 000 余 hm²。盐田向鱼塘、干塘和农田转移较多，共 6120.96 hm²。农田向鱼塘转移面积最多，达到了 7084.28 hm²，其次为海域（1128.81 hm²）和干塘（1110.31 hm²）。鱼塘主要向干塘和农田进行了转移，转移面积为 10 239.78 hm²，占转出面积的 70.36%。干塘除向鱼塘转移3758.75 hm² 外，其余转出面积很小。建设用地面积转出 222.25 hm²，但转入面积为 2213.72 hm²，因此总面积得到了增加。芦苇地 2004 年总面积 9392.85 hm²，在 2008 年为 10 748.74 hm²，主要是鱼塘和碱蓬地向其转入了较大面积造成的。碱蓬地则主要向芦苇地、鱼塘和光滩转移，均在 1000 hm² 以上。芦苇地主要向鱼塘和光滩两种类型转移较多，分别为 4266.93 hm² 和 1068.04 hm²。

　　如表 6.12，2008—2013 年，海域和光滩两者之间转化依然最为显著，但光滩还向互花米草地、鱼塘和芦苇地转移了较多的面积。盐田主要向鱼塘和干塘两类景观类型转化了 8747.42 hm²，占转出面积的 99.63%。农田主要是向其周边的景观类型转化，包括鱼塘、干塘、海域和建设用地等类型，向光滩、盐田和植被景观类型转移很小。鱼塘、干塘除互相转化以外，还向农田转化了较大面积，另外，鱼塘还向建设用地转移了 1203.10 hm²。建设用地转出面积仅为395.57 hm²，但其他景观类型向其转入了 4950.96 hm²，导致建设用地面积增加了 4555.39 hm²。芦苇地共转出了 2690.38 hm²，其中鱼塘、农田和碱蓬地三类合计占了 65.49%。碱蓬地则主要是向芦苇地、鱼塘和互花米草地等三种景观类型转移。互花米草地面积小幅增加，虽向鱼塘转出了 3236.78 hm²，但光滩向其转入了 5579.23 hm²，多于转出面积。

　　如表 6.13，2013—2017 年，海域向海滩转化的面积占 95.32%，向其他类型转化面积很小。光滩向海域转化了 15 766.23 hm²，除此以外转出类型较多的还有干塘、鱼塘和互花米草地。盐田除向干塘转移了 1150.16 hm² 以外，其余转出面积仅为 21.26，占比为 1.81%。农田转出面积主要集中于鱼塘、干塘和建设用地三类，其余类型均不超过 100 hm²。鱼塘和干塘之间转化依然十分强烈，鱼塘向干塘转化了 2083.63 hm²，但从干塘转入了 1410.12。建设用地向农田转化了606.96 hm²，占据了转出面积的 93.36%。三类植被类型湿地景观转出面积均较小，总转出面积合计 2867.92 hm²，相比于其他年份，变化很小。

表6.7 1987—1991年盐城自然保护区景观类型转移矩阵

单位：hm²

	海域	光滩	盐田	农田	鱼塘	干塘	建设用地	芦苇地	碱蓬地	互花米草地	1987年总计
海域	272 865.10	31 565.17	110.57	545.22	57.81	73.11	5.20	789.89	489.34	25.34	30 6526.75
光滩	25 423.07	213 959.57	157.47	166.38	938.76	988.30	1.66	417.10	9592.27	540.46	252 185.04
盐田	145.08	79.02	33 909.12	75.33	416.16	491.53	8.85	93.97	33.56		35 252.62
农田	564.89	0.98	107.76	67 458.99	610.73	155.97	770.36	145.33	4.15		69 819.16
鱼塘	53.19	86.48	385.55	3442.87	5622.69	1151.06	4.80	73.45	137.07		10 957.16
干塘	102.90	226.74	1474.74	97.30	1001.27	7556.45		80.40	565.64		11 105.44
建设用地	4.14		0.08	164.52		0.06	1286.38	0.77	0.09		1456.04
芦苇地	604.84	625.96	321.29	11 849.00	1558.82	404.70	55.12	31 424.92	3736.65	4.97	50 586.27
碱蓬地	391.35	5685.27	61.92	1078.16	629.12	477.05		4336.00	12 739.80	0.41	25 399.08
互花米草地	0.22	17.80				0.96		5.69	2.63	42.49	69.79
1991年总计	300 154.78	252 246.99	36 528.50	84 877.77	10 835.36	11 299.19	2132.37	37 367.52	27 301.20	613.67	763 357.35

表6.8 1991—1996年盐城自然保护区景观类型转移矩阵

单位：hm²

	海域	光滩	盐田	农田	鱼塘	干塘	建设用地	芦苇地	碱蓬地	互花米草地	1996年总计
海域	274 349.79	23 948.74	182.91	728.78	355.31	257.45	11.67	168.95	66.63	84.55	300 154.78
光滩	11 946.60	224 469.28	94.68	1012.72	851.90	895.86	14.99	1615.82	6453.27	4891.87	252 246.99
盐田	127.31	69.43	35 317.03	220.23	493.82	278.51	3.03	11.53	7.61		36 528.50
农田	665.62	23.44	424.24	80 411.92	2493.44	341.76	486.00	28.82	2.53		84 877.77
鱼塘	81.02	205.28	550.38	1441.87	6831.48	1481.21	1.52	234.79	7.81		10 835.36
干塘	160.96	340.67	2361.57	546.66	2482.69	5290.16	0.10	68.99	47.39		11 299.19
建设用地	6.59	0.24	1.13	358.03	4.75	0.92	1760.57	0.14			2132.37
芦苇地	1044.81	873.97	135.87	5303.35	2135.67	658.94	27.50	24 983.25	2145.88	58.28	37 367.52
碱蓬地	483.49	3936.56	86.65	1200.88	789.71	819.17	14.01	8194.72	11 397.56	378.45	27 301.20
互花米草地	1.88	9.11		0.15	0.97			18.21	1.02	582.33	613.67
1991年总计	288 868.07	253 876.72	39 154.46	91 224.59	16 439.74	10 023.98	2319.39	35 325.22	20 129.70	5995.48	763 357.35

表 6.9　1996—2000 年盐城自然保护区景观类型转移矩阵

单位：hm²

	海域	光滩	盐田	农田	鱼塘	干塘	建设用地	芦苇地	碱蓬地	互花米草地	1996 年总计
海域	268 569.84	17 604.57	210.16	1203.60	867.05	90.31	20.67	148.24	61.66	91.97	288 868.07
光滩	25 372.46	213 615.70	30.88	731.39	2116.18	414.10	5.30	1183.37	2724.39	7682.95	253 876.72
盐田	36.03	325.99	35 533.02	259.69	2155.89	808.50	0.62	6.54	28.18		39 154.46
农田	632.10	69.57	159.41	84 749.82	3963.29	1137.11	386.06	97.55	29.68		91 224.59
鱼塘	69.19	96.32	47.21	1468.04	13 720.76	969.62	8.32	44.95	15.32	0.01	16 439.74
干塘	87.73	444.23	221.94	598.48	7509.30	1117.51	0.42	33.71	10.66		10 023.98
建设用地	6.04		4.72	480.92	24.23	1.73	1800.62	1.13			2319.39
芦苇地	807.69	1066.46	28.93	11 694.89	4224.77	2252.80	49.34	12 940.46	1460.65	799.23	35 325.22
碱蓬地	425.90	5036.44	8.91	2213.63	3087.14	762.93	3.41	2036.84	6155.60	398.90	20 129.70
互花米草地	19.13	184.39		0.40	8.61			110.44	63.79	5608.72	5995.48
2000 年总计	296 026.11	238 443.67	36 245.18	103 400.86	37 677.22	7554.61	2274.76	16 603.23	10 549.93	14 581.78	763 357.35

表 6.10　2000—2004 年盐城自然保护区景观类型转移矩阵

单位：hm²

	海域	光滩	盐田	农田	鱼塘	干塘	建设用地	芦苇地	碱蓬地	互花米草地	2000 年总计
海域	271 878.86	21 542.65	30.79	1313.01	901.66	16.59	35.57	136.81	84.46	85.71	296 026.11
光滩	21 581.23	199 308.76	99.11	485.06	6712.23	1400.16	7.22	708.66	3082.94	5058.3	238 443.67
盐田	240.63	56.31	28 999.1	184.31	5559.17	1182.45	6.19	2.14	14.88		36 245.18
农田	998.37	173.86	47.3	96 853.2	4243.2	543.54	496.36	36.87	8.16		103 400.86
鱼塘	321.56	433.11	685.95	3278.42	31 724.42	954.83	128.62	104.56	36.3	9.45	37 677.22
干塘	20.9	44.53	472.84	1531.89	5241.3	238.99		0.25	3.91		7554.61
建设用地	16.8	0.25	0.09	732.55	13.76		1509.19	1.03	1.09		2274.76
芦苇地	404.94	553.27	12.34	4534.97	2808.97	48.47	105.17	6849.27	792.74	493.09	16 603.23
碱蓬地	168.8	1414.71	9.32	661	3245.91	242.33	29.94	1382.04	3102.37	293.51	10 549.93
互花米草地	60.18	1316.26		16.12	3769.76	186.25	0.88	171.22	472.87	8588.24	14 581.78
2004 年总计	295 692.27	224 843.71	30 356.84	109 590.53	64 220.38	4813.61	2319.14	9392.85	7599.72	14 528.30	763 357.35

表6.11 2004—2008年盐城自然保护区景观类型转移矩阵

单位：hm²

	海域	光滩	盐田	农田	鱼塘	干塘	建设用地	芦苇地	碱蓬地	互花米草地	2004年总计
海域	270 564.40	22 255.90	23.03	1300.39	1083.25	52.73	33.34	228.06	52.49	98.68	295 692.27
光滩	23 269.26	186 836.07	99.39	401.46	4209.47	89.64	0.31	703.82	4811.68	4422.61	224 843.71
盐田	76.68	60.97	23 064.72	883.62	3786.87	1450.47	597.02	145.52	290.35	0.62	30356.84
农田	1128.81	32.75	3.03	99 109.06	7084.28	1110.31	977.43	135.73	6.94	2.19	109 590.53
鱼塘	479.72	1313.65	185.92	3890.60	49 666.18	6349.18	593.02	1402.93	227.69	111.49	64 220.38
干塘	1.25	0.13	0.62	121.18	3758.75	924.41	0.09			7.18	4813.61
建设用地	9.38	0.02	0.01	181.43	9.87	2.38	2096.89	0.91	15.25	3.00	2319.14
芦苇地	303.67	674.81		704.38	792.67	61.63	2.75	5971.97	580.32	300.65	9392.85
碱蓬地	167.41	1013.95	6.03	176.97	1200.04	134.98	9.76	1922.73	2284.78	683.07	7599.72
互花米草地	202.13	1068.04		22.24	4266.93	283.47		237.07	383.99	8064.43	14 528.30
2008年总计	296 202.71	213 256.29	23 382.75	106 791.33	75 858.31	10 459.20	4310.61	10 748.74	8653.49	13 693.92	763 357.35

单位：hm²

表 6.12　2008—2013 年盐城自然保护区景观类型转移矩阵

	海域	光滩	盐田	农田	鱼塘	干塘	建设用地	芦苇地	碱蓬地	互花米草地	2008 年总计
海域	281 391.38	12 554.14	14.99	709.43	880.59	73.78	167.34	308.32	9.24	93.50	296 202.71
光滩	17 603.87	179 506.11	20.90	445.61	4394.48	844.34	522.68	1577.18	2761.89	5579.23	213 256.29
盐田	6.55	16.36	14 635.33	7.60	6702.66	2012.83	0.03	0.01	0.58	0.80	23 382.75
农田	1564.63	15.46	10.71	100 398.23	2011.56	1274.99	1325.03	184.61	4.61	1.50	106 791.33
鱼塘	701.95	657.04	364.76	8050.91	60 507.83	4038.02	1203.10	193.80	63.87	77.03	75 858.31
干塘	21.12	292.74	268.83	3228.96	4001.83	1809.16	738.71	41.70	30.49	25.66	10459.20
建设用地	32.16	0.08		246.43	9.09	0.81	3915.04	3.92	103.08		4310.61
芦苇地	370.43	153.61		548.22	786.56	133.03	108.75	8058.36	427.10	162.68	10 748.74
碱蓬地	412.32	830.74	0.01	533.86	1344.63	409.52	300.21	2417.90	1292.63	1111.67	8653.49
互花米草地	227.26	634.14	0.00	78.29	3236.78	369.23	585.11	713.12	270.63	7579.36	13 693.92
2013 年总计	302 331.67	194 660.42	15 315.53	114 247.54	83 876.01	10 965.71	8866.00	13 498.92	4964.12	14 631.43	763 357.35

表 6.13　2013—2017 年盐城自然保护区景观类型转移矩阵

单位：hm²

	海域	光滩	盐田	农田	鱼塘	干塘	建设用地	芦苇地	碱蓬地	互花米草地	2013年总计
海域	286 377.71	15 206.77	0.00	1.32	396.00	31.82	0.20	38.43	91.35	188.07	302 331.67
光滩	15 766.23	170 908.34	0.08	0.28	1237.66	3679.24	0.51	258.01	333.63	2476.44	194 660.42
盐田	0.00	0.05	14144.11	0.20	0.37	1150.16	12.49		0.09	8.06	15 315.53
农田	1.24	0.06		112 678.26	607.54	590.02	317.17	4.38	48.01	0.86	1142 47.54
鱼塘	1.60	2.26	0.30	4.48	81 451.13	2083.63	1.34	124.38	127.15	79.74	83 876.01
干塘	1.20	0.57	0.06	2.40	1410.12	9331.59	1.14	76.12	20.80	121.71	10 965.71
建设用地	0.18	0.15	0.32	606.96	10.00	1.32	8215.85	0.10	24.22	6.90	8866.00
芦苇地	1.83	0.77		0.18	3.83	122.56	2.87	12 936.69	213.77	216.42	13 498.92
碱蓬地	1.96	2.96	0.24	0.24	584.21	228.81	27.87	20.18	3681.91	415.98	4964.12
互花米草地	7.33	9.84	0.01	0.13	443.69	524.99	1.67	8.99	26.83	13 607.95	14 631.43
2017年总计	302 159.28	186 131.77	14 144.88	113 294.45	86 144.55	17 744.14	8581.11	13 467.28	4567.76	17 122.13	763 357.35

从总的转化来看，海域与光滩两类互转面积最大，因为这两种类型本身所占面积较大。有少量面积的海域向农田、建设用地等类型的转化，主要是海域景观类型中包含了一部分向周边类型转化的河流。光滩连接植被与海域，因此与芦苇地、碱蓬地和互花米草地景观类型转移也较明显。盐田面积不断减少，一方面是由制盐业的调整和萎缩所致，另一方面是由盐田景观向周边的鱼塘和干塘景观转移较大造成的。鱼塘与干塘之间互转明显，此外还有一些向周边农田等的转移，但向周边农田转移的面积相对于两类互转较少。三类植被景观类型中，碱蓬地除2004—2008年间有所增加外，均持续减少；芦苇地先减少，2013年以后趋于稳定；互花米草地则显著增加。三者主要集中于内部转化，但也有向光滩、鱼塘和干塘等的转化。

6.2.2.4　景观类型空间变化

1987—2017年30年间8期景观格局，未发生转化的区域较大。海域和光滩主要在两者之间互相转化，在区域上也只表现在东侧的海域和潮滩地带；同时，海域和光滩还向鱼塘、互花米草和干塘转换。转为鱼塘的区域集中在大丰区和东台市，两地区对海开发利用强度大，使得转为互花米草的地域向保护区核心区靠拢，人类活动影响小或趋于无人类活动干扰，使得互花米草自然扩张。农田、鱼塘、干塘等主要发生在大丰区和东台市，在盐城滨海湿地射阳县以南地区沿海地区集中发生转换。盐田的转换集中在响水县，也反映了在经济因素驱动下鱼塘养殖开始不断扩张。盐田和农田集中向鱼塘和干塘转换，响水和滨海县盐田转换活跃频繁。鱼塘主要转为农田，干塘主要转为鱼塘，相互补充。芦苇和碱蓬向鱼塘和农田转换，集中在经济活跃的大丰区，该区为人类活动对自然湿地的开发利用频繁的地区。互花米草的转换集中在大丰区与东台市沿海地区，分布集聚并向南北扩散。盐田和农田主要转向鱼塘和干塘，鱼塘也大部分转向农田，反映农田与鱼塘的相互转换，鱼塘的转换集中在射阳县。建设用地面积小，故保持其空间位置未发生转换，而农田和干塘向其转入，使得建设用地面积扩大。芦苇和碱蓬集中向农田、鱼塘转换，集中在大丰区。互花米草转出少，潮滩是其主要扩张对象。

6.2.3 景观格局变化分析

6.2.3.1 景观尺度的景观格局变化分析

利用 FRAGSTAT 4.2，计算出盐城自然保护区从 1987—2017 年 8 期景观水平格局指数，如表 6.14。在人类活动干扰以及自然演替下，盐城自然保护区景观格局发生了较大的变化。从斑块密度来看，总体呈减少趋势，从 1987 年的 0.6311 个 /（100 hm²）下降到 2017 年的 0.4218 个 /（100 hm²），下降了 33.16%。1987—1991 年减少了 0.1990 个 /（100 hm²），到 1996 年增至 0.6549 个 /（100 hm²），之后持续减少。这主要是 1987—1991 年景观动态度最高，各类型转化较为活跃，而那些较小的斑块在转化后都逐渐消失导致的。从 1996 年开始，最大斑块指数逐渐增加，到了 2017 年，增加到了 38.5215。边缘密度除 1991 年外，一直呈减少趋势，在 2017 年达到最小值，为 8.4453。从形状指数来看，除 1987 年为 28.1411 外，其余年份均维持在 21 ~ 23 之间，变化幅度较小，这说明盐城自然保护区景观类型规则程度较高，这主要是因为自然湿地和人工湿地以及农田都呈大面积有规则的分布，建设用地面积较小，对其影响不大。多样性指数总体增加，30 年间增加了 0.1161，变化幅度较小。均匀化程度逐渐提升，但是变化不是很明显，约等于 0.7，说明研究区内优势景观面积有所下降，斑块类型在景观中的分布越来越均匀。1987 年除多样性指数和均匀性指数最小外，其余四种景观指数均为最大，说明 1987 年景观分布较为分散，斑块数量较多，其中的海域、光滩、芦苇地、农田等大面积斑块也较多，但是其边界较为复杂。随着人类活动的干扰，国家级保护区的建立，加上内部工农业发展，农田、鱼塘、干塘等类型的转化，使得这些景观面积更为集中，也更为规则，优势景观也呈下降趋势。

表 6.14　1987—2017 年盐城自然保护区景观尺度水平指数

年份	PD	LPI	ED	LSI	SHDI	SHEI
1987	0.6311	39.0893	10.3062	28.1411	1.5224	0.6612
1991	0.4321	38.6232	8.6214	21.4535	1.5342	0.6663
1996	0.6549	37.0845	9.2961	23.1133	1.5734	0.6833

续表

年份	PD	LPI	ED	LSI	SHDI	SHEI
2000	0.6148	38.0016	9.1272	22.5493	1.5761	0.6845
2004	0.5306	38.0607	8.7442	21.6946	1.5675	0.6808
2008	0.4538	38.1416	8.6644	21.4394	1.6055	0.6973
2013	0.4269	38.4276	9.0303	22.2159	1.613	0.7005
2017	0.4218	38.5215	8.4453	21.0355	1.6386	0.7116

6.2.3.2　类型尺度的景观格局变化分析

从图6.3中可以看出，碱蓬地、海域、光滩和芦苇地四种类型斑块密度波动最大，尤其是碱蓬地在1996年达到了最大值0.2133个/（100 hm²），这也导致了景观水平的斑块密度在1996年达到最大值为0.6549个/（100 hm²）。这4种景观类型在1987年都较大，而其他6种景观类型斑块密度都很小，均低于0.0135个/（100 hm²）。说明这两期景观类型斑块数量较多，斑块破碎度较高。1996—2008年间，除了2008年光滩的斑块密度增加到0.1356个/（100 hm²）以外，其余9种景观斑块类型都呈下降趋势，这也与景观水平的斑块密度呈现出的下降趋势一致。到了2017年，碱蓬地、海域、光滩三种类型已经到最小值，

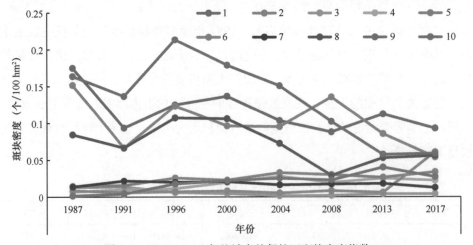

图6.3　1987—2017年盐城自然保护区斑块密度指数

注：图中1表示海域，2表示光滩，3表示盐田，4表示农田，5表示鱼塘，6表示干塘，7表示建设用地，8表示芦苇地，9表示碱蓬地，10表示互花米草地。

而鱼塘、农田和干塘斑块密度呈现小幅上涨的趋势，说明自然湿地景观呈现出集中化而人工湿地景观和非湿地景观呈现破碎化的趋势。

由图6.4可知，形状指数大多维持在5～25之间，盐田的形状指数最小，基本稳定在4左右，说明盐田的形状最为规则。碱蓬地的形状指数最大，但总体呈减少趋势，从55.7763下降到了25.8855，下降了53.59%，并在2013年之后趋于稳定。芦苇地与碱蓬地呈现出类似的趋势，但其在2008年达到最低值15.3699。干塘在2013—2017年间快速上升至21.3747，景观呈现出不规则化。海域和光滩在1987年均为其最高值，但其后都呈下降趋势。在2013—2017年间，除干塘和芦苇地两种类型以外，其余景观类型的形状指数都保持稳定或者下降，说明这期间的景观形态趋于稳定规则。从动态度和转移矩阵来看，这期间景观类型变动减少，分布也越趋均匀。

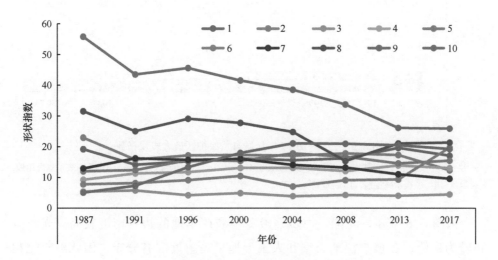

图6.4 1987—2017年盐城自然保护区形状指数

注：图中1表示海域，2表示光滩，3表示盐田，4表示农田，5表示鱼塘，6表示干塘，7表示建设用地，8表示芦苇地，9表示碱蓬地，10表示互花米草地。

由图6.5可知，1987—2017年，海域的最大斑块指数一直最高，一直维持在38%左右，说明海域是研究区的优势景观。其次是光滩，其最大斑块指数总体较高，但呈下降趋势，且最大斑块指数波动较为明显，最高是1996年的28.8481，最低值为2013年的10.1982，在所有景观类型中的最大斑块所占比例下降明显。农田面积较大，也较为集中，其最大斑块指数也较大，在2004年达到了最大，为 8.2741。其余 7 类最大斑块指数都较小，主要是因为其面积也较小。但也可以看出鱼塘和互花米草地的最大斑块指数呈上升趋势，主要是因为保护区内除种植业外，以养殖业为主，鱼塘面积越来越多，其中核心区等主要保护区域内的鱼塘逐渐转移，在其他区域聚集扩大了其最大斑块指数，而互花米草地在光滩等地区的扩展越来越显著，增加了其最大斑块指数。

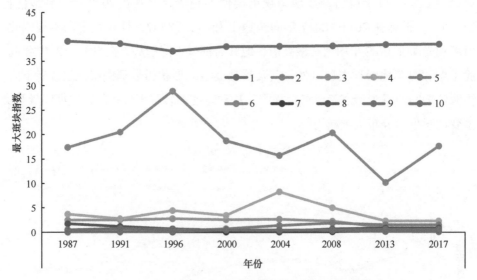

图 6.5　1987—2017 年盐城自然保护区最大斑块指数

注：图中 1 表示海域，2 表示光滩，3 表示盐田，4 表示农田，5 表示鱼塘，6 表示干塘，7 表示建设用地，8 表示芦苇地，9 表示碱蓬地，10 表示互花米草地。

由图 6.6 可知，光滩、海域、碱蓬地和芦苇地的边缘密度较高。光滩分布较为广泛，在植被湿地类型和人工湿地景观附近都有分布，因此破碎化程度较高。海域包括了河流，河流的条带状增加了其边缘密度。碱蓬地和芦苇地大量转化为其他类型景观，在 30 年间面积减小明显，且这两类景观类型的边缘密度总体都呈减少趋势，说明其破碎化程度有所减轻，也逐步趋于稳定。农田和鱼塘边缘密度呈上升趋势，分别从 1987 年的 1.0141 和 0.6044 增加到 2017 年的 2.0504 和 2.2893，增幅显著，这是因为一方面，这两种景观类型面积有所增加，另一方面，其他景观类型向其发生转化。盐田和建设用地一直保持在 0.3～0.5，波动很小。盐田主要分布在北部区域，范围一直比较固定，形状较为规则。建设用地面积较小，而且以聚集性的农村和集镇为主，形状较为规则。干塘在 2013 年之前的边缘密度都较小，但在 2017 年有所增加达到了 1.3472，可能与其向其他类型的转化有关。互花米草地也从 1987年的最低值 0.0202 增加到 2017 年的 1.3067，增加了 6368.81%，说明破碎化程度加深。

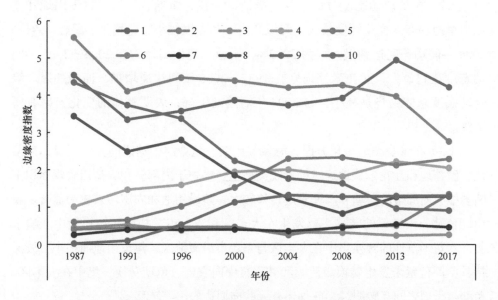

图 6.6 1987—2017 年盐城自然保护区边缘密度指数

注：图中 1 表示海域，2 表示光滩，3 表示盐田，4 表示农田，5 表示鱼塘，6 表示干塘，7 表示建设用地，8 表示芦苇地，9 表示碱蓬地，10 表示互花米草地。

6.2.4 小结

本章节主要利用景观单一动态度、景观综合动态度、景观类型转移矩阵、景观格局指数等方法，对盐城自然保护区 1987—2017 年的各景观类型时空演变和景观格局指数变化进行了计算和分析，主要得出了以下结果。

（1）在景观类型数量变化方面，盐城自然保护区景观类型主要包括自然湿地、人工湿地和非湿地三种类型，其中自然湿地面积最大，但是不断减少；人工湿地和非湿地所占比例相似，均呈现增加趋势。在 1987—2017 年间自然湿地中光滩、芦苇地和碱蓬地减少较多，分别为 66 053.27 hm²、37 118.99 hm² 和

20 831.32 hm²，而互花米草地呈现增加趋势。人工湿地中除盐田面积不断减少外，鱼塘和干塘面积总体呈增加趋势。非湿地类型中的农田和建设用地都增加明显，到 2017 年分别增加了 43 475.29 hm² 和 7125.07 hm²，极大地提高了非湿地所占面积的比例。

（2）在景观动态度方面，受人类活动干扰，鱼塘、干塘、建设用地和互花米草地动态度变化幅度较大，海域和光滩动态度较小，鱼塘主要是在 1991—2004 年间动态度达到最大，为 32.3%，干塘和建设用地均在 2004—2008 年间动态度达到最大，互花米草地则在 1987—2000 年间快速增加，而后趋缓。综合动态度总体趋势是减小，自 2004 年后逐渐下降，表明整体的变化速率有所减缓。

（3）在景观类型转化方面，海域与光滩、鱼塘与干塘之间互转明显，芦苇地、碱蓬地和互花米草地这三种景观类型主要集中于内部转化，盐田景观面积不断萎缩，向周边的鱼塘和干塘景观转移较大，建设用地和农田转入较为显著。农田、鱼塘、干塘等的转移主要发生在大丰区和东台市，盐田的转换集中在响水县，互花米草地的转换集中在大丰区与东台市沿海地区，建设用地面积小，故保持其空间位置未发生转换。芦苇和碱蓬集中向农田、鱼塘转换，集中在大丰区。鱼塘与干塘之间互转明显，此外还有一些向周边农田等转移。

（4）在景观格局指数方面，斑块密度总体呈减少趋势，从 1987 年的 0.6311 个 /（100 hm²）下降到 2017 年的 0.4218 个 /（100 hm²）。边缘密度除 1991 年外，一直呈减少趋势，在 2017 年达到最小值。形状指数除 1987 年为 28.1411 外，其余年份均维持在 21~23 之间，变化幅度较小。多样性指数总体增加，30 年间增加了 0.1161，变化幅度较小。均匀化程度逐渐提升，但是变化不是很明显。碱蓬地、海域、光滩和芦苇地四种类型斑块密度波动最大，而其他 6 种景观类型斑块密度都较小。各类型景观形态指数大多维持在 5~25 之间，盐田的形状指数最小，碱蓬地的形状指数最大，但总体呈减少趋势。海域的最大斑块指数一直最高，是研究区的优势景观。其次是光滩和农田，其余 7 类最大斑块指数都较小。光滩、海域、碱蓬地和芦苇地的边缘密度较高，其余景观类型边缘密度较小。

6.3 基于景观时空格局的盐城自然保护区碳足迹分析

6.3.1 盐城自然保护区碳排放系数的选取依据

土地利用变化是造成碳循环不平衡的主要因素之一，也是仅次于能源碳排放的最主要人为活动之一。植被的固碳作用主要体现在光合作用固定碳，将其贮存在生物中；而植被碳排放主要是呼吸作用和植被衰败导致的自身碳排放，以及植被破坏引起的碳排放。土壤总碳储量包括土壤有机碳储量和土壤无机碳储量，土壤有机碳分布和储量占绝大多数。土壤无机碳主要分布在干旱、半干旱地区，其他地区占比很小，且估算不确定性较大[382]。土地利用变化会导致地上植被和土壤类型发生变化，毁林开荒、围垦活动、城市发展和交通建设等，导致滨海湿地土壤和植被碳储量大量减少，使得温室气体大量排放到空气中进一步导致了湿地碳足迹的增加。

联合国政府间气候变化专门委员会（Intergovernmental Panel on Climate Change，IPCC）2006 年的土地利用碳排放评估方法中，包括三类土地利用分析方法：第一类是土地利用总面积，无土地利用间转化的数据；第二类是有土地利用总面积，包括类别间的变化的数据类似土地利用转化矩阵；第三类是有空间明晰的土地利用转化数据。本研究基于第二类，即有各景观类型总量的变化，但是不考虑土地利用之间的转移。本研究不考虑不同区域内同一景观类型碳排放/吸收系数的差别，利用不同景观类型的碳排放系数和不同景观类型面积计算出盐城自然保护区内各种景观类型所产生的碳排放量。根据碳排放和碳足迹的各自不同的内涵以及研究需要，将碳排放定义为某一地理区域内（盐城自然保护区内）所产生的二氧化碳量（本文以 C 计，下同），将碳足迹的定义为吸收人类活动所产生的二氧化碳排放所需要的生产力土地面积，依据此定义，在碳排放量基础上，结合不同景观类型的净初级生产力，计算出碳足迹，即吸收上述碳排放量所需要的生产力土地面积。

碳排放系数是不断变化的值，会受到研究区如温度、盐度、海陆关系、植被类型等因素的影响。本研究受到一些客观条件的限制，无法得到一个确定的值，因此用一个近似值来代替，虽然会产生误差，但计算结果会较接近准确值，不影响研究结论的可靠性。本研究中海水、光滩、盐田、农田、鱼塘、干塘、建设用地、芦苇地、碱蓬地和互花米草地的碳排放系数均根据有关文献数据总结所得，并主要依据区域就近、景观对应等原则获取。

海洋是地球最大的碳库。海洋植物通过光合作用吸收 CO_2，将其转化为生命颗粒有机碳，再通过食物链逐层转移到大型动物，最后通过浮游动物的垂直洄游和大量非生命颗粒有机碳的沉降构成有机物的由表层向深层转移的过程。水域和海洋一样也可以溶解碳。叶绿素 a 是浮游植物进行光合作用的主要色素，也是表征海洋初级生产者即浮游植物生物量的一个重要指标，在一定程度上反映了海洋初级生产力。Tsunogai 等[383]通过对东海的调查发现东海在整个年度上是大气的汇，其 CO_2 通量约为 35 g·m^{-2}·a^{-1}（C），并在此基础上提出了"大陆架泵"的概念，认为碳可以从陆架海区流向大洋，如果世界上的陆架海区都以东海的速度吸收大气 CO_2，陆架海域每年可向大洋输送 1 Pg（C）。Thomas 等[384]将英国北海的研究外推至整个大陆架，认为陆架海域吸收大气 CO_2 相当于大洋吸收的 20%，即 0.4 Pg·a^{-1}（C）。近期的研究也发现近海沉积物是碳循环中重要的环节，一方面，大气 CO_2 经过一系列生物地球化学过程转化为颗粒性碳，最后沉降到沉积物中，成为重要的"汇"；另一方面，近海的物理和生物化学改造作用会使得上述过程向反方向进行，成为"源"[385]。中国近海渤海、黄海、东海和南海是大气 CO_2 的重要汇区，每年吸收的碳量在 1000~2000 万 t，缓解了这些海域邻近国家大气 CO_2 浓度增高的压力。已有研究表明，溶解有机碳浓度为渤海＞黄海＞东海，距岸越近浓度越高，中国近海可溶性碳和颗粒碳范围分别为 1.58~3.93 mg·L^{-1}、0.21~0.42 mg·L^{-1}，明显高于太平洋其他海域。2005年南黄海初级生产力，即浮游植物固碳强度 95~1634 mg·m^{-2}·d^{-2}（C）平均586 mg·m^{-2}·d^{-1}（C），乘以 365 天，得到结果为 2.1389 t·hm^{-2}·a^{-1}（如无特殊说明，下文均以 C 计）。此外，胡好国等[386]于 2004 年研究表明，黄海年初级生产力为 159 g·m^{-2}·a^{-1}，即 1.59 t·hm^{-2}·a^{-1}。考虑到随着经济社会的发展，近海营养物质的增加，浮游植物随之增加，固碳能力也会相应增强，因此将海水的碳吸收系数取值为 2.1389 t·hm^{-2}·a^{-1}。

光滩是连接海水和陆地生态系统的土地利用类型，基本没有植被，而芦苇和互花米草的土壤碳排放强度相比于光滩要大很多[150]。因此主要是土壤的呼吸和固碳。土壤呼吸作用是复杂的生化过程，要测其碳汇能力的大小，需要先对不同年份土壤普查，而后测其有机碳密度及年均变化的情况。土壤在一段时间内的碳密度，不会发生很大的改变，因此，本研究采用已有的经验数据。段晓男等[387]发现江苏沿海海涂的土壤碳汇效应为 $0.23\,562\ t\cdot hm^{-2}\cdot a^{-1}$。而许鑫王豪[387]在对盐城滨海湿地的研究中发现，光滩的碳排放为 $0.163\,663\ t\cdot hm^{-2}\cdot a^{-1}$，因此净碳吸收系数为 $0.071\,957\ t\cdot hm^{-2}\cdot a^{-1}$。

对盐田碳排放系数的研究很少。盐田中没有浮游植物来进行光合作用和呼吸作用，因此植被碳吸收和排放均为0。盐田主要是通过晒盐法，即通过阳光和风将海水蒸发而析出盐，总的碳排放很少。由于水可以溶解一定量的二氧化碳，并可以与钙离子形成碳酸氢钙和碳酸钙，碳酸钙会形成沉淀起到固碳的作用。但是相比于水域的碳吸收能力，盐田的吸收十分稀少。同时由于盐田的特殊性，土壤的碳吸收和排放也与其他类型不同，几乎没有碳排放产生。因此在综合碳排放和碳吸收的前提下，将盐田归为碳汇，其碳吸收系数确定为 $0.005\ t\cdot hm^{-2}\cdot a^{-1}$。

对农田碳排放的研究很多，但对于农田是碳源还是碳汇仍存在很大争议。农田生态系统中农作物全生育期光合作用对碳是吸收的，土壤也能进行固碳作用。农田的碳排放主要来源十分丰富，化肥和农药的生产和使用、农业机械的使用、农田类型的转移等都会产生碳排放。卢俊宇等[388]学者在计算耕地和园地的碳吸收时认为增加的生物量所固定的碳在收获季节会被收割，在短时间内会被分解到大气中，因此不考虑耕地和园地中的农作物对二氧化碳的吸收。张梅等[388]将全国的耕地碳排放系数定为 $-0.13\ t\cdot hm^{-2}$。李甜甜[389]分析江苏省农田碳吸收情况发现，农田生态系统表现为碳汇功能，说明江苏省农田生态系统具有显著的碳汇作用。李强等[390]则在研究盐城亭湖区四种农田作物时发现其 CO_2 排放量由大到小顺序为：水稻（$3896.01\ kg\cdot hm^{-2}$）＞玉米（$2505.55\ kg\cdot hm^{-2}$）＞小麦（$2093.05\ kg\cdot hm^{-2}$）＞大麦（$1886.44\ kg\cdot hm^{-2}$），这也表明绝大部分农田的碳源特征更为明显。因此综合几种数值，将农田碳排放系数取值为 $0.422\ t\cdot hm^{-2}\cdot a^{-1}$，将土壤年均固碳速率确定为 $0.452\ t\cdot hm^{-2}\cdot a^{-1}$，将土壤年均碳呼吸大致取值为 $0.670\ t\cdot hm^{-2}\cdot a^{-1}$，因此总的碳排放系数为 $0.64\ t\cdot hm^{-2}\cdot a^{-1}$。

湿地作为一个十分活跃的生态系统，在淹水条件下会产生碳排放，释放 CO_2、CH_4、N_2O 等温室气体。但是湿地中植物在光合作用的过程中会消耗 CO_2，土壤分解产生的 CO_2 也会被植被、细菌等固定，而且在植被类型多样、数量众多的情形下，固碳作用要显著高于碳排放。围垦、富营养化、放牧很可能削弱潮间带湿地的碳汇功能，而外来植物入侵可能在一定程度上增加其碳汇潜能，这也已经被一些研究证实[391]。而且已有研究表明，互花米草光合作用固定的碳和呼吸作用排放的碳的比值大于1[387]，即互花米草总体上属于碳汇，芦苇和碱蓬也是类似，都属于碳汇。宋鲁萍等[392]则发现黄河三角洲的碱蓬和芦苇土壤的 CO_2 排放强度最高分别约为 120 和 160 mg·m^{-2}·h^{-1}。徐鹏[393]对崇明岛滨岸湿地植被碳估算时，发现互花米草区和芦苇区的碳汇能力要强于海三棱藨草区，互花米草比海三棱藨草更具竞争优势，互花米草区与芦苇区的碳汇能力比较需要做进一步的研究。崇明岛滨海湿地植物群落中，芦苇年固碳能力为（1.02±0.12）kg·m^{-2}·a^{-1}，海三棱藨草年固碳能力为（0.33±0.05）kg·m^{-2}·a^{-1}，互花米草年固碳能力为（1.32±0.10）kg·m^{-2}·a^{-1}。可见，崇明岛滨海湿地植物群落具较强固碳功能[394]。盐城滨海湿地与此类似，整体上表现为碳汇。因此选取许鑫王豪的研究结果[387]，芦苇地、碱蓬地和互花米草地属于碳汇，其碳吸收系数分别为 17.97 t·hm^{-2}·a^{-1}、4.34 t·hm^{-2}·a^{-1}、3.22 t·hm^{-2}·a^{-1}。

在建设用地的碳排放系数方面，盐城自然保护区内主要以农田为主，建设用地、居住用地等也占有一定比例。根据已有研究，大部分对建设用地碳排放的测算都是以替代法计算出以建设用地为基础的人口、能源、废弃物等的碳排放量，并以此代表建设用地的碳排放量。但是由于盐城自然保护区并没有完整的行政区划，难以统计这些数据资料，因此最后参考相关文献对江苏省、盐城市的碳排放的测算，得出建设用地的碳排放系数为 73.66 t·hm^{-2}·a^{-1}[172]。需要说明的是，由于保护区建设用地建筑密度和能源利用密度较低，并且暂未收集到同类型建设用地的碳排放系数进行计算，因此本研究选取的碳排放系数会相对较高，但不会对结果造成较大影响。考虑到建设用地土壤碳汇效应明显，主要是因为土壤碳来源丰富，不仅包括植被的枯枝落叶，还包括生活和生产中产生的大量含碳垃圾，并且建设用地地表硬化，封闭效果好，可以减少土壤碳的分解，有利于其蓄积。而且建设用地上的植被也有固碳作用，因此将植被和土壤碳吸收系数分别取值为 0.142 t·hm^{-2}·a^{-1} 和 0.95 t·hm^{-2}·a^{-1}[395]，总的碳排放系数取值确定为 72.568 t·hm^{-2}·a^{-1}。

鱼塘水生植被面积有限，叶绿素 a 含量少，因此水域植被碳汇能力视为 0 t·hm^{-2}·a^{-1}。但河湖水面具有吸收 CO_2 的能力，最后以沉积的形式储存在底泥之中。苑韶峰[396]提出江苏水域湿地碳排放系数为 -0.0248 t · hm^{-2} · a^{-1}，但范围太广，不好取舍。根据段晓男等[387]的研究成果，华东地区河湖水面碳汇能力为 0.5667 t · hm^{-2} · a^{-1}。鱼塘与河湖水面存在一定差异，一方面由于没有其他数据作为支撑，另一方面河湖的植被也较少，对总的结果影响不大，因此以华东地区河流水面的系数代替鱼塘的碳排放系数，取值为 0.5667 t · hm^{-2} · a^{-1}。

干塘是鱼塘没有水的状态，是类似光滩的景观类型，既能固碳也会排放碳，因此与光滩取值一样，为 0.071957 t · hm^{-2} · a^{-1}。

综上所述，选取相关文献中景观类型的碳排放和碳吸收系数，并计算各景观类型的综合值（表6.15），为碳排放和碳足迹的计算奠定基础。

表 6.15 不同景观类型的碳排放系数　　　　　　　单位：t · hm^{-2} · a^{-1}

景观类型	碳排放系数	碳吸收系数	综合值
海水	—	-2.14	-2.14
光滩	0.16	-0.24	-0.07
盐田	—	-0.01	-0.01
农田	0.42，0.67	-0.45	0.64
鱼塘		-0.57	-0.57
干塘	0.16	-0.24	-0.07
建设用地	73.66	-0.14，-0.95	72.57
芦苇地	—	-17.97	-17.97
碱蓬地	—	-4.34	-4.34
米草地	—	-3.22	-3.22

6.3.2　盐城自然保护区碳足迹时空演变特征

6.3.2.1　碳排放计算

碳排放系数法具有一定的便捷性和可比性，其碳排放估算公式为[398]：

$$CE = \sum CE_i = \sum A_i \times F_i \qquad (6-4)$$

式中：CE 为碳排放总量，单位为 t；CE_i 为第 i 种景观类型碳排放量，单位

为 t；研究区第 i 种景观类型的面积，单位为 hm^2；F_i 为第 i 种景观类型的碳排放（吸收）系数，单位为 $t/(hm^2 \cdot a)$，排放为正，吸收为负。

6.3.2.2　碳足迹计算

对于碳足迹的计算方法较多，大致有两种，一种是利用净初级生产力（NPP），即植物光合作用所固定的光合产物中剔除植物自身的呼吸消耗部分，也称第一生产力，一种是利用净生态系统生产力（NEP），其指净第一生产力中再减去异养呼吸所消耗的光合作用的产物。利用 NPP 的碳足迹计算公式为：

$$CF = C\left(\frac{P_f}{NPP_f} + \frac{P_g}{NPP_g} + \frac{P_\partial}{NPP_\partial} + \frac{P_\omega}{NPP_\omega} + \frac{P_r}{NPP_r} = \frac{C}{NPP} \right) \qquad (6-5)$$

式中：CF 为碳足迹量，单位为 hm^2；C 为碳排放总量，单位为 t；P_f、P_g、P_∂、P_ω、P_r 分别表示不同类型在碳吸收总量中所占的比重的占比；NPP_f、NPP_g、NPP_∂、NPP_ω、NPP_r 分别表示不同类型的净初级生产力，单位为 $t \cdot hm^{-2} \cdot a^{-1}$。NPP 为根据面积比例加权平均得出的区域平均净初级生产力[147]。

利用 NEP 的碳足迹计算公式为：

$$E = \sum_{i=1}^{n} E_i = \sum_{i=1}^{n} \left(\frac{C_i F_i Per_f}{NEF_f} + \frac{C_i F_i Per_g}{NEF_g} \right) \qquad (6-6)$$

式中：E 为碳足迹量，单位为 hm^2；E_i 为第 i 类景观所产生的碳足迹，单位为 hm^2；C_i 为第 i 类景观类型的面积；F_i 为第 i 种景观类型的碳排放系数；C_i 与 F_i 的乘积即碳排放量，Per_f 与 Per_g 分别为研究区森林与草地碳吸收比例；与分别为全球森林和草地碳吸收能力[399]。

NPP 较 NEP、净生物群区生产力（Net Biome Productivity，NBP）等其他生物生产力指标更为成熟，数据获取也相对容易。本研究主要基于第一种，根据研究区内各生态系统及其相对应的土地类型面积，计算各类型的碳吸收比例，并由此得到区域平均净初级生产力（$\overline{NPP}$）。

$$\overline{NPP} = \frac{\sum_{i=1}^{m} A_i \cdot NPP_i}{\sum_{i=1}^{m} A_i} \qquad (6-7)$$

式中：$\overline{NPP}$ 为区域平均净初级生产力，单位为 $t \cdot hm^{-2}$；为第 i 类景观类型的净初级生产力，单位为 $t \cdot hm^{-2}$；A_i 是研究区第 i 类景观类型的面积，单位为 hm^2。由于景观变化始终存在，因此是一个变化值[400]。

$$CF = \frac{\sum A_i \times F_i}{\overline{NPP}} = \frac{CF}{\overline{NPP}} \qquad (6-8)$$

式中：CF 为碳足迹量，单位为 hm^2；CE 为碳排放总量，单位为 t；F_i 为第 i 类景观类型的碳排放系数，单位为 $t \cdot hm^{-2} \cdot a^{-1}$）；$A_i$ 和 $\overline{NPP}$ 含义同公式 6-4[140]。

6.3.2.3 净初级生产力的选取

海域、建设用地类生态系统的 NPP 采用 Venetoulis 等[401]于 2008 年公布的数据，农田 NPP 采用王琳等测算的江苏农田 NPP 值[402]；渔业用地 NPP 值来源于吴德存[402]测算的渔业用地值。芦苇地、碱蓬地和互花米草地净生态系统初级生产力来自许鑫王豪[387]的实测数据，他以江苏盐城珍禽国家级自然保护区为研究区域，测算了滨海湿地各生态系统的净初级生产力。光滩、干塘和盐田 NPP 数据未找到，因此本研究不考虑这三种类型的 NPP 值。各种景观类型生态系统景观类型的 NPP 见表 6.16。

表 6.16 各生态系统净初级生产力 单位：$t \cdot hm^{-2}$

	海域	光滩	农田	鱼塘	干塘	盐田	建设用地	芦苇地	碱蓬地	互花米草地
NPP	0.959	—	5.505	2.7575	—	—	0.997	22.53	7.39	13.46

利用公式 6-4 和表 6.16 的数据，得到研究区 1987—2017 年各年的平均净初级生产力（表 6.17），其中本研究只选取计算了农田、海水、鱼塘、芦苇、碱蓬和互花米草 6 种，未计算建设用地。

表 6.17 1987—2018 年盐城自然保护区平均净初级生产力 单位：$t \cdot hm^{-2} \cdot a^{-1}$

	1987	1991	1996	2000	2004	2008	2013	2017
$\overline{NPP}$	4.3959	3.9833	4.0392	3.3525	3.0483	3.0698	3.1636	3.2019

6.3.2.4 碳排放动态度

景观单一动态度指数可定量描述区域景观变化的速度，同时也可以用来描述碳排放的动态变化，对于比较各阶段碳排放量的变化有重要作用，公式与景观动态度公式相同。

6.3.3　盐城自然保护区碳排放演变特征

利用公式 6-4，计算得到表 6.18。应该指出的是，由于存在碳源和碳汇两种类型，碳汇即碳吸收量取负值，其绝对值才应该是总量和变化量。为避免表述的模糊性和不明性，当景观类型的碳排放量为负值时，以碳吸收量代替表达。自然湿地均为碳汇，故其值均为负值。结合图 6.7 可以发现，海域碳排放量变化较小，同时其面积较大，其碳吸收量一直维持在 610 000 t 以上，1987 年为 655 630.07 t，2017 年为 646 288.48 t，是盐城自然保护区碳吸收量最多的景观类型。光滩碳吸收量从 1987 年的 18 146.48 t 下降到 2017 年的 13 393.48 t，30 年间共减少了 4753 t。芦苇地碳吸收量波动较大，从 1987 年的 909 035.27 t 锐减至 1991 年的 671 494.33 t，减幅达到了 26.13%；2004 年降至 168 789.51 t，主要是芦苇地面积的大幅减少，向其他类型转移了大量面积；其后逐渐增加至 2013 年的 242 575.59 t，到 2017 年又有小幅减少。碱蓬地碳吸收量总体趋势是减少的，1987—2017 年共减少了 90 407.93 t，年均较少 3013.60 t。互花米草地除 2000—2008 年呈现减少以外，其余年份碳吸收量均为增加，总计增加了 54 908.53 t，增幅显著。人工湿地也表现为碳汇，由于鱼塘面积和碳吸收系数最大，其碳吸收量也是最为显著的。鱼塘碳吸收量除 1987—1992 年减少了 69.02 t 以外，其余均稳步增长，尤以 1996—2008 年间增加最多，合计增加 42 608.69 t，年均增加 1420.29 t。干塘和盐田由于面积较小，碳吸收量也较少，干塘碳吸收量从 1991 年起先减少再增加，以 2004 年为拐点；盐田则是从 1987 年起先增加后减少，均以 1996 年为拐点。非湿地类型中的农田和建设用地均为碳源，表现为碳排放。农田总体表现为增加，30 年间共计增加了 27 824.19 t，但在 2004—2008 和 2013—2017 两个阶段有减少。建设用地与农田的变化趋势相似，虽然有些阶段有减少，但总体是大幅增加的，变化幅度为 489.35%，特别是在 2004—2013 年间，增加最为明显，分别增加了 144 517 t 和 330 575.54 t。

表6.18 1987—2018年盐城自然保护区净碳排放总量

单位：t

	年份	1987	1991	1996	2000	2004	2008	2013	2017
自然湿地	海域	-655 630.07	-642 001.06	-617 859.91	-633 170.25	-632 456.20	-633 547.98	-646 657.21	-646 288.48
	光滩	-18 146.48	-18 150.94	-18 268.21	-17 157.69	-16 179.08	-15 345.28	-14 007.18	-13 393.48
	芦苇地	-909 035.27	-671 494.33	-634 794.20	-298 360.04	-168 789.51	-193 154.86	-242 575.59	-242 007.02
	碱蓬地	-110 232.01	-118 487.21	-87 362.90	-45 786.70	-32 982.78	-37 556.15	-21 544.28	-19 824.08
	米草地	-224.72	-1976.02	-19305.45	-46 953.33	-46 781.13	-44 094.42	-47 113.20	-55 133.26
人工湿地	鱼塘	-6209.42	-6140.40	-9316.40	-21 351.68	-36 393.69	-42 988.90	-47 532.53	-48 818.12
	干塘	-799.11	-813.06	-721.30	-543.61	-346.37	-752.61	-789.06	-1276.82
	盐田	-176.26	-182.64	-195.77	-181.23	-151.78	-116.91	-76.58	-70.72
	农田	44 684.26	54 321.77	58 383.74	66 176.55	70 137.94	68 346.45	73 118.43	72 508.45
非湿地	建设用地	105 661.91	154 741.83	168 313.49	165 074.78	168 295.35	312 812.35	643 387.89	622 713.99
总计		-1 550 107.17	-1 250 182.05	-116 1126.91	-832 253.19	-69 5647.26	-586 398.32	-303 789.33	-331 589.54

从碳排放总量来看，排放量均为负值，则表明碳吸收总量大于碳排放量，即碳吸收盈余。但是碳排放量越来越大，也就是说从绝对值来看，碳吸收量越来越少。由图 6.8 可以看出碳吸收量一直高于碳排放量，但从趋势来看，碳吸收量逐渐减少，而碳排放量逐渐增加，导致碳吸收盈余量也下降迅速，到 2013 年降到最低值 303 789.33 t。一个不容忽视的现象是 2013—2017 年，碳吸收量有所增加，主要是互花米草地面积的增加进而增加碳吸收量导致的；而农田和建设用地在这一阶段均有小幅减少，因而碳排放量也有小幅减少，导致碳吸收盈余小幅增加了 27 800.22 t。

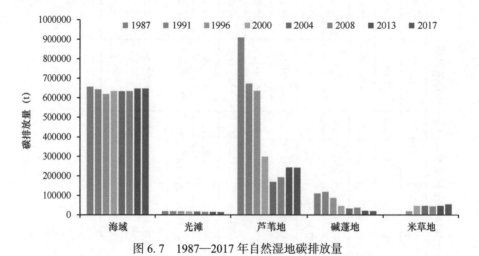

图 6.7　1987—2017 年自然湿地碳排放量

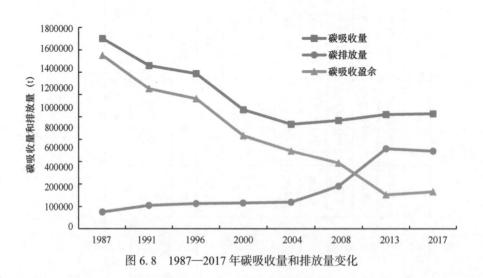

图 6.8　1987—2017 年碳吸收量和排放量变化

根据公式 6-1 计算出盐城自然保护区 1987—2017 年间的景观类型碳排放动态度，如表 6.19。1987—1991 年间单一景观类型碳排放动态度中，互花米草地动态度最高，为 194.83%，碳吸收增加量为 1751.2936 t/hm²；其次为建设用地（11.61%）、芦苇地（-6.53%）和农田（5.39%）；光滩最小，仅为 0.01%。1991—1996 年碳排放动态度仍然以米草地为最高，达到了 175.40%，其次是鱼塘，为 10.34%，但相比于 1987—1991，动态度有明显减弱的趋势。1996—2000 年间，互花米草地仍以 35.80% 为最高；其次是鱼塘（32.30%）；芦苇地和碱蓬地分别为 -13.25% 和 -11.90%，说明这两种湿地景观类型的碳吸收量减少较为明显。2004—2008 年，互花米草地碳排放动态度为 -1.44%，减少了 2686.7036 t/hm²；干塘动态度最高，为 29.32%，其次是建设用地，为 21.47%；芦苇地和碱蓬地分别为 3.61% 和 3.47%，有小幅的增加。在 2008—2013 年建设用地碳排放动态度为 21.14%；其次是盐田，变化较为明显，动态度为 -8.63%。2013—2017 年，干塘动态度最大，为 15.45%；其次是互花米草地，为 4.26%；其余均为负值；说明大部分景观类型碳排放都在这个时间段内减少。从景观类型来看，海域和光滩的碳排放动态度有增有减，但一直维持在 -2.00% ~ 1.00% 之间，尤其是海域碳排放动态度，为最小，变化不明显。芦苇地总体呈减少趋势，除 2004—2008 年和 2008—2013 年两个时间段动态度为正值，呈现增加以外，其余年份均为减少，尤以 1996—2000 年和 2000—2004 年年变化最为显著。碱蓬地则是 1987—1991 年和 2004—2008 年两个时间段为正值。互花米草地碳排放变化剧烈，并尤以 2000 年以前为最，其后逐渐趋于和缓，但总体表现为增加。鱼塘从 1996—2000 年的 32.30% 下降为 2013—2017 年的 0.68%，活跃程度逐渐降低。干塘碳排放动态度变化明显，2000—2004 年为 -9.07%，2004—2008 年为 29.32，2008—2013 年则为 0.97%，2013—2017 年为 15.45%，说明其增大减少都十分显著，受人类活动干扰十分剧烈。农田碳排放动态度不大，此前为增加，近年来有轻微的减少，主要是农田面积基数大，变化相对较小，导致碳排放量变化较小。建设用地碳排放在 2004—2013 年间，动态度均维持在 21% 以上，说明这 9 年间发生了较大的变化；2013—2017 年则为 -0.08%，说明有小幅减少。总体来看，建设用地碳排放动态度较高。综上所述，海域、光滩、芦苇地、碱蓬地四种自然湿地、盐田以及农田碳排放动态度变化较小并保持相对稳定，其余景观类型碳排放动态度较大。同时，除干塘、盐田和建设用地以外，碳排放动态度在

1987—2004 年间比 2004—2017 年间大，说明前 17 年盐城自然保护区景观类型面积变化较大，进而导致了碳排放量的变化也较大。

表 6.19　1987—2017 年盐城自然保护区碳排放单一动态度　　　　单位：%

景观类型	1987—1991 年	1991—1996 年	1996—2000 年	2000—2004 年	2004—2008 年	2008—2013 年	2013—2017 年
海域	-0.52	-0.75	0.62	-0.03	0.04	0.41	-0.01
光滩	0.01	0.13	-1.52	-1.43	-1.29	-1.74	-1.10
芦苇地	-6.53	-1.09	-13.25	-10.86	3.61	5.12	-0.06
碱蓬地	1.87	-5.25	-11.90	-6.99	3.47	-8.53	-2.00
互花米草地	194.83	175.40	35.80	-0.09	-1.44	1.37	4.26
鱼塘	-0.28	10.34	32.30	17.61	4.53	2.11	0.68
干塘	0.44	-2.26	-6.16	-9.07	29.32	0.97	15.45
盐田	0.90	1.80	-1.86	-4.06	-5.74	-8.63	-1.91
农田	5.39	1.50	3.34	1.50	-0.64	1.40	-0.21
建设用地	11.61	1.75	-0.48	0.49	21.47	21.14	-0.80

为了获取 30 年间盐城自然保护区碳排放量的分布特征，利用 ArcGIS 10.3 构建了 300 m×300 m、600 m×600 m、1200 m×1200 m、1800 m×1800 m 和 3000 m×3000 m 的格网，但是从表现结果来看，1800 m×1800 m 的格网小区呈现结果最好，因此在构建 1800 m×1800 m 的格网的基础上，将研究区分成了 11580 个研究小区。运用 ArcGIS 空间分析功能，计算了各研究小区碳排放量，并利用克里金插值法将各点的碳排放量进行插值，再进行掩膜提取，得到盐城自然保护区碳排放量的空间分布图。为使结果具有可比性，对自然断点法的分级结果进行人为设置，将其分为 9 级，分别为 ≤ -3000 t、-2999.99 ~ -2000 t、-1999.99 ~ -1500 t、-1499.99 ~ -1000 t、-999.99 ~ -500 t、-499.99 ~ 0 t、0.01 ~ 500 t、500.01 ~ 1000 t、> 1000 t。

如表 6.20 所示，1987 年净碳排放量以 -499.99 ~ 0 t 和 -999.99 ~ -500 t 分布面积为最多，分别占到了总数的 45.80% 和 32.86%，主要分布在光滩和海域。由于光滩和海域面积在 30 年间维持在研究区总面积的 68%，变化较小，使得两者碳排放量合计维持在 78% 以上，占据了研究区碳排放量的绝大部分。碳排放量较低值，即 –1000 t 以下的区域主要集中于保护区中西部靠陆一侧的射阳县、大丰区和东台市，因为这些区域的景观类型主要是芦苇地和碱蓬地，这两种景观类型分布面积大而集中，其生态系统净初级生产力也很高，碳吸收能力很强，综合导致了其净碳排放量为低值聚集区。净碳排放量为正值，即区域内碳吸收量小于碳排放量，仅占总面积的 5.84%，其中最高值主要集中分布于大丰区的上海市海丰农场、东风、大桥镇等地，其余部分主要分布于东台市的新农镇、新街镇和灢港镇和响水县的陈港镇以及滨海县的新滩盐场等地，这些区域主要是建设用地和盐田比较集中的区域，碳排放量较多。1991 年相较于 1987 年，净碳排放区有了明显增加，主要集中于射阳县和大丰区；而碳吸收区有了较为显著的减少，主要集中在大丰区和东台市。这是因为芦苇地和碱蓬地向农田转移了较大面积的土地，与此同时建设用地的面积增长了 543.88 hm^2。滨海县所属区域净碳排放量等级也有所下降，主要是之前的自然湿地中有部分面积向农田、建设用地等其他类型转移，造成了景观和生态系统的破碎性。同样东台市南部也有部分碳吸收区域转化为了净碳排放区域，原因就是农田的迅速扩张和碱蓬地、芦苇地的减少。1996 年净碳排放负值区域持续减少，而净碳排放量正值区域持续增加，但总体变化较小。其中净碳排放负值区域减少了 11 145 hm^2，其中净碳排放量 < –3000 t、–2999.99 ~ –2000 t、–1999.99 ~ –1500 t、–1499.99 ~ –1000 t 的区域分别减少了 0.06%、0.18%、0.15%、0.32%，这也是大面积的芦苇地转化为农田所致。滨海县和响水县变化较小，依然以 –499.99 ~ 0 t 和 999.99 ~ 500 t 的等级为主，其景观类型也是以盐田为主。2000 年各等级碳排放量分布变化十分明显，净碳排放量在 –1000 t 以下的面积减少了 47 099.15 hm^2，降幅为 6.17%，主要集中于大丰区和东台市东北，主要由自然湿地类型向农田、鱼塘、干塘转移所致。2004 年碳排放量小于或等于 –3000 t 的区域占比近乎为 0，比 2000 年减少了 3740.45 hm^2，主要位于射阳县南部与亭湖区和大丰区交界区域，消失的主要原因是碳吸收系数较高的芦苇地大面积的转化成了碳吸收系数较低的鱼塘、干塘或者碳排放系数较高的农田。与此同时，碳排放量处于 –2999.99 ~ –500 t 等级的区域所占比重下降为 32.87%，净碳排放量小于 –1000 t 的区域在大丰区也基本消失，仅在东台市东南部还有小面积等级为 –1499.99 ~ –1000 t 的区域存在。但是也可以发现，净碳排放量大于 1000 t 的区域也减少了 0.64%，主要是建设用地面积的减少，可能是保护区内部农村居民点整合所致。2008 年净碳排放量各等

级分布区域基本与 2004 年一致，但是 −2000 t 以下的区域有所增加，合计增加了 5572.51 hm²，分布于大丰区和东台市南部；大于 1000 t 的区域占比从 2004 年的 1.35% 增加到 2008 年的 3.93%，面积增加了 19 694.61 hm²，其分布于响水县和滨海县，景观类型主要由盐田向农田变化所引起。2013 年则在 2008 年的基础上有所增强，净碳排放量为 ≤ −3000 t、−2999.99 ~ −2000、−1999.99 ~ −1500 t、−1499.99 ~ −1000 t、−999.99 ~ −500 t 的区域面积均增加，净碳排放 500.01 t 以上的区域也有增加。只有 −499.99 ~ 0 t 和 0.01 ~ 500 t 的分布区域分别减少了 4.76% 和 0.52%，面积分别减少了 36 335.81 hm² 和 3969.46 hm²。净碳排放量在 −500 t 以下的区域虽然均增加，但变化面积很小，而净碳排放 500.01 t 以上的增加区域较为明显，主要分布在大丰区中部和东台市东南部区域，是该区域建设用地大幅增加导致的。2017 年与 2013 年相比总体变化不大，净碳排放为负值的区域减少了 3587.78 hm²，大于 500 t 的区域也减少了 6793.88 hm²，主要是相较于 2013 年，2017 年自然湿地减少了 6638.34 hm²，而建设用地也减少了 284.89 hm²，综合导致了这种变化的发生。1987—2013 年间，−999.99 ~ −500 t 和 −499.99 ~ 0 t 碳排放量分布面积均占主导，而净碳排放量 −1000 t 以下所占面积逐渐缩小，500 t 以上区域逐渐增加，一方面是由自然湿地的减少，特别是芦苇地和碱蓬地的减少所致；另一方面是由农田和建设用地的逐渐增加所引起的。其余如盐田、干塘和鱼塘等面积的变化导致了各碳排放等级之间分布面积的变化。2017 年主要由于建设用地的少量减少和互花米草地的扩张，使得其碳排放分布有了不一致的变化。总的来看，净碳排放量为负值，即碳吸收的区域仍占据绝大部分，说明研究区内碳吸收依然多于碳排放量，仍然发挥着重要的碳库作用，但也应看到在人类活动干扰强度的增加下，两者间的差距逐渐缩小，滨海湿地碳吸收作用有了较大程度的减弱，如何扭转这种局面，仍需要付出巨大的努力。

表 6.20　1987—2017 年各碳排放量等级分布面积比例　　　　　　　单位：%

	1987 年	1991 年	1996 年	2000 年	2004 年	2008 年	2013 年	2017 年
≤ −3000	3.38	2.01	1.95	0.49	0.00	0.50	0.79	0.80
−2999.99 ~ −2000	4.64	3.25	3.07	1.06	0.67	0.90	0.99	0.96

续表

	1987 年	1991 年	1996 年	2000 年	2004 年	2008 年	2013 年	2017 年
1999.99 ~ −1500	3.09	2.54	2.39	0.92	0.73	0.69	0.81	0.83
−1499.99 ~ −1000	4.39	3.84	3.52	2.29	1.12	1.04	1.07	1.12
−999.99 ~ −500	32.86	33.51	32.30	32.18	30.35	29.03	30.95	32.06
−499.99 ~ 0	45.80	46.28	46.74	50.56	53.37	51.86	47.09	45.47
0.01 ~ 500	3.45	4.41	5.10	7.19	8.13	7.89	7.37	8.72
500.01 ~ 1000	1.67	2.76	2.82	3.31	4.29	4.17	4.37	4.14
> 1000	0.72	1.38	2.12	1.99	1.35	3.93	6.56	5.90

6.3.4 盐城自然保护区碳足迹演变特征

计算出 1987—2017 年盐城自然保护区碳足迹（表 6.21 和表 6.22），可以发现，碳足迹均表现为负值，说明整个研究区的碳汇量大于碳源量，碳吸收仍然占主导。1987 年碳足迹值最小，为 −352 625.86 hm²，主要是因为当时盐城自然保护区开发程度较小，保持了自然状态，人类活动主要集中在低效率的农田耕作，而城镇、交通建设、围海造陆和湿地围垦还未大面积展开。到 1991 年增加到 −313 858.40 hm²，共增加了 38 767.47 hm²，年均变化率为 2.75%，说明人类对滨海湿地的开发利用逐渐开始加速。1991—1996 年碳足迹增加 26 393.69 hm²，年均变化量为 5278.74 hm²，变化率略有减少，为 1.68%。到 2000 年，碳足迹为 −248 248.06 hm²，增加了 39 216.65 hm²，增速趋快达到了 3.41%。2004 年碳足迹为 −228 206.08 hm²，相较于 2000 年增加了 20 041.97 hm²，增加量也较大，但相较于 1996—2000 年减幅明显。到了 2008 年，盐城自然保护区碳足迹显著增加，共增加了 37 182.35 hm²，增长率为 4.07%，说明这 4 年间碳排放总量增加和碳吸收总量减少比较迅速。2013 年碳足迹量为 −96 027.96 hm²，5 年间在 9.95% 的增长率下一共变化了 94 995.77 hm²，变化幅度和增加量都达到历史最大。这也是芦苇和碱蓬地等自然湿地减少较多，而农田和建设用地等非湿地增加显著的时期。这些自然湿地类型面积的减少导致了其碳吸收量的减少，同时影响了盐城自然保护区平均净初级生产力的减小，而非湿地类型的增加，特别是建设用地面积的大幅增加，导致了碳排放量的显著增加，进而大大缩小了与碳吸收量之间的差距。2013—2017 年，碳足迹不升反降，减少了 –7532. 25 hm²，一方面是建设用地面积减小，导致其碳排放量减少了 20 673. 90 t · hm⁻²；另一方面是米草地、鱼塘、干塘碳吸收量分别增加了 8020. 06 t · hm⁻²、1285. 59 t · hm⁻²、487. 76 t · hm⁻²。两个因素共同作用导致总的碳吸收量高于 2013 年，而碳排放量又相较于 2013 年有了较大幅度的缩小。

表 6. 21 1987—2017 年盐城自然保护区碳足迹   单位：hm²

碳足迹	1987	1991	1996	2000
	–352 625. 86	–313 858. 40	–287 464. 71	–248 248. 06
碳足迹	2004	2008	2013	2017
	–228 206. 08	–191 023. 73	–96 027. 96	–103 560. 22

表 6. 22 1987—2017 年盐城自然保护区碳足迹变化

	1987—1991	1991—1996	1996—2000	2000—2004	2004—2008	2008—2013	2013—2017
变化量（hm²）	38 767. 47	26 393. 69	39 216. 65	20 041. 97	37 182. 35	94 995. 77	–7532. 25
变化率（%）	2. 75	1. 68	3. 41	2. 02	4. 07	9. 95	–1. 96

结合图 6.9，也可以很直观地发现，盐城自然保护区 30 年间，除 2013—2017 年有轻微下降以外，碳足迹量保持整体增加的趋势，特别是 2008—2013 年这 5 年间，共增加了 94 995. 77 hm²，年平均增长率达到了 1.99%。碳足迹量均为负值，说明碳吸收量仍多于碳排放量；但是，随着碳排放量的逐渐增加，缩小了与碳吸收量之间的差距，导致碳足迹量呈上升的趋势。如果按照江苏省和盐城市的滩涂围垦计划实施，预计今后一段时期内，仍将会有较大面积的湿地转化为非湿地，进而使得碳排放量和碳足迹显著增加。

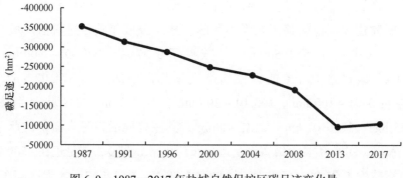

图 6.9　1987—2017 年盐城自然保护区碳足迹变化量

与碳排放量空间分布计算相同，首先构建 1800 m × 1800 m 的格网，将研究区分成了 11580 个研究小区，运用 ArcGIS 空间分析功能，计算各小区碳足迹值，并利用克里金插值法将各点的碳足迹值进行插值，再进行掩膜提取，得到盐城自然保护区碳足迹的空间分布图。也可以发现，碳足迹与碳排放之间有着密切的关系，通过碳排放量的计算，再加上平均生态系统净初级生产力就可以计算出碳足迹量，因此碳足迹的空间分布可以根据上文关于碳排放量的空间分析中得出。由于各年份最大值和最小值以及中间值分布存在差异，为了数据的可比较性，根据自然断点法的分级值进行调整，将其设为 7 级，分别为 $\leqslant$ –500 hm^2、–499.99 ～ –300 hm^2、–299.99 ～ –100 hm^2、–99.99 ～ 0 hm^2、0.01 ～ 100 hm^2、100.01 ～ 300 hm^2、> 300 hm^2。

如表 6.23，1987 年碳足迹 –300 hm^2 以下的区域主要集中于研究区的射阳县、大丰区和东台市，因为这些区域的景观类型主要是芦苇地和碱蓬地，其生态系统净初级生产力很高，碳吸收能力很强。分级在 –299.99 ～ –100 hm^2 和 –99.99 ～ 0 hm^2 分布面积为最多，其面积分别为 316 527.47 hm^2 和 305 675.50 hm^2，占比则达到了 41.47% 和 40.04%，主要景观类型是光滩、海域和盐田，其分布也与这些类型的分布相吻合。碳足迹在 100 hm^2 以上的区域占比为 2.72%，主要分布在大丰区和东台市。1991 年碳足迹为负值的区域面积为 698090.30 hm^2，占比为 91.45%，主要集中于射阳县、大丰区和东台市，其中 $\leqslant$ –500 hm^2、–499.99 ～ –300 hm^2 和 –100 ～ 0 hm^2 则分别减少了 11 ～ 787.99 hm^2、10 ～ 595.47 hm^2 和 22 ～ 770.47 hm^2，–299.99 ～ –100 hm^2 分布区域增加了 24 ～ 453.50 hm^2。相比于 1987 年，1991 年碳足迹大于 0 hm^2

的各等级区域均呈现增长，导致这种变化发生的主要原因就是芦苇地和碱蓬地向农田和建设用地转移了较大面积的土地。1996 年碳足迹负值区域总体变化较小，其中小于等于 500 hm² 的减少了 0.37%，–499.99 ~ –300 hm² 减少了 0.04%。碳足迹大于 0 的区域均呈现增加，增加了 11 374.02 hm²，其中碳足迹量 0.01 ~ 100 hm²、100.01 ~ 300 hm²、> 300 hm² 的区域分别增加了 6946.55 hm²、2290.07 hm²、2137.40 hm²，其主要原因也是大面积的芦苇地转化为了农田。2000 年各等级碳碳足迹分布变化十分明显，碳足迹在 –500 hm² 以下的面积减少了 21 984.69 hm²，降幅为 2.88%，主要集中于大丰区和东台市，由自然湿地类型向农田、鱼塘、干塘转移是其主要原因。而碳足迹为正值的区域则显著增加，合计增加了 2.46%，其中 0.01 ~ 100 hm² 区间的区域面积增加最多，为 0.86%。2004 年碳足迹小于 –300 hm² 的区域进一步下降，比 2000 年减少了 14 274.78 hm²，主要位于东台市，消失的主要原因是芦苇地、碱蓬地等大面积的转化成了鱼塘、干塘、农田等其他景观类型。但是除了 100.01 ~ 300 hm² 增加了 1.83%，其余占比均减少了。2008 年碳足迹各等级分布区域基本与 2004 年一致，位于大丰区大于 300 hm² 的区域明显增加，在滨海县和响水县也分别有一个大于 300 hm² 的区域增加；在东台市也有部分小于 –500 hm² 的区域得到增强。2013 年在 2008 年的基础上有所增强，碳足迹小于 –300 hm² 的区域有所增加，合计为 3587.78 hm²；100.01 ~ 300 hm² 和 > 300 hm² 的区域面积均增加，主要位于大丰区和东台市。2017 年和 2013 年相比，碳足迹小于 0 hm² 的区域变化很小，但是 0.01 ~ 100 hm²、100.01 ~ 300 hm² 和 > 300 hm² 的区域变化较大，其中 0.01 ~ 100 hm² 和 100.01 ~ 300 hm² 分别增加了 8235.17 hm² 和 2090.29 hm²，> 300 hm² 的区域减少了 –6736.64 hm²。

综合来看，碳足迹小于 –300 hm² 的区域逐渐减少，而大于 0 hm² 的区域逐渐增加，–299.99 ~ –100 hm² 和 –99.99 ~ 0 hm² 依然占据主导，特别是 –299.99 ~ –100 hm² 所占比重越来越大。2000 年和 2013 年是明显的转折点。虽然总趋势和碳排放有着很大的一致性，但是由于碳足迹存在着一个变化着的平均净初级生产力，因此导致两者也存在着变化不一致性。并且本研究只考虑了 6 种 *NPP* 的值，在结果上也会产生一定影响。

表 6.23　各等级碳足迹分布面积比例　　　　　　　　　单位：%

	1987 年	1991 年	1996 年	2000 年	2004 年	2008 年	2013 年	2017 年
≤ −500	6.86	5.31	4.94	2.06	1.37	2.01	2.41	2.37
−499.99 ~ −300	5.80	4.41	4.37	2.66	1.48	1.31	1.38	1.40
−299.99 ~ −100	41.47	44.67	43.05	50.00	51.37	48.96	48.81	47.98
−99.99 ~ 0	40.04	37.06	37.60	32.78	32.02	31.73	29.11	29.48
0.01 ~ 100	3.12	3.66	4.57	5.42	5.08	5.06	4.90	5.98
100 ~ 300	2.47	4.01	4.31	5.10	6.93	6.33	6.44	6.72
> 300	0.25	0.88	1.16	1.97	1.75	4.59	6.95	6.07

6.3.5　人类活动干扰下的盐城自然保护区碳足迹相关分析

6.3.5.1　计算方法

为探究盐城自然保护区碳足迹变化与人类活动之间的关系，引进统计学中的相关性分析法，利用 Pearson 简单相关系数来分析碳足迹 $\overline{NP}$、与景观指数各指标之间相关性，公式如下：

$$r_{xy} = \frac{\sum_{i=1}^{n}(x_i - \overline{x})(y_i - \overline{y})}{\sqrt{\sum_{i=1}^{n}(x_i - \overline{x})^2}\sqrt{\sum_{i=1}^{n}(y_i - \overline{y})^2}} \qquad (6-9)$$

式中：x 和 y 分别为两种相关变量；r_{xy} 是两种相关变量之间的相关系数；$\overline{x}$、$\overline{y}$ 分别是 x、y 的均值；x_i、y_i 分别是 x、y 的第 i 个值；n 为样本数量。当 r 值的计算结果越接近于 1，则说明两个变量之间的相关性越强[403]。

6.3.5.2　景观格局指数与碳足迹相关分析

将 1987—2017 年研究区的景观格局指数和碳足迹、作为数据源，使用 Pearson 相关系数作为指标，采取双尾 t 检验进行相关系数的显著性检验。利用 SPSS 24 软件对 1987—2017 年碳足迹、$\overline{NP}$ 以及景观尺度水平指数进行 Pearson 简单相关系数计算。景观指数与生态系统服务价值之间的关系进行相关检验，是景观格局与生态系统服务价值关系研究的重要步骤，其目的在于检验变量之间的相关关系、方向与大小等方面是否符合预期，本研究利用上述方法来探讨景观格局与碳足迹、$\overline{NP}$ 之间的关系，借以分析在人类活动干扰下碳足迹、$\overline{NP}$ 的变化。由表 6.24 可以看出，与边缘密度（ED）、形状指数（LSI）、多样性指数（SHDI）、均匀性指数（SHEI）和碳足迹在 0.05 水平上呈显著相关，与其他指数未呈现相关关系。其中与边缘密度（ED）、形状指数（LSI）呈正相关，与多样性指数（SHDI）和均匀性指数（SHEI）以及碳足迹呈负相关。碳足迹与多样性指数（SHDI）和均匀性指数（SHEI）在 0.01 水平上呈显著正相关，与在 0.05 水平上呈显著负相关，其他指数未呈现相关关系。

在诸如滩涂围垦、工程建设、城市扩展、居民点改造等人类活动影响下，盐城自然保护区景观格局发生了较大的变化。在过去 30 年中，特别是 2008 年以后，研究区大量湿地围垦，而这些围垦的滩涂湿地又向其他各种景观类型转移，转出面积达到 1909.81 hm^2；其余景观类型也存在复杂的转换关系。边缘密度除在 1991 年外，在一直呈减少趋势，在 2017 年达到最小值，为 8.4453。形状指数除在 1987 年为 28.1411 外，其余年份均维持在 21~23 之间，变化幅度较小，说明盐城自然保护区景观类型规则程度较高。主要是因为自然湿地和人工湿地以及农田都呈大面积有规则的分布，建设用地面积较小，对其影响不大。多样性指数总体增加，30 年间增加了 0.1161，变化幅度较小。均匀化程度逐渐提升，但是变化不是很明显，约为 0.7，说明研究区内优势景观面积有所下降，斑块类型在景观中的分布越来越均匀。伴随着人类活动的不断加强，景观格局发生着巨大的变化，而这些变化又可以通过景观指数的数值变动表现出来。$\overline{NP}$ 和碳足迹与景观类型的变动息息相关。芦苇地、碱蓬地、互花米草地等面积的变化直接改变着 $\overline{NP}$ 的值；碳足迹在各类景观面积和的影响下发生着变化。由于碳足迹是碳排放与的 $\overline{NP}$ 比值，因此与 $\overline{NP}$ 呈显著的负相关性。因为自然湿地和人工湿地以及农田都呈大面积有规则的分布，同时也与农田、海域、芦苇地、碱蓬地和互花米草地直接相关。随着人类活动干扰的加强，边缘密度和最大斑块指数逐渐减小，而 $\overline{NP}$ 的值也是逐渐减少的，因此 $\overline{NP}$ 与这两者呈正相关性。国家级保护区的建立，加上内部工农业发展，农田、鱼塘、干塘等类型的转化，使得这些景观面积分布更为集中，优势景观也呈下降趋势，导致农田、鱼塘和互花米草地、建设用地、干塘等的面积增加，芦苇地和碱蓬地面积减少，景观多样性和均匀性逐渐增强，而逐渐减少。因此景观多样性和均匀性与 $\overline{NP}$ 为负相关，与碳足迹为正相关。

表 6.24　盐城自然保护区景观指数与值和碳足迹相关性

		PD	LPI	ED	LSI	SHDI	SHEI	NPP	碳足迹
$\overline{NP}$	皮尔逊相关性	0.543	0.154	0.708*	0.730*	−0.764*	−0.765*	1	−0.814*
	Sig.（双尾）	0.164	0.715	0.049	0.040	0.027	0.027		0.014
碳足迹	皮尔逊相关性	−0.660	−0.024	−0.591	−0.606	0.941**	0.941**	−0.814*	1
	Sig.（双尾）	0.075	0.956	0.123	0.112	0.000	0.000	0.014	

*：在 0.05 级别（双尾），相关性显著；**：在 0.01 级别（双尾），相关性极显著。

6.3.6　小结

本节主要是通过在相关文献中选取的各景观类型碳排放系数，计算碳排放和碳足迹，使用 ArcGIS 软件分析碳排放和碳足迹的时空变化特征，并利用 SPSS 软件得到景观格局指数和碳足迹之间的关系，主要结果如下。

（1）在碳排放演变特征方面，碳排放量逐渐增大，但是碳吸收量仍然大于碳排放量，盐城自然保护区仍表现为碳汇。碳排放单一动态度与景观动态度保持着较高的一致性，海域、光滩、芦苇地、碱蓬地四种自然湿地、盐田以及农田碳排放动态度变化较小并保持相对稳定，其余景观类型碳排放动态度较大。空间分布方面，从 1987—2013 年间，−999.99～−500 t 和 −499.99～0 t 碳排放量分布面积均占主导，而净碳排放量 −1000 t 以下所占面积逐渐缩小，500 t 以上区域逐渐增加，2017 年主要由于建设用地的少量减少和互花米草地的扩张，使得其碳排放分布表现出与之前的分布不一致的特征。

（2）在碳足迹演变特征方面，盐城自然保护区 30 年间，除 2013—2017 年碳足迹有轻微下降以外，整体保持增加的趋势，特别是 2008—2013 年这 5 年间，共增加了 94 995.77 hm²，年平均增长率达到了 1.99%。空间分布方面，碳

足迹 –299. 99 ~ –100 hm² 和 –99. 99 ~ 0 hm² 的分布区域占据主导，小于 –300 hm² 的区域逐渐减少，而大于 0 hm² 的区域逐渐增加。

（3）在相关性分析方面，与边缘密度（ED）、形状指数（LSI）、多样性指数（SHDI）、均匀性指数（SHEI）和碳足迹在 0. 05 水平上呈显著相关，其中与边缘密度（ED）、形状指数呈正相关，与多样性指数（SHDI）和均匀性指数（SHEI）以及碳足迹呈负相关。碳足迹与多样性指数（SHDI）和均匀性指数（SHEI）在 0. 01 水平上呈显著正相关，与在 0. 05 水平上呈显著负相关，其他指数未呈现相关关系。景观格局的变化可以通过景观指数表现出来，而和碳足迹与景观类型的变动息息相关，在人类活动的不断干扰之下，景观格局与碳足迹和都会发生不同的变化。

6.4 不同人类活动干扰下盐城自然保护区碳足迹模拟预测与碳补偿研究

6.4.1 数据预处理

本研究对盐城自然保护区土地利用模拟预测主要借助 IDRISI 17. 0 软件来实现，主要的依据就是上述 CA-Markov 的模块功能，即可以预测土地利用时空的变化。而在实现其模拟之前，需要对软件运行、图像数据等进行基本的设置与处理。

（1）统一投影坐标系。为了实现模拟和便于处理数据，文章主要采用 WGS_1984_UTM_Zone_50N 投影，对景观数据、影响因素的道路、城镇、河流等数据进行统一投影。

（2）统一研究区边界。通过遥感影像处理时确定的研究区边界，在 ArcGIS10. 3 中进行掩膜提取，得到相同的范围。通过要素转栅格得到各图层的栅格图件，并转为 ASCII 格式。

（3）统一元胞大小。设置栅格单元为 30 m。元胞邻域选取默认值，即 5 m×5 m 的滤波器。

（4）重分类景观图像。景观影像的重分类是在 IDRISI 软件各模块运行的前提，因为在 ArcGIS 导出为 ASCII 过程中，属性中将很多空值自动赋予了 –9999

值，这对于其他步骤会产生错误影响。故在运行其他模块之前，需要进行重分类（Reclass），土地利用类型的重分类主要是将–9999归为0值，1、2、3、4、5、6、7、8、9、10分别代表海水、光滩、盐田、水塘、干塘、农田、建设用地、芦苇地、碱蓬地、互花米草地。而在重分类限制性因素时，需要颠倒属性值，将原本的1–10赋值为0，即禁止转换，而将其他属性值变为1值，即可以发生转换，例如设置1—海水不能发生转换时，将1设置为0，其余数值均设置为1（图6.10）。

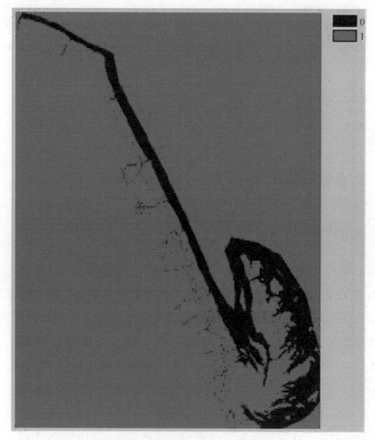

图 6.10　IDRISI 软件中重分类图像

（5）转移概率矩阵。利用 IDRISI 软件中的 Markov 模型作为模拟时间序列的重要模型，基于图像两者的转换概率，可有效预测得到下一时间段的数量和状态。选取 2000 年、2008 年来模拟 2017 年的图像分布，误差设置为 0.1，得到

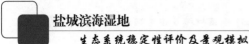

2000 年和 2008 年的转移概率图像与矩阵，以此概率图集作为模拟转换过程的概率预测计算机制。在该模块下得到 2008 年和 2017 年的转移矩阵（表 6.25），并以此作为预测 2026 年的转换概率矩阵。

表 6.25　2008—2017 年景观转移矩阵

Cells in :	Expected to transition to :									
	Cl. 1	Cl. 2	Cl. 3	Cl. 4	Cl. 5	Cl. 6	Cl. 7	Cl. 8	Cl. 9	Cl. 10
Class 1 :	2617124	668453	452	21224	21682	3152	4106	9599	886	4320
Class 2 :	394799	1345468	220	5925	77437	35231	6550	24653	31467	115129
Class 3 :	68	115	77038	39	53048	26531	118	0	191	50
Class 4 :	57539	395	151	998403	87221	51313	46007	6841	546	62
Class 5 :	13855	2793	7258	150465	692204	106015	24385	4146	2601	2524
Class 6 :	411	971	5235	62107	74211	55046	15023	2830	547	939
Class 7 :	1056	6	12	27107	635	563	79520	145	2883	0
Class 8 :	7366	1207	0	7992	7416	3187	1548	95459	9056	3631
Class 9 :	2240	701	0	3156	5528	4122	1013	14049	6154	6981
Class 10 :	2852	4454	0	768	44807	9672	6566	8165	6488	88305

6.4.2　适宜性图集制作

6.4.2.1　适宜性模块选取

　　IDRISI 软件中可得到景观转变适宜性图集的模块主要有 MCE 和 LOGISTICREG 模块，LOGISTICREG 模块通过各景观类型与影响因素联合，借助 logistic regression 生成各景观类型的适宜性概率图像，并得到相关回归参数。但各影响因素对景观类型的作用大小没有一个较为客观的评价标准。MCE 模块主要包括 3 个评价方法，即 Boolean intersection、Ordered weighted average 和 Weighted linear combination，这也是 3 个不同的评价准则。Boolean intersection 方法是对各条件的图像进行标准化为布尔值和重分类，且分为禁止和适宜两类，分别用 0 和 1 来表示，从而生成各景观类型适宜性图集，但这种方法只考虑了适宜和禁止两种比较绝对的地域，而没有对可达性因素进行分析。Ordered weighted average 方法可以有效控制影响因子的顺序，以及各影响因子的重要性。Weighted linear combination 方法在对各影响因素进行标准化后，按相应的权重进行组合，结合布尔约束，得到适宜性图像，该方法具有前两种方法的优势，既包括对研究区进行禁止和适宜区域或条件的划分，也对各影响因子进行有序分析，效果较好。

因此，本研究主要采用 MCE 模型中的 Weighted linear combination 方法生成研究区各景观的适宜性图集，在对各条件进行标准化后，选取各景观的禁止性因子和适宜性因子，禁止性因子采用 Boolean intersection 方法，适宜性因子采用 AHP 方法赋予相应的权重，联合两者生成各景观的适宜性图像，并在 Collection Editor 模块下生成图集，以此作为模拟过程中的转换规则。

6.4.2.2 影响因子选取

影响因子主要是通过禁止或适宜两者不同的决策模拟景观。盐城滨海湿地作为重要的自然保护区，特别是在国家湿地大保护的背景下，对盐城自然保护区的开发利用进入新的情境下，对于不同区域景观变化如何选取不同的影响和限制条件就成了需要重点考虑的事情。盐城自然保护区的 DEM 数据显示最高海拔约 79 m，以平原地形为主，绝大部分地区都在 10 m 以下，高程与坡度对景观变化影响较小；气候条件下南北具有一定的差异性，分别属于北亚热带和暖温带气候，在海洋的影响下，两者的差异并不显著，因此也没有进行考虑。除了一些自然因素以外，盐城自然保护区主要受到人类活动的干扰，因此影响因子选取侧重于人为因素，主要选取可达性因子，包括道路、城镇和河流。而适宜性因子图像呈现连续性和拉伸性，在被加入某景观适宜性图像前还需要进行标准化。标准化将拉伸图像分为 0~255，数值越高表明适宜性越强，主要利用 IDRISI 软件里面的 FUZZY 板块操作，适宜性因子对景观类型影响包括正向和负向，且影响大小不一，但其控制点均设定为 0 m 和 1000 m。

限制性因子则是不允许发生景观转换的限制条件，本研究设定海水、光滩、芦苇地、碱蓬地和互花米草地作为生态保护用地，在各类景观变化中都禁止转换。由于盐城滨海湿地核心区禁止一切人类活动和外界干扰，故把核心区提取出来作为一个禁止转换区加入条件。海水、光滩、芦苇地、碱蓬地和互花米草地等景观类型的转换规则遵循转移概率图像，不施加其他因素。考虑到生态用地的保护，设定盐田、农田、鱼塘、干塘、建设用地等景观类型限制性条件和影响性条件不一，具体见表 6.26。

表 6.26　限制性和影响性因子选取

景观类型		限制性因子	影响性因子	相关关系
1	海水	无	无	
2	光滩	无	无	
3	盐田	芦苇地、碱蓬地、互花米草地	河流	负相关
			道路	负相关
4	农田	核心区、芦苇地、碱蓬地、互花米草地、河流	河流	负相关
			城镇	正相关
5	鱼塘	核心区、芦苇地、碱蓬地、互花米草地	河流	负相关
			道路	负相关
6	干塘	核心区、芦苇地、碱蓬地、互花米草地	河流	负相关
			道路	负相关
7	建设用地	核心区、芦苇地、碱蓬地、互花米草地、河流	城镇	负相关
			道路	负相关
			河流	负相关
8	芦苇地	无	无	
9	碱蓬地	无	无	
10	互花米草地	无	无	

6.4.2.3　景观适宜性图集制作与生成

景观适宜性图集是 CA-Markov 模型模拟的核心，是模拟过程中的转换规则。根据 IDRSI 软件中 MCE 模型制作各景观类型的适宜性图像，以此作为模拟中的转换标准和规则，模拟确定某一时间上的元胞状态。在 MCE 模型利用 Weighted linear combination 方法加载各个景观类型的禁止性条件图像和适宜性图像，利用 AHP 方法赋予相应的权重，最后生成某景观类型的生态学图像。

模型循环次数的设定取决于基期年与预测年份的时间间隔，通常是研究期间隔的倍数[108]。本研究是在 2000 和 2008 年的基础上预测 2017 年，再在 2008 和 2017 年的基础上预测 2026 年，因此循环次数选择 8 和 9。

最后将得到的各地类转换适宜性图像，利用 Collection Editor 工具按景观类型的顺序合并生成一个统一的适宜性图集，保存格式为 rgf。

6.4.2.4 景观模拟结果检验

利用 2000 和 2008 年的景观类型图预测出的 2017 年模拟预测图与实际的 2017 年景观类型分布图进行 *Kappa* 指数的一致性检验，若 *Kappa* > 0.75，表明模拟效果好；若 0.4 ≤ *Kappa* ≤ 0.75，表明该预测结果一般；若 *Kappa* ≤ 0.4，则表明预测可信度低[344]。

$$Kappa = \frac{P_o - P_c}{P_p - P_c}$$

$$P_o = \frac{n_1}{n} \quad P_c = \frac{1}{N}$$

(6-10)

式中：P_o 为预测正确栅格的比率；P_c 为预测图像正确栅格比率的期待值；P_p 值一般取 1，为预测理想值，n 为图像栅格数，n_1 为预测栅格的正确数量，N 为景观类型。

利用 IDRISI 软件中的 CROSSTAB 模块做 Kappa 指数检验，可以发现本研究对盐城滨海湿地结果模拟的精度值高，达到 0.8715，如图 6.11，一致性图像检验高，选用的限制性因子和适宜性条件可被用于 2026 年的模拟过程。

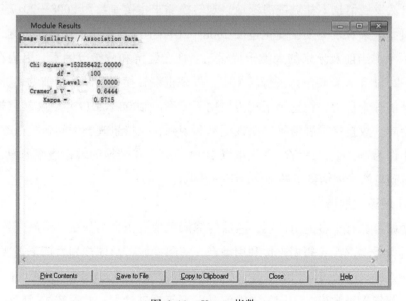

图 6.11 *Kappa* 指数

6.4.3 不同人类活动干扰下的盐城自然保护区碳足迹模拟预测

6.4.3.1 不同人类活动干扰下盐城自然保护区景观模拟预测

根据盐城自然保护区当前的现状和生态保护的要求，假设了四种不同人类活动干扰下的状况，即四种不同的干扰情景，主要为现状利用情景、自然发展情景、政策规划和生态保护情景，四种情景下的适宜性图集、转移概率矩阵在不同情景下发生相应的变化。

1）现状利用情景

在一致性检验合格下的景观模拟，选取的约束条件和限制性因子考虑了研究区历史和现状条件下的景观变化，故该结果模拟继续运行，保持 9 年的迭代间隔，得到 2026 年研究区景观模拟图像。该模拟更趋于研究区真实的土地利用数据，模拟遵循现状条件和基本约束因子，可称为现状利用情景模拟。即以 2008 年与 2017 年转移矩阵为转换概率，以 2017 年适宜性因子如道路、河流、城镇及相关限制性条件作为转换规则，从而得到现状利用情景下的 2026 年景观图像。

2）自然发展情景

自然发展情景下盐城滨海湿地景观转换需求主要是参照 2008—2017 年景观转换概率，景观之间发生变化遵循 2008—2017 年各景观转换规律和规则，景观变化不考虑当前及未来的人类干扰活动、社会经济和政策等因素，因为在真实 2008—2017 年各景观解译图像转换中，景观也在转换中反映了当前的人类活动、社会经济等干扰力，在这个干扰力作用下才形成 2008—2017 年真实转移概率图像和矩阵。故自然发展情景遵循该概率和规则，保持景观类型间转换概率不变，以 9 年作为迭代期，适宜性图集也以 2013—2017 年转换的转移概率图像，从而预测得到自然发展情景下的 2026 年景观图像。

3）政策规划情景

盐城市拥有丰富的海岸线、滩涂等滨海湿地资源，为盐城市沿海开发利用，增加后备土地资源，拓展土地利用类型，完善盐城市总体规划发挥了重要作用，因此江苏省、盐城市等相继出台了对沿海滩涂围垦的相关规划，例如《中共江苏省委江苏省人民政府关于印发〈沿海开发五年推进计划〉的通知》《江苏省政府关于进一步促进沿海地区科学发展的若干政策意见》《江苏沿海滩涂围垦开发利用规划纲要》《盐城市沿海滩涂围垦开发总体规划》等，为盐城市滨海土地资源开发提供了指导意见。盐城市沿海滩涂围垦开发总体规划 2016—2030 年，从响水县到东台市，共 13 个围垦地块，计划建设成绿色城镇综合开发区、生态修复区、生态旅游综合开发区、现代农业综合开发区和临港产业综合开发区，近期规划为 2016—2020 年，远期规划为 2021—2020 年，而本研究模拟预测的 2026 年恰好接近远期规划完成时限。因此，本研究结合盐城市沿海滩涂围垦开发总体规划，按照规划安排，在现状情景模拟结果上进行调整，对于生态修复和生态旅游综合开发区，未进行调整，将绿色城镇综合开发区全部归并为城镇建设用地，将现代农业综合开发区统一归并为农田，最后得到政策规划情景下的 2026 年景观模拟图。

4）生态保护情景

盐城滨海湿地作为中国乃至世界的重要湿地组成部分，具有重要的生态价值。2018 年国务院出台《国务院关于加强滨海湿地保护严格管控围填海的通知》，随后江苏省也发布了《江苏省人民政府关于切实加强滨海湿地保护，严格管控围填海有关事项的通知》。同年，《江苏省国家级生态保护红线规划》出台，为湿地保护提供了更加详细、准确的保护依据。在此背景下，盐城滨海湿地实现了由大开发转向大保护。2019 年 7 月，以盐城自然保护区为主要区域的中国黄（渤）海候鸟栖息地（第一期）列入世界自然遗产目录，为盐城滨海湿地的保护注入了更强大的动力。生态保护情景下的盐城滨海湿地景观模拟，主要是考虑对 2013—2017 年转移概率矩阵做一些改变，适宜性图集保持不变。而在转换矩阵中，减少自然湿地的转出，特别是向人工湿地的转换，因此在转移过程中，自然湿地转为建设用地的转换面积都降为 0 hm²。海水向鱼塘转换的面积减少了 10 000 hm²，干塘缩减 557 hm²，潮滩向鱼塘和干塘的转换分别减小了 10 000 hm² 和 50 000 hm²，农田转出鱼塘和干塘缩减了 60 000 hm²，芦苇向鱼塘和干塘减小转换了 177 hm² 和 4200 hm²，碱蓬向鱼塘和干塘减小转换了 7000 hm² 和 3000 hm²，互花米草向鱼塘和干塘减小转换了 10 000 hm² 和 12 000 hm²。在上述转移矩阵的基础上，根据保护区红线等相关政策规划，辅以适宜性图集，得到生态保护情景下的 2026 年景观图像。

6.4.3.2　不同人类活动干扰下的碳足迹模拟预测

表 6.27 是四种情景下的景观模拟预测结果。现状利用情景下，2026 年海域、光滩和盐田面积相比于 2017 年均有所下降，分别减少了 14 733.05 hm²、7252.73 hm² 和 577.89 hm²。其余类型均为增加，其中鱼塘面积增加最为显著，为 9772.66 hm²，其次是干塘 6640.4 hm²，增加最小的是芦苇地，为 80.41 hm²。自然发展情景下没有设置限制条件和影响因子，仅依靠 2008 年和 2017 年的转移矩阵，发展趋势与现状利用情景相同，但是农田面积仅增加了 2880 hm²，而鱼塘则增加了 10 324.48 hm²。相比于现状利用情景下，碱蓬地增加面积较小，为 214.39 hm²。这也与原先的转移矩阵趋势近似。政策规划情景下，由于新增了小东港—三圩盐场，盐田面积相比其他情景减少最小，同时新增了条子泥绿色城镇综合开发区、高泥现代农业综合开发区等，导致建设用地和农田相比于 2017 年猛增至 30 889.68 hm² 和 138 482.94 hm²，分别增加了 22 308.57 hm² 和 25 188.49 hm²。这也导致了条子泥等地的光滩、海域大面积的减少。生态保护情景下，海域和光滩面积减少较为和缓，建设用地面积仅增加了 2329.44 hm²，而植被景观类型芦苇地、碱蓬地和互花米草地的面积分别增加了 528.62 hm²、771.72 hm²、3238.44 hm²。比较四种情景发现，变化趋势都是一致的，均为海域、光滩和盐田的面积减少，其他景观类型面积增加，且变化的面积各有其特点。自然发展情景由于没有设置影响因子，按照之前的转移矩阵进行变化，因此比设置了因子的现状利用情景变化更加显著；政策规划情景由于人为进行了调整，所以农田和建设用地等面积增加更为显著；生态保护情景下则是自然湿地增加更为明显，可以为研究区的可持续发展起到促进作用。

表 6.27　2026 年不同情景下模拟景观面积变化　　　　单位：hm²

景观类型	现状利用情景	自然发展情景	政策规划情景	生态保护情景
海域	287 426.21	278 935.91	283 546.37	287 545.94
光滩	178 879.04	185 553.41	142 842.62	178 814.11
盐田	8369.99	8058.57	9134.69	8393.06
农田	117 990.77	116 174.45	138 482.94	117 712.97

景观类型	现状利用情景	自然发展情景	政策规划情景	生态保护情景
鱼塘	95 917.21	96 469.03	95 968.02	95 415.67
干塘	24 384.54	27 717.44	24 358.96	24 869.10
建设用地	12 268.12	12 573.38	30 889.68	10 910.55
芦苇地	13 547.69	13 579.15	13 557.94	13 995.90
碱蓬地	5131.22	4782.15	5137.49	5339.48
互花米草地	19 442.56	19 513.86	19 438.64	20 360.57
总计	763 357.35	763 357.35	763 357.35	763 357.35

在四种情景状态下，计算碳排放，得到表 6.28。现状利用情景下，海域净碳排放量为 –614 775.95 t，相比于 2017 年增加了 31 512.53 t；光滩净碳排放量增加了 521.88 t，盐田碳排放则增加了 28.87 t，为各种景观类型中最少；农田和建设用地碳排放则显著增加，分别达到了 75 514.09 t 和 890 273.14 t；鱼塘、干塘、芦苇地、碱蓬地和互花米草地碳排放量则均为减少，主要是这些景观类型面积增加导致的。自然发展情景下，农田碳排放仅增加了 1843.2 t，而建设用地碳排放则增加了 28 9711.41 t，是农田碳排放增量的 157 倍。原因有两方面，一方面是其面积增加较多，另一方面是建设用地碳排放系数很高。相比于现状利用情景下，自然发展情景下的芦苇地碳排放量减少了 565.49 t，而碱蓬地增加了 1514.96 t，其余类型变化较小。生态保护情景下最明显的变化是，建设用地碳排放增加最少，为 169 042.49 t，而植被类型景观碳吸收最为显著，合计增加了 23 276.29 t，远超过其他模拟情景。政策规划情景下，农田和建设面积增加最多，因此相比于 2017 年，其碳排放量也分别增加了 16 120.63 t 和 1 618 888.43 t。综合来看，生态保护情景下碳排放为 –156 950.36 t，现状利用情景下为 –46 339.56 t，自然发展情景下为 –7501.07 t，这三种情景下净碳排放量均为负值，说明碳吸收大于碳排放量，保护区仍然发挥碳库作用，但是相比于 2017 年，9 年的时间里净碳排放增加显著，主要是由于研究区内禁止开发的区域所占比例较小，不在核心区和生态红线范围内围垦的湿地仍然可以得到开发利用从而转化为农田、建设用地等，但是高吸收类型，即植被景观增长缓慢，即使在保护情景下也难以抵消新增的碳排放。而政策规划情景下，大量的自然湿地类型

转化为了高碳排放或低碳吸收的景观类型，导致碳排放量变为正值，即表示保护区已经发挥着碳源的作用，极大地削弱了保护区的生态价值，并会影响到区域内鸟类、植被、麋鹿等动植物的生存。

表 6.28　2026 年不同情景下各景观类型碳排放量预测值　　　单位：t

景观类型	现状利用情景	自然发展情景	生态保护情景	政策规划情景
海域	−614 775.95	−596 616.01	−615 032.02	−606 477.36
光滩	−12 871.60	−13 351.87	−12 866.93	−10 278.53
盐田	−41.85	−40.29	−41.97	−45.67
农田	75 514.09	74 351.65	75 336.30	88 629.08
鱼塘	−54 356.28	−54 669.00	−54 072.06	−54 385.08
干塘	−1754.64	−1994.46	−1789.51	−1752.80
建设用地	890 273.14	912 425.40	791 756.48	2 241 602.42
芦苇地	−243 451.95	−244 017.34	−251 506.25	−243 636.09
碱蓬地	−22 269.49	−20 754.53	−23 173.35	−22 296.69
互花米草地	−62 605.03	−62 834.62	−65 561.05	−62 592.41
净碳排放	−46 339.56	−7501.07	−156 950.35	1 328 766.88

计算平均净初级生产力，如表 6.29 所示；并在此基础上计算出碳足迹预测值，如图 6.12 所示。可以很明显地发现，现状利用情景、自然发展情景、生态保护情景三种情景下碳足迹均为负值，说明研究区仍发挥着重要的碳库作用，碳吸收仍然占据主导作用，其中生态保护情景下碳足迹为 −46 709.62 hm²，为最小，但是比 2017 年碳足迹 −103 560.22 hm² 增加了 36 359.4 hm²，提高了 35.11%；现状利用情景下的 −13 930.28 hm²，比生态保护情景下的碳足迹多了 32 779.34 hm²；自然发展情景下的碳足迹为 −2234.95 hm²，即将转变为正值，与其情景下建设用地面积较大有很大关系。政策规划情景下碳足迹值为 388 119.72 hm²，比 2017 年增加了 2 倍多，条子泥等区域的开发建设是其主要原因。

表 6.29　2026 年不同情景下预测值

现状利用情景	自然发展情景	生态保护情景	政策规划情景
3.32654	3.35626	3.36013	3.42360

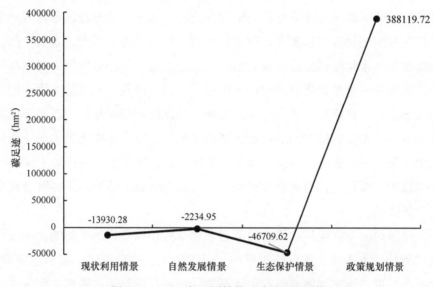

图 6.12　2026 年不同情景下碳足迹预测值

通过 ArcGIS 构建 1800 m × 1800 m 的格网，进行每个格网小区的碳足迹计算，再利用克里金插值法和掩膜提取，最后得到盐城自然保护区 2026 年不同情景下碳足迹。为了与 1987—2017 年碳足迹空间分布一致，仍然将碳足迹分级设为 7 级，分别为 $\leqslant$ –500 hm^2、–499.99 ~ –300 hm^2、–299.99 ~ –100 hm^2、–99.99 ~ 0 hm^2、0.01 ~ 100 hm^2、100.01 ~ 300 hm^2、> 300 hm^2。

与 2017 年相比，2026 年四种模拟情景下碳足迹为正值的区域，即碳吸收小于碳排放的区域明显增加，而碳足迹 $\leqslant$ –500 hm^2 的区域则均表现为减少。–99.99 ~ 0 hm^2、0.01 ~ 100 hm^2 这两个等级的区域面积除了政策规划情景下减少显著以外，其余三种情景下均变化不大，而这些区域主要是海域和光滩。碳足迹 $\leqslant$ –500 hm^2 的区域主要位于射阳县、亭湖区和大丰区的交界处以及东台市与海安县交界处，主要是各种植被景观类型集中分布，人类活动干扰较小，景观类型基本没有改变。而大于 300 hm^2 的区域仍主要位于大丰区、响水县、滨海县和东台市等区域，特别是自然发展情景下，该等级面积显著增加，沿靠陆边界向南北两侧延伸。政策规划情景下，由于条子泥、高泥、小东港—三圩等区域的开发建设，使得 $0.01 \sim 100 \ hm^2$ 和 $> 300 \ hm^2$ 区域在此增加明显。生态保护情景下，碳足迹小于 $0 \ hm^2$ 的区域最多，也说明这种情景模拟下自然湿地尤其是植被湿地类型保存更好。还有一个值得关注的地方是，从 1987 年到 2026 年四种模拟情景下，一个区域碳足迹值总是小于 $-500 \ hm^2$，经过与盐城湿地珍禽国家级自然保护区范围图比较可以发现，该区域大致与核心区边界重合，表明虽然盐城滨海湿地近几十年来围垦速度快、面积大，但是对于核心区的保护还是落到了实处，而该区域也是世界自然遗产—中国黄（渤）海候鸟栖息地（第一期）的核心区域之一，是珍稀鸟类的主要栖息地。与此区域情况相似，在条子泥西侧边缘也有一处碳足迹值较小的区域，随着该地同样被列入中国黄（渤）海候鸟栖息地（第一期）的保护范围，加上严格的生态红线限制，该区域未来将得到更好的保护，碳足迹值也将逐步减少，政策规划情景下的情形不再符合现实的社会背景情况。

自然保护区一方面是动植物的栖息地和某些特殊景观的保留地，一方面是社会发展的后备土地、水、能源资源，可以为人类社会提供丰富的各类资源，现代社会、可持续发展的自然保护区必须认识到处理好诸多要素之间关系的重要性。在当前滨海湿地大保护的政策背景下，2026 年仍然按照《江苏沿海滩涂围垦开发利用规划纲要》《盐城市沿海滩涂围垦开发总体规划》等指定的方案和指标来实施，将使得 2026 年建设用地和农田面积相比于 2017 年分别增加 22 308.57 hm^2 和 25 188.49 hm^2，从而使碳排放和碳足迹显著增加。现状利用情景和自然发展情景两种模式结果相差不大，只有生态保护情景下自然湿地，特别是芦苇地、碱蓬地和互花米草地面积增加显著，而建设用地面积减少较多，得出的净碳排放量 -156 950.35 t 也是最小的，与国家的湿地保护政策相契合，也与社会公众对于日益提高的环境保护重视程度相呼应，因此生态保护情景下应该比较符合今后的盐城自然保护区发展预期，但是 IDRISI 软件毕竟是模型，对于影响因子和限制性因子的选取也是根据主观经验，所得出的结果与实际的发展肯定是有差别的，这有待于今后研究的不断深入以及参数指标的不断改进。

6.4.4　盐城自然保护区碳补偿研究

6.4.4.1　碳补偿基本框架

本研究对碳足迹定义为吸收人类活动排放的二氧化碳所需要的生产力土地面积，脱胎于生态足迹。而对于碳补偿，则来自于生态补偿，这是一个集合生态科学、环境科学、经济学、地理学的综合性概念。国外学者在生态服务功能和生态服务价值过程中初步提出了生态补偿的概念，后得到进一步的研究[404]。2007年，中国国际环境与发展合作委员会提出，生态补偿是以生态系统服务价值、生态保护成本为依据，以保护生态环境，促进人与自然和谐发展为目标，通过政府和市场两只手来调节各个生态保护利益相关者协调发展的公共制度[405]。碳补偿是指区域范围内碳源主体采用经济或非经济措施给予碳汇主体一定的补偿给，实质上是一种以碳为纽带的区域低碳发展的模式和手段[406]。

碳补偿研究是生态补偿研究中的新兴领域，它是在全球环境形势逐渐严峻，而加强环保逐渐成为社会共识的情况下发展起来的。自1992年通过《联合国气候变化框架公约》，以及1997年通过《京都议定书》开始，碳排放权逐渐走进全球交易市场。中国碳排放交易试点在2011年启动，首批确定了广州碳排放权交易所、深圳排放权交易所、北京环境交易所、上海环境能源交易所、湖北碳排放权交易所、天津排放权交易所和重庆碳排放权交易所七个省市作为试点地区，当前碳交易已经取得了一些成绩。碳补偿的方式一般有三个过程，即核算碳排放量，根据核算结果以及相关问题的解决方法制定相关的碳排放减排计划，分区域实现碳补偿。

虽然生态补偿可以作为解决经济发展与区域生态保护矛盾的有效手段，但中国的生态补偿存在三个主要问题，即谁补偿，补偿多少，如何补偿的问题。深入研究上述主要问题，也是能否实现碳补偿的根本问题，这些问题关系到补偿主客体、补偿金额、补偿方式等的确定。如图6.13所示为碳补偿框架。

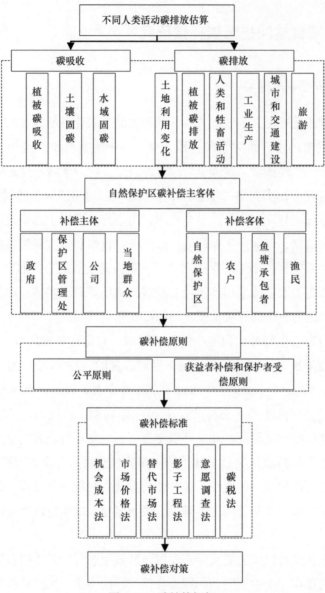

图 6.13　碳补偿框架

6.4.4.2　碳补偿框架构建

1）碳补偿主客体

现阶段许多研究都是实行区域补偿制，即将各地区碳排放量与碳吸收量相比较,如果该地区的碳吸收能力大于碳排放量,则该地区为碳盈余,即可获得生态补偿额;反之则该地区为碳赤字,应该支付生态补偿额[180]。如胡小飞等[181]基于碳足迹对江西省生态补偿的时空格局进行了研究,发现赣州市、吉安市、抚州市、上饶市要优先获得生态补偿,而南昌市、萍乡市、新余市等地为支付碳补偿的区域。杨光春[407]对东三省碳补偿费用进行预测,提出地区间碳补偿费用。

本研究以盐城自然保护区为整体,分析研究区的碳排放,研究区包括了响水县、滨海县、射阳县、大丰区、亭湖区和东台市。并将研究区作为一个整体,从区域对整个碳效应的角度来确定。因此,本研究在将盐城自然保护区作为一个碳整体的同时,考虑内部各景观类型的景观碳排放,并由此确定谁是受益者,谁是受害者或者说提供者。由于缺乏人类和牲畜碳排放、工业生产碳排放、交通碳排放等相关数据,本研究主要考虑景观变化产生的碳排放,其中既有碳源也有碳库,碳源主要是建设用地和农田,产生负外部性的即为碳排放的主体;而碳库则主要包括海域、光滩、芦苇地、碱蓬地、互花米草地等吸收 CO_2 等温室气体的景观类型。

(1)补偿主体(买方)。人是造成土地利用变化的决定性因素,因此盐城自然保护区碳补偿主体(买方)主要包括政府、企业、当地群众等。一是政府,主要包括江苏省政府、盐城市政府以及所属的各县市区。政府通过规划,设置围垦计划和指标以及各种用地类型的比例,改变了土地利用的类型,使之产生碳排放,对生态环境造成不良的影响,就需要对此进行相应的碳补偿。二是保护区管理处,盐城自然保护区包括江苏盐城湿地珍禽国家级自然保护区和江苏大丰麋鹿国家级自然保护区两个国家级自然保护区,辖区内有丰富的动植物资源,他们是环境保护和碳补偿的受益者。三是企业,盐城自然保护区内部鱼塘面积众多,大部分为企业承包;同时各类围垦项目也是由企业实施,他们是土地利用变化重要组织者。四是当地居民,研究区内部大量的农田、鱼塘、干塘是由居民具体实施进行改造,他们是碳排放的主要执行人。

(2)补偿客体(卖方)。补偿客体(卖方)主要是盐城自然保护区,包括海域、光滩、芦苇地、碱蓬地、互花米草地等碳吸收的土地利用类型,他们是生态服务的提供者。同时,由于农户、渔民、鱼塘承包者等属于单个主体,也是处在权力的弱势方,如果对他们进行补偿,提高他们的收入,使其减少农田、鱼塘等面积,并积极实行生态保护,就可以减少碳排放,增加净碳汇。

2）碳补偿原则

生态补偿原则主要有"谁污染，谁付费"原则、"谁使用，谁付费"原则、"谁受益，谁付费"原则、"谁保护，谁收益"原则，以及公平原则、适度性原则、协调性原则、灵活性原则等。本研究主要论述公平原则与获益者补偿和保护者受偿原则两种原则。

（1）公平原则。公平原则与激励理论息息相关，它其实是一种激励方式，用来增强员工的公平感，进而提高他们的工作效率。外部性和公共产品理论认为生态环境容易出现在生态环境保护搭便车的现象，即生态获益者不提供补偿，生态破坏者不受应有的处罚，生态环境保护者得不到补偿。公平原则的核心是指导相关利益主体的权利和义务相统一，在碳补偿中严格发挥公平原则的效用。

（2）获益者补偿和保护者受偿原则。受益者补偿和保护者受偿原则是确定补偿主客体的依据。其主要的理念是生态环境获益者应该向生态环境保护者提供各种形式的补偿。只有大众、市场、政府等一致遵守获益者补偿和保护者受偿原则，在公平原则的协助下，才会从根本上恢复、提升生态环境的质量。盐城自然保护区作为重要的滨海湿地，有着非常重要的生态价值，在吸收温室气体、改善局部小气候、保护生物多样性等方面起到了重要的作用，当地政府、公司、保护区管理处等主体，需要对盐城自然保护区的保护起到促进作用，减少湿地的围垦和破坏，使其持续发挥生态价值。

3）补偿标准

在碳补偿的标准评估与方法选择中，确定一个科学、合理的补偿标准难度比较大，评估碳排放成本的方法主要有机会成本法、市场价格法、替代市场法、影子工程法、意愿调查法、碳税法等[408]，在国际碳汇市场中使用比较多的碳汇补偿标准是 CDM-AR 标准、黄金标准、自愿碳信用标准、核实减排量的健全标准、生存计划方案以及气候、社区和生物多样性标准（CCBS）等。其中武曙红等[409]学者对国际自愿碳汇市场的补偿标准进行了深入的研究，针对中国的具体实际，建议采用 AFOLU 自愿碳标准与 CCBS 相结合的方法来制定碳补偿标准。

刘娣等[406]从碳中和的角度出发，通过对湖南省各市碳排放量是否超过标准以及赔偿量进行研究分析，利用生态补偿计算模型来计算碳补偿量，即生态补偿额等于净碳排放量与碳汇价格的乘积再乘以生态补偿系数[180]，从而得出各主体需要补偿或获得补偿的额度，来实现湖南省区域碳平衡。张巍[410]在对陕西省重点生态功能区碳汇/碳源核算与生态补偿研究中，也是提出了类似的碳补偿计算模型。利用碳补偿模型进行估算具有操作简便、可量化等优势，本研究也采用类似的方法进行计算。

$$M = CE \times \gamma \times r \tag{6-11}$$

式中：M 是获得或者支付的碳补偿额，单位为万元；CE 是净碳排放量，单位是 t；γ 是单位碳的价格，单位是（元·t^{-1}）；r 为生态补偿系数，表示在不同的经济社会发展水平条件下，研究区对生态补偿的意志和实力的差异。

对于碳价值的计算首先要准确把握碳单价。碳汇价值估算方法虽然多种多样，但是都还未被国际认可为标准，所以还需要更深入的探讨和研究。再加上全球对不同固碳方式成本数据不多，而我国的碳贸易还很不完善，所以还不能确切地得到像平均固碳成本等的数据，也不能论证哪种计算方法更适用于生态补偿交易，从而也就不能获得补偿过程中非常准确的价格。目前，国际上通用的碳税价格为 10~15 美元，据相关研究表明，碳税税率在 10~100（元·t^{-1}）二氧化碳的区间属于可承受的水平[411]。通过中国碳交易平台可以查询到 2013 年 6 月之后的二氧化碳单价，由于碳单价是一个变化的量，因此本研究选择 2017 年第一个交易单价和最后一个交易单价的平均值作为 2017 年二氧化碳单价，为 25.87（元·t^{-1}）二氧化碳，换算成 C 则为 95.86（元·t^{-1}），这个值也符合相关研究。对于其他年份二氧化碳的单价，也可以依据上述方法获得。

除了碳单价是个变化的值，生态补偿系数也同样是一个变化值。张巍、赵荣钦等[141, 410]都对其进行过分析和计算，并提出了许多相对应的修改，但是盐城自然保护区并没有完整的行政区划，不能进行相应的计算，因此参考胡小飞等、刘娣等[181, 406]的研究，本研究对其取值为 0.4。

2017 年盐城自然保护区净碳排放量为 –331 589.54 t C，利用公式计算得到 2017 年盐城自然保护区所获得的碳补偿金额为 1271.45 万元。由于碳单价属于市场定价，不好进行预测和估算，因此对于 2026 年的景观模拟情况没有进行计算。

4）补偿方式

补偿方式指的是补偿主体（买方）向补偿客体（卖方）补偿的方式，主要包括政府、市场补偿等方式。盐城自然保护区碳补偿的政府补偿是指政府对保护区进行维护，减少其生态环境的损害，并承担管理和实施监督的角色，在碳补偿初期起主导作用，而企业作为中间组织，可以在政府碳补偿的基础上进行间接补偿。盐城自然保护区碳补偿的市场补偿是将区域内碳排放和碳吸收纳入碳排放交易当中，使之转化为经济价值。

（1）政府碳补偿。盐城自然保护区作为重要的滨海湿地地区，拥有两个国家级自然保护区，现在又被列入世界自然遗产，为了实现碳补偿，政府资金补偿是最直接、最有效的方式。可以通过各级地方政府利用财政资金补偿给保护区，资金补偿主要有财政转移支付、生态补偿费等形式。设置专门的生态补偿费用，《盐城市沿海滩涂围垦开发总体规划》已经将生态修复纳入其中，可以利用生态补偿费用，修复遭到人为破坏的自然湿地，减少人类活动的干扰。同时，政府可以通过资金补助，提高当地渔民、农民的收入，限制鱼塘、农田等景观类型的面积，减少这些土地利用碳排放。2017 年，江苏省、盐城市和东台市海洋行政主管部门与省沿海开发集团有限公司在南京举行条子泥围垦用海项目海洋生态补偿协议签约仪式，对匡围的海域实行生态补偿，生态补偿资金高达 1.14 亿元，是目前江苏省单宗用海项目最大的一笔海洋生态补偿资金，这为碳补偿的实施提供了良好的条件。

（2）市场碳补偿。目前我国农业生态补偿的市场机制还处在初始阶段，政府仍起主导作用，市场要在资源配置中起决定性作用，政府则应该主动发挥好服务和监管职能，更好地为资源高效利用发挥作用。由于经济社会的发展，滨海湿地作为人类生产生活的重要土地资源，对其的开发利用强度与日俱增，导致其碳排放逐渐增加，原本作为重要碳库的生态价值逐渐降低。因此除了发挥政府的服务和监管作用，还应该发挥市场对资源配置的决定性作用。现在我国已经建立了广州碳排放权交易所、深圳排放权交易所、北京环境交易所、上海环境能源交易所、湖北碳排放权交易所、天津排放权交易所和重庆碳排放权交易所七个碳交易所，迈开了碳交易减排的重要一步。积极探索区域碳补偿的市场机制，将区域碳补偿和转移支付从理论层面纳入市场化进程，通过第三方标准核证后能够在碳市场直接进行碳交易、碳转移支付，使盐城自然保护区所产生的净碳汇产生丰富的生态价值和经济价值。

6.4.4.3　碳补偿对策

1）完善碳补偿的法律法规

我国对于碳补偿的理论与实践都还处于初始阶段，相关的法律和政策体系尚未建立起来，使得碳补偿没有统一的标准实施，也没有强制力去实施，仍然仅落在口头。完善碳补偿的法律法规，为碳补偿活动制定明确的补偿主客体、补偿依据、补偿原则、补偿程序和实施细则，使碳补偿实践更具有科学性、合理性、制度性，对于不实行的地区、政府、企业等实施严格的惩罚制度，做到有法可依，有法必依。这样可以使得盐城自然保护区的碳补偿落到实处，可以用法律的形式来保护区域内存在的自然湿地，限制人类活动对保护区生态环境的破坏。

2）建立碳补偿测算标准和体系

目前我国碳交易实行还不是很理想，处境非常尴尬，除了与缺乏法律的保障有关外，还与我国碳排放测算体系以及补偿机制的不足有着很大的关系[412]。补偿标准是碳补偿机制的关键，要制定合理的碳补偿标准，就需要准确测算碳排放的值。因此，需要建立比较准确科学的碳排放测算体系，合理估算盐城自然保护区各种景观类型的碳排放量，以此确定合理的碳补偿标准。可以建立区域之间农业、湿地、海域等碳账户，通过第三方碳核证机构与机制，完成碳计量、评估、监测等相关工作，精确核算区域内各用地类型碳账户收支状况[413]，保障生态补偿活动具备可操作性。

3）发挥政府碳补偿主体地位

政府作为碳补偿的主体，通过财政转移支付、生态补偿费等形式，直接用于碳补偿。盐城自然保护区作为巨大的碳汇，发挥着重要的碳吸收功能，政府可以对碳汇功能区给予相应的经济补偿。对于因人类活动，诸如围填海、土地利用变化等引起的生态环境的破坏区域，设置专门的生态补偿费用，如海域生态修复费用、植被生态修复费用，修复遭到人为破坏的自然湿地。同时，政府可以通过资金补助，提高当地渔民、农民的收入，使之减少对农业、渔业的依赖，这样就可以间接减少鱼塘、农田等景观类型的面积增加量，从而降低这些由于景观类型转变而增加的碳排放。

4）完善碳交易市场

在准确测算碳排放量的基础上，完善市场交易平台。现有的碳排放市场才刚刚起步，还有许多不足之处，需要去完善。国家发展改革委在2017年发布的《碳排放交易管理暂行办法》对配额管理、排放权交易、核查和配额结算做了详细的规定。盐城自然保护区可以以此为基础，将整个区域或者以江苏盐城湿地珍禽国家级自然保护区和江苏大丰麋鹿国家级自然保护区两个国家级自然保护区为一个整体进行碳汇产品核证，为碳交易奠定基础。对进行核证的碳汇在中国碳交易平台交易，还可以纳入地区碳排放配额。此外，通过借助碳市场价格机制，建立区域碳补偿的转移支付制度，将生态价值转化为经济价值，实现碳补偿资金在区域内外、政府与市场、各级政府之间的转移支付。

5）实行碳补偿分区

通过碳补偿的三个过程来看，在估算碳排放量，制定碳减排计划之后，可以实行碳补偿分区。根据不同的主体、区域的土地利用碳收支影响的特性和差异，结合其碳排放和碳足迹值，可以制定如高碳排放区/碳足迹区、一般碳排放区/碳足迹区、低碳排放区/碳足迹区、碳汇区等分区和等级，以此界定碳补偿的支付区、获补区和平衡区，更好地为碳补偿的区域平衡服务[414]。各省碳补偿标准和净碳排放量的差异导致碳补偿价值区域差异明显。通过横向碳补偿额度及其流向提供方向性指导，缓解各区域经济发展力与生态承载力的严重不匹配状态，实现区域间公平、可持续发展[415]。

6）限制湿地的开发和利用

碳补偿是因碳排放而产生的由受益者或破坏者对提供者所实施的补偿，因此如果减少碳排放，增加对生态系统的保护就可以从源头减少碳补偿的金额。盐城自然保护区作为重要的滨海湿地，具有很强的碳汇作用。加大对这些区域的保护就能减少碳排放量。2018年以来，《国务院关于加强滨海湿地保护严格管控围填海的通知》《江苏省人民政府关于切实加强滨海湿地保护，严格管控围填海有关事项的通知》《江苏省国家级生态保护红线规划》等相继出台，为滨海湿地的保护提供了强有力的政策和法规保障。因此，严格管控围填海，限制滨海湿地和生态红线内区域的开发和土地利用的转移，特别是芦苇地、碱蓬地和互花米草地向鱼塘、干塘和农田的转移，就能大幅减少碳排放的产生，而提供大量的碳汇。同时政府可以利用行政手段，设置总量控制指标和区域限制，控制农田、建设用地和养殖用地的面积和区域，同样可以限制碳排放的增加。

6.4.5 小结

本节基于 CA-Markov 模型，利用 IDRISI 软件模拟出 2026 年盐城自然保护区的景观格局状况，并设置现状利用情景、自然发展情景、政策规划和生态保护四种不同人类活动干扰的模拟情景，在模拟景观格局的基础上利用碳排放系数法计算出四种 2026 年不同情景下碳排放和碳足迹值。最后从碳补偿的角度出发，制定碳补偿框架，主要结果如下。

（1）在景观格局模拟方面，四种情景下的景观变化趋势都是一致的，均为海域、光滩和盐田的减少，其他景观类型面积增加，且变化的面积则各有其特点。现状利用情景下，2026 年海域、光滩和盐田面积相比于 2017 年均有所下降，分别减少了 14 733.05 hm^2、7252.73 hm^2 和 577.89 hm^2，其余类型均为增加。自然发展情景下发展趋势与现状利用情景相同，但是农田和碱蓬地面积增加相对较小，而鱼塘面积增加较大。政策规划情景下，盐田面积减少量相比其他情景来说最小，建设用地和农田相比于 2017 年增加最为明显，分别为 22 308.57 hm^2 和 25 188.49 hm^2，海域和光滩面积则减少显著。生态保护情景下，海域和光滩面积减少较为和缓，建设用地面积仅增加了 2329.44 hm^2，而植被景观类型芦苇地、碱蓬地和互花米草地增加较多。

（2）在碳排放模拟方面，2026 年模拟碳排放量在现状利用情景下为 –46 339.56 t，自然发展情景下为 –7501.07 t，生态保护情景下为 –156 950.36 t，政策规划情景下为 1 328 766.88 t。现状利用情景下，海域、光滩、盐田、农田和建设用地碳排放量增加明显，鱼塘、干塘、芦苇地、碱蓬地和互花米草地碳排放量则均为减少，主要是由这些景观类型面积增加所致。自然发展情景下，农田碳排放仅增加了 1843.2 t，而建设用地碳排放则增加了 289 711.41 t。相比于现状利用情景下，自然发展情景下的芦苇地碳排放量减少了 565.49 t，而碱蓬地则增加了 1514.96 t，其余类型变化较小。生态保护情景下建设用地碳排放增加最少，为 169 042.49 t，而植被类型景观碳吸收最为显著，远超过其他模拟情景。政策规划情景下碳排放量变为正值，成为巨大的碳源，主要是农田和建设面积增加导致的碳排放量增加极为显著。

（3）在碳足迹模拟方面，现状利用情景、自然发展情景、生态保护情景三种情景下碳足迹均为负值，说明研究区仍发挥着重要的碳库作用，其中生态保护情景下碳足迹为 $-46\,709.62\ hm^2$，但是比 2017 年碳足迹显著增加。现状利用情景下的碳足迹为 $-13\,930.28\ hm^2$，比生态保护情景下的碳足迹多了 $32\,779.34\ hm^2$；自然发展情景下的碳足迹为 $-2234.95\ hm^2$，即将转变为正值，与其情景下建设用地面积较大有很大关系。政策规划情景下碳足迹值为 $388\,119.72\ hm^2$，比 2017 年增加了 2 倍多，条子泥等区域的开发建设是其主要原因。与 2017 年相比，2026 年四种模拟情景下碳足迹为正值的区域明显增加，而碳足迹 $\leqslant -500\ hm^2$ 的区域则均表现为减少。$-99.99 \sim 0\ hm^2$、$0.01 \sim 100\ hm^2$ 这两个等级的区域面积除了政策规划情景下减少显著以外，其余三种情景下均变化不大。碳足迹 $\leqslant -500\ hm^2$ 的区域主要位于射阳县、亭湖区和大丰区的交界处以及东台市与海安县交界处，景观类型变化不大。大于 $300\ hm^2$ 的区域主要位于大丰区、响水县、滨海县和东台市等区域，特别是自然发展情景下，该等级面积显著增加。政策规划情景下，由于条子泥、高泥、小东港—三圩等区域的开发建设，使得 $0.01 \sim 100\ hm^2$ 和 $> 300\ hm^2$ 区域在此增加明显。生态保护情景下，碳足迹小于 $0\ hm^2$ 的区域最多，也说明这种情景模拟下自然湿地尤其是植被湿地类型保存更好。

（4）在碳补偿方面，从理论层面上构建了碳补偿基本框架，包括碳补偿主客体、补偿原则、补偿标准、补偿方式等，主要是政府、市场等主体在公平原则下和获益者补偿、保护者受偿原则下向自然保护区、渔民、鱼塘承包者、农民等客体提供补偿，以减少保护区的损失，并激励客体加强对自然保护区的保护。同时，利用碳补偿模型，计算出 2017 年保护区所获碳补偿金额为 1271.45 万元。最后提出了完善碳补偿的法律法规、建立碳补偿测算标准和体系、发挥政府碳补偿主体地位、完善碳交易市场、实行碳补偿分区和限制湿地的开发和利用六个方面的对策建议，以期为自然保护区的碳补偿和保护提供参考。

7 结论与展望

7.1 主要结论

以盐城滨海湿地作为研究区，借助盐城滨海湿地土壤、水质采样数据、多个时期 Landsat TM/OLI 遥感影像数据及统计数据，利用 3S 技术从多学科、多角度、多层次对盐城滨海湿地生态系统和景观变化进行深入分析。文章描述了盐城滨海湿地土壤、水质、植被、景观格局特征，构建了盐城滨海湿地生态系统稳定性评价指标体系，并对其进行分级和总体评价，建立了盐城滨海湿地景观模拟规则，并对模拟结果进行有效检验，最后分析当前及未来不同情景下滨海湿地景观生态风险和碳足迹时空格局特征，并探索了不同人类活动干扰下的保护区碳补偿研究，以期丰富对盐城滨海湿地生态系统和碳足迹的研究内容，为当前和未来区域滨海湿地生态环境保护和可持续发展提供理论与实践指导。主要结论如下。

（1）盐城滨海湿地的土壤有机质含量区域差异明显，土壤为中等肥力地。湿地土壤速效养分中，速效钾含量远大于铵态氮和有效磷，区域差异较大。空间上，土壤有机质含量中部最高，集中分布在核心保护区附近，南部大于北部。pH 高值区位于大丰区和东台市交界处，土壤盐度含量北部大于南部。土壤有效磷和速效钾含量都呈现南部大于北部的差异特征。盐城滨海湿地水环境较差，水质平均值都大于地表水环境质量标准的 V 类。其中湿地水质的化学需氧量超标严重。水质总氮和氨氮以大丰区和东台市交界为高值区，水质总磷含量南部小于北部，且以川东港为高值区。盐城滨海湿地植被种类繁多，各种植被在不同环境特征下分布不均。盐城滨海湿地景观脆弱度加深。低脆弱区面积下降幅度达到 47%，较低脆弱区面积先增长后下降，高脆弱区面积快速增长，增长幅度达到 541.41%。空间上景观脆弱度高等级脆弱区空间分布扩散，低等级脆弱区面积缩减。高脆弱区分散分布，集中在响水县、射阳县南部，大丰区和东台市的中部。

不同尺度下鱼塘、农田、干塘面积广泛分布，不同缓冲区内的景观水平指数与类型水平指数具有显著的差异性。滨海湿地景观类型与水质、土壤指标具有显著相关性。TN、TP、NH_4^+–N 水质指标在 0.5 km、1 km、2 km、2.5 km 缓冲区内与农田景观呈显著正相关，在 0.5～2.5 km 缓冲区内与潮滩呈显著负相关。COD 指标与区域内多种景观相关性显著，与芦苇景观保持显著负相关。0.5～2 km 缓冲区内，铵态氮与干塘，有效磷与农田、鱼塘呈显著正相关。0.5～2.5 km 缓冲区内速效钾与农田、互花米草，有机质与盐田、干塘呈显著负相关，而有机质与农田、鱼塘呈显著正相关。pH 值在 0.5～2 km 缓冲区与碱蓬呈显著的正相关，盐度与各景观类型指数相关性较低。景观水平上，表征滨海湿地景观破碎化和复杂化的景观水平指数对水质污染、土壤肥力指标有较强解释意义，如 MPS、FRAC、LSI、IJI、SHDI、COHESION、CONTAG 等指数。而当景观以某一类景观类型或具有绝对大面积且占主导的景观类型相连接时，水质污染物的浓度较低，水质条件更好，土壤肥力指标上升。类型水平上，人工湿地中的农田、鱼塘、干塘、建设用地，自然湿地中的碱蓬、芦苇、互花米草各类型水平指数对水质、土壤指标解释能力较强。

（2）从盐城滨海湿地内部环境和外在环境遴选了滨海湿地代表性的 33 个评价指标，构建了盐城滨海湿地生态系统稳定性评价指标体系，对其分级和总体评价发现：盐城滨海湿地生态系统稳定性处于预警阶段，滨海段处于较稳定状态，而响水段、射阳段、大丰段和东台段都处于预警状态。子系统层面上，大丰区和盐城全区面临的压力最高，东台段压力次之，响水段和滨海段压力最小。状态中射阳段最高，其次为滨海段，盐城全区状态最低，最后为响水段和大丰段。响应中，射阳段响应最大。要素层面上，盐城全区面临的资源压力、社会经济压力较大，水质状态较差，而环境压力相对较小，土壤、生物、景观状态反映较好，湿地保护响应积极。各县区对资源压力、社会经济压力、环境压力、土壤、生物、景观状态、湿地保护响应具有差异性。指标层面上，对生态系统稳定性影响较大的指标有潮滩湿地退化率（D_1）、区域开发指数（D_3）、城镇化率（D_6）、有机质（D_{14}）、生物多样性指数（D_{23}）、景观破碎度（D_{24}）、自然保护区建设投资（D_{31}）。

针对当前生态系统存在的各种问题，提出策略：加强立法和资金投入；发展生态旅游业；建立湿地生态补偿机制；开展资源环境综合调查，建立生态系统网络监测体系；加强自然保护区管理，健全湿地环境管理机构；加强滨海湿地科学研究和宣传教育。

（3）基于盐城滨海湿地 1991 年、2000 年、2008 年、2017 年景观数据，研究景观格局指数在粒度 30 ~ 1000 m 的反应敏感程度，分析景观粒度效应对景观变化的响应，探究研究区最佳适宜分析粒度。发现：在 12 个类型水平和 15 个景观水平指数中，8 个对粒度反应呈高度敏感状态，11 个反应中度敏感，4 个反应低度敏感，4 个反应不敏感，其中面积－边缘指数，形状指数对不同粒度的反应更为敏感，聚集度指数对粒度变化存在一定差异，多样性指数对粒度反应程度低。景观指数对不同粒度增长呈现 6 种反应类型，包括缓慢下降型、先快降而后减缓型、上升型、波动下降型、上下起伏型、平稳型。1991—2017 年，不同景观类型的景观粒度变化曲线，可以分为 4 种类型：波动上升型、波动起伏型、单调下降型、单调上升型。不同粒度曲线对景观变化解释存在差异，但总体上盐城滨海湿地景观趋于破碎化和复杂化，内部连通性减弱，优势景观面积缩小，自然湿地对粒度效应的反应敏感度大于人工湿地。30 m 粒度处的景观指数对不同粒度变化反应更为剧烈及景观信息损失最小，故景观格局最佳适宜分析粒度为30 m。

利用 CA-Markov 模型，基于三期景观影像，模拟得到研究区 2021 年和 2025 年三种情景下的景观数据，并分析其时空变化特征。研究结果发现：CA-Markov 模型检验精度较高，一致性检验通过。根据模拟过程可将模拟结果分为现状利用情景、自然发展情景和生态保护情景模拟。1991—2017 年，人工湿地中农田、鱼塘、干塘、建设用地面积增长，自然湿地中潮滩、芦苇、碱蓬面积减少。情景模拟中，现状利用和自然发展情景下人工湿地趋于增长，自然湿地减小。生态保护情景下，生态用地的芦苇、碱蓬、互花米草快速上升，人工湿地面积下降。1991—2025 年，盐城滨海湿地发生转换复杂和涉及转换区域较广，共发生转换了 1770.36 km^2，转换剧烈区域集中在射阳县中部以南地区。现状利用情景和自然发展情景下，自然湿地向人工湿地转换增加，人工湿地转出较少。生态保护情景，自然湿地转出减少和转入面积上升，人工湿地面积下降且主要向自然湿地转换，景观结构趋于稳定。

基于盐城滨海湿地 6 期景观数据及模拟得到的 2021 和 2025 年三种不同情景景观数据，构建生态风险评价指数模型，分析生态风险的时空分异特征。结果发现：1991—2017 年，盐城滨海湿地生态风险加剧且空间分异明显。极低、低和较低的低等级风险区快速减小，而处于中、较高、高和极高的高等级大幅增长。生态风险空间上突出表现为北低南高，以射阳县中部为界，南北差异较大且不断扩大。陆地与沿海生态风险不同时期呈现不同风险分异。2017—2025 年，现状利用情景下，中风险区保持主导地位，自然增长情景下，主导等级类型由 2021 年的中等级转为 2025 年的较高等级。生态保护情景下，主导等级类型由 2021 年的较高等级转为 2025 年的中等级。生态风险高等级集中为射阳县南部、大丰区和东台市的中部。1991—2017 年盐城滨海湿地生态风险等级转换剧烈，由低到高方向转换的是由高到低方向转换的 4.35 倍。2017—2025 年，三种情景下由低向高等级方向转换的面积小于由高向低等级方向转换的，其中自然发展和生态保护情景下，由高到低等级方向转换面积较大。

（4）在盐城自然保护区碳足迹变化方面，虽然整体表现为碳盈余，但是碳排放量和碳足迹量都增加迅速，高碳排放等级和高碳足迹等级区域分布逐渐扩大。从碳排放动态度来看，海域、光滩、芦苇地、碱蓬地四种自然湿地、盐田以及农田碳排放动态度变化较小并保持相对稳定，其余景观类型碳排放动态度较大。从碳排放变化特征来看，1987—2013 年间，$-999.99 \sim -500$ t 和 $-499.99 \sim 0$ t 碳排放量分布面积均占主导，而净碳排放量 -1000 t 以下所占面积逐渐缩小，500 t 以上区域逐渐增加；2017 年主要由于建设用地的少量减少和互花米草地的扩张，使得碳排放分布有了不一致的变化。从碳足迹变化特征来看，除 2013—2017 年有轻微下降以外，碳足迹量保持整体增加的趋势，其空间分布与碳排放空间分布有很大的一致性。从相关性分析来看，可以发现区域平均净初级生产力（$\overline{NPP}$）与边缘密度（ED）、形状指数（LSI）、多样性指数（SHDI）、均匀性指数（SHEI）和碳足迹相关关系显著，而碳足迹则与多样性指数（SHDI）、均匀性指数（SHEI）和区域平均净初级生产力（$\overline{NPP}$）相关关系显著。

在盐城自然保护区碳足迹模拟预测方面，四种不同情景下景观、碳排放和碳足迹变化差异较为明显，特别是政策规划和生态保护两种情景下。从景观模拟来看，四种不同情景模拟变化趋势均表现为海域、光滩和盐田的减少，而其他景观类型面积增加，且变化的面积则各有其特点。从碳排放模拟来看，生态保护情景、现状利用情景、自然发展情景下碳吸收量大于碳排放量，保护区仍然发挥碳库作用，而政策规划情景下碳排放量大于碳吸收量。从碳足迹方面来看，现状利用情景、自然发展情景、生态保护情景三种情景下碳足迹均为负值；与2017 年相比，2026 年四种模拟情景下碳足迹为正值的区域明显增加，而碳足迹 ≤ −500 hm^2 的区域则均表现为减少，核心区碳足迹变化很小。

在碳补偿方面，涉及碳补偿的对象、标准、方式、金额等多种要素，因此本研究从理论层面上对碳补偿基本框架、碳补偿主客体、补偿原则、补偿标准、补偿方式等进行论述，在政府和市场两种补偿方式下，利用补偿模型计算出 2017年盐城自然保护区所获得的碳补偿金额为 1271. 45 万元。针对碳补偿和自然保护区面临的一些问题，提出了完善碳补偿的法律法规、建立碳补偿测算标准和体系、发挥政府碳补偿主体地位、完善碳交易市场、实行碳补偿分区和限制湿地的开发和利用六个方面的对策建议。上述碳补偿框架同样也可以适用于其他自然保护区区域。

7.2　研究展望

（1）由于稳定性是评价生态系统健康的重要指标，且当前对生态系统稳定性评价的研究还处于起步阶段，故文章从滨海湿地内部环境变化与外部环境变化出发对盐城滨海湿地生态系统进行稳定性评价，丰富了生态系统稳定性评价研究内容。本文对盐城滨海湿地景观模拟也是在前人研究较为成熟基础上的进一步应用与探讨，虽相较于前人研究做了模型调整，但依然还存在一些不足与遗憾，需要在以后学习中深入学习和探讨。

文章从盐城滨海湿地内部环境变化和外在环境变化构建了生态系统稳定性评价指标体系，其中内在变化中仅选取了土壤、水质、景观格局等代表性指标，还需要更全面地反映内在环境变化的指标，如动植物种群数量变化，各种土壤、水质微量元素变化，气候长时间序列变化、海水对潮滩的侵蚀与沉积速率等；外在环境变化指标还需要更准确地了解人类活动对湿地的干扰力，很多指标暂时只是定性加定量的概况，缺乏准确性。但又考虑到盐城范围面积较大，南北狭长，该类型数据更难以实时获取，以至于生态系统稳定性评价指标体系还存在微小不足。这也表明在对盐城滨海湿地研究中，需要多部门、高校研究团队共同协作和分工，并与盐城滨海湿地保护区建立紧密的合作关系，便于获取数据和更为科学、合理地对湿地生态系统进行评价。

模拟区域未来景观变化对保护区域景观格局、指导景观规划有着重要指导意义。文章对盐城滨海湿地景观模拟中适宜性因子仅选取了道路、城镇和河流，而鉴于数据获取的难题，对区域气候变化、海水侵蚀和沉积变化等未考虑在内，虽对湿地未来情景下的模拟弥补了当前政策的不确定性因素，但模拟结果精度还有待提高，这也表明模拟更需要多元数据支撑，更能准确地模拟区域景观变化。

（2）碳排放和碳足迹的核算方法多样，但是各种方法的优缺点具有差异性。本研究从各类文献资料中选取系数法来进行核算，存在一定的主观性，有些系数因没有本区域的测算值，只能借助附近区域的系数值，对于区域各种用地类型碳排放系数的一致性检验还需要进一步研究。对于 NPP 的取值也同样如此，由于缺少了光滩、干塘和盐田等的值，因此本研究只考虑了 6 种景观类型 NPP 的值，导致一些景观类型是没有计算 NPP 值，在结果上可能会产生微小的影响。

盐城滨海湿地内除了景观类型变化会产生碳排放以外，工业生产、人类和牲畜的活动、旅游等都会产生碳排放，但是由于盐城滨海湿地不是完整的行政区划，而是涉及响水县、滨海县、射阳县、亭湖区、大丰区、东台市等多个行政区域，无法获得准确的人口和牲畜数量、交通、能源消耗、旅游数据等，因此本研究只考虑景观变化引起的碳排放变化，对于上述其他方式产生的碳排放未进行考虑。

关于土地利用碳排放和碳足迹的各种新方法和新指标逐渐被利用，将为碳排放相关研究提供更加科学、准确的计量方法，使其核算更加合理、完善。由于自身知识储备和跨学科知识有限，对于新方法的使用还较少，在以后的研究中，掌握新的方法和技术，将研究逐渐完善和深化。通过各种渠道，尽量获取足够多的数据源，不断丰富土地利用碳排放的核算。因不确定因素的存在以及碳循环系统的纷繁复杂，使得碳排放系数和 NPP 选取时存在一些误差，这需要进一步的研究和分析，整理综合更多的备选系数，以降低估算中的误差。盐城滨海湿地作为我国重要的滨海湿地资源，拥有重要的生态价值和丰富的生物多样性，对于调控碳排放和碳吸收有着非常重要的作用。在生态红线和世界自然遗产的调控下，通过政府、企业、居民等各方的努力，使湿地保护区的生态环境建设朝着更加有利的方向前进。目前对于滨海湿地碳的相关研究主要集中于微观研究，且研究多以单学科为主，将碳循环、碳足迹等生态科学方向的研究与土地利用变化、空间分布等地理学方向的研究相结合，从微观走向宏观，有利于促进相关学科的深入、融合发展，拓展地理学研究的视角，促使地理学走向更广阔的空间。

参考文献

［1］国家林业局．中国湿地保护行动计划［M］．北京：中国林业出版社，2000.

［2］国家环境保护局．中国生物多样性国情研究报告［M］．北京：中国环境科学出版社，1998.

［3］KEITH J O. Insecticide contaminations in wetland habitats and their effects on fish–eating birds［J］. The Journal of Applied Ecology，1966，（3）：71.

［4］ZIMMER K D，HANSON M A，BUTLER M G. Effects of fathead minnow colonization and removal on a prairie wetland ecosystem［J］. Ecosystems，2001，4（4）：346–357.

［5］KEDDY P A.Wetland ecology：principles and conservation［M］. 2000.

［6］贾萍，宫辉力，赵文吉，等．我国湿地研究的现状与发展趋势［J］.首都师范大学学报（自然科学版），2003，24（3）：84–88，95.

［7］石青峰.我国滨海湿地退化与可持续发展对策研究［D］.青岛：中国海洋大学，2005.

［8］王燕燕，盛连喜，何春光.国际湿地生态学研究前瞻——第七届国际湿地会议透视及启示［J］.地理与地理信息科学，2005，21（6）：56–60.

［9］钦佩.海滨湿地生态系统的热点研究［J］.湿地科学与管理，2006，2（1）：7–11.

［10］GIBBS J P. Wetland loss and biodiversity conservation［J］. Conservation Biology，2000，14（1）：314–317.

［11］WOODWARD R T，WUI Y S. The economic value of wetland services：A meta–analysis［J］. Ecological Economics，2001，37（2）：257–270.

［12］ZEDLER J B. Progress in wetland restoration ecology［J］. Trends in Ecology & Evolution，2000，15（10）：402–407.

［13］WARD M P，BENSON T J，SEMEL B，et al. The use of social cues in habitat selection by wetland birds ［J］. The Condor，2010，112（2）：245–251.

［14］IPCC. Climate Change 2007：The Physical Science Basis，Contribution of Working Group to the Fourth Assessment Report of the Intergovernmental Panel on Climate Change ［M］. Cambridge：Cambridge University Press，2007.

［15］张华兵，甄艳，李玉凤，等.江苏盐城湿地珍禽国家级自然保护区土壤盐度空间分异特征［J］.湿地科学，2018，16（2）：152–158.

［16］张东方，杜嘉，陈智文，等. 20世纪60年代以来6个时期盐城滨海湿地变化及其驱动因素研究［J］.湿地科学，2018，16（3）：313–21.

［17］左平，李云，赵书河，等. 1976年以来江苏盐城滨海湿地景观变化及驱动力分析［J］.海洋学报（中文版），2012，34（1）：101–8.

［18］李建国，濮励杰，徐彩瑶，等. 1977–2014年江苏中部滨海湿地演化与围垦空间演变趋势［J］.地理学报，2015，70（1）：17–28.

［19］陆健健.中国滨海湿地的分类［J］.环境导报，1996（1）：1–2.

［20］邱虎.江苏盐城滨海湿地生态系统健康评价与保护对策研究［D］.金华：浙江师范大学，2012.

［21］牟晓杰，刘兴土，阎百兴，等.中国滨海湿地分类系统［J］.湿地科学，2015，13（1）：19–26.

［22］朱叶飞，蔡则健.基于RS与GIS技术的江苏海岸带湿地分类［J］.江苏地质，2007，31（3）：236–41.

［23］康敏，沈永明. 30多年来盐城市围填海空间格局变化特征［J］.海洋科学，2016，40（9）：85–94.

［24］张绪良，叶思源，印萍，等.黄河三角洲自然湿地植被的特征及演化［J］.生态环境学报，2009，18（1）：292–298.

［25］孙永涛，张金池.长江口北支湿地分类及生境特征［J］.湿地科学与管理，2010，6（2）：49–52.

［26］张晓龙，李培英，李萍，等.中国滨海湿地研究现状与展望［J］.海洋科学进展，2005（1）：87–95.

［27］刘永超.港湾流域人工地貌过程及生态系统服务价值变化研究［D］.宁波：

宁波大学，2017.

［28］欧维新，孙小祥，龚佳莹，等.盐城滨海湿地资源保护与开发情景设计与评价［J］.地理科学，2010，30（4）：594–599.

［29］翟可，徐惠强，姚志刚，等.江苏省湿地保护现状、问题及对策［J］.南京林业大学学报（自然科学版），2013，37（3）：175–180.

［30］王艳芳.盐城湿地自然保护区景观格局及其模型模拟预测研究［D］.南京：南京师范大学，2013.

［31］张健，何祺胜，崔同，等.江苏省滨海湿地生态系统健康评价研究［J］.水电能源科学，2016，34（9）：27–30，21.

［32］翟可，刘茂松，徐驰，等.盐城滨海湿地的土地利用/覆盖变化［J］.生态学杂志，2009，28（6）：1081–1086.

［33］刘春悦，张树清，江红星，等.江苏盐城滨海湿地外来种互花米草的时空动态及景观格局［J］.应用生态学报，2009，20（4）：901–908.

［34］张东菊，左平，邹欣庆.基于加权 Ripley's K–function 的多尺度景观格局分析——以江苏盐城滨海湿地为例［J］.生态学报，2015，35（8）：2703–2711.

［35］YONGZE Z，XUAN W. A review of ecological restoration studies on natural wetland［J］.Acta Ecologica Sinica，2001，21（2）：309–314.

［36］SEILHEIMER T S，MAHONEY T P，CHOW–FRASER P. Comparative study of ecological indices for assessing human–induced disturbance in coastal wetlands of the Laurentian Great Lakes［J］.Ecological indicators，2009，9（1）：81–91.

［37］LOUGHEED V L，CHOW–FRASER P. Development and use of a zooplankton index of wetland quality in the laurentian great lakes basin［J］.Ecological Applications，2002，12（2）：474–486.

［38］牛振国，张海英，王显威，等.1978～2008年中国湿地类型变化［J］.科学通报，2012，57（16）：1400–1411.

［38］张岑.陇中黄土丘陵沟壑区生态系统健康评价［D］.西安：陕西师范大学，2008.

［39］RAPPORT D J，GAUDET C，KARR J R，et al. Evaluating landscape health: integrating societal goals and biophysical process [J]. Journal of environmental management, 1998, 53 (1): 1–15.

[40] SCHAEFFER D J, HERRICKS E E, KERSTER H W. Ecosystem health: I. Measuring ecosystem health[J]. Environmental Management, 1988, 12(4): 445–455.

[41] 宋轩, 杜丽平, 李树人, 等. 生态系统健康的概念、影响因素及其评价的研究进展 [J]. 河南农业大学学报, 2003 (04): 375–378.

[42] KEITER R B. Ecosystems and the law: toward an integrated approach [J]. Ecological Applications, 1998, 8 (2): 332–341.

[43] COSTANZA R. Toward an operational definition of ecosystem health [J]. Ecosystem health: New goals for environmental management, 1992, 239: 269.

[44] 俞鸿千, 蒋齐, 王占军, 等. VOR、CVOR 指数在宁夏干旱风沙区荒漠草原健康评价中的应用——以盐池县为例 [J]. 草地学报, 2018, 26 (03): 584–590.

[45] WELLS PG. Assessing health of the Bay of Fundy–concepts and framework [J]. Marine Pollution Bulletin, 2002, 46 (9): 1059–1077.

[46] XU F L, LAM K C, ZHAO Z Y, et al. Marine coastal ecosystem health assessment: a case study of the Tolo Harbour, Hong Kong, China[J]. Ecological Modelling, 2004, 173 (4): 355–370.

[47] XU F L, ZHAO Z Y, ZHAN W, et al. An ecosystem health index methodology (EHIM) for lake ecosystem health assessment [J]. Ecological Modelling, 2005, 188 (2–4): 327–339.

[48] HALPERN B S, LONGO C, SCARBOROUGH C, et al. Assessing the health of the US West coast with a regional–scale application of the ocean health index [J]. Plos one, 2014, 9 (6): e98995.

[49] HONG B, LIMBURG K E, ERICKSON J D, et al. Connecting the ecological–economic dots in human–dominated watersheds: Models to link socio-economic activities on the landscape to stream ecosystem health[J]. Landscape and Urban Planning, 2009, 91 (2): 78–87.

［50］BREAUX A, COCHRANE S, EVENS J, et al. Wetland ecological and compliance assessments in the San Francisco Bay Region, California, USA ［J］. Journal of Environmental Management, 2005, 74（3）: 217–237.

［51］刘永, 郭怀成, 戴永立, 陆轶峰. 湖泊生态系统健康评价方法研究［J］. 环境科学学报, 2004（4）: 723–729.

［52］蒋卫国. 基于RS和GIS的湿地生态系统健康评价［D］. 南京: 南京师范大学, 2003.

［53］马兰. 基于景观格局的江苏海岸带地区生态系统健康研究［D］. 安徽: 河南大学, 2016.

［54］吴珍. 上海海域生态系统健康评价及其优化对策研究［D］. 上海: 华东师范大学, 2019.

［55］姚萍萍, 王汶, 孙睿, 等. 长江流域湿地生态系统健康评价［J］. 气象与环境科学, 2018, 41（1）: 12–18.

［56］杜雯. 港口海域生态系统健康动态研究［D］. 南京: 南京师范大学, 2017.

［57］王春叶. 基于遥感的生态系统健康评价与生态红线划分［D］. 上海: 上海海洋大学, 2016.

［58］刘兴元, 牟月亭. 草地生态系统服务功能及其价值评估研究进展［J］. 草业学报. 2012, 21（6）: 286–295.

［59］马青青. 基于遥感技术的青藏高原高寒草甸健康评价的CVOR指数［D］. 兰州: 兰州大学, 2019.

［60］高安社. 羊草草原放牧地生态系统健康评价［D］. 呼和浩特: 内蒙古农业大学, 2005.

［61］马丽. 海湾生态系统健康评价方法与应用研究［D］. 厦门: 厦门大学, 2017.

［62］崔保山, 杨志峰. 湿地生态系统健康评价指标体系Ⅱ. 方法与案例［J］. 生态学报, 2002（8）: 1231–1239.

［63］崔保山, 杨志峰. 湿地生态系统健康评价指标体系Ⅰ. 理论［J］. 生态学报, 2002（7）: 1005–1011.

［64］杨俊, 李雪铭, 孙才志, 等. 基于DPRSC模型的大连城市环境空间分异［J］. 中

国人口·资源与环境，2008（5）：86–89.

［65］王博. 基于 GIS/RS 的滨海湿地生态系统健康评价及景观动态变化研究［D］. 大连：辽宁师范大学，2013.

［66］赵荣钦，黄爱民，秦明周，杨浩. 农田生态系统服务功能及其评价方法研究［J］. 农业系统科学与综合研究，2003（04）：267–270.

［67］马风云. 生态系统稳定性若干问题研究评述［J］. 中国沙漠，2002（04）：94–100.

［68］朱瑜馨，赵军，曹静. 祁连山山地生态系统稳定性评估模型［J］. 干旱区研究，2002（04）：33–37.

［69］赵军，朱瑜馨，曹静. 祁连山山地生态系统稳定性评估模型研究［J］. 西北师范大学学报（自然科学版），2002（04）：73–76.

［70］MACARTHUR R. Fluctuations of animal populations and a measure of community stability［J］. Ecology，1955，36（3）：533.

［71］ELTON C S. The ecology of invasions by animals and plants［M］. Springer Nature，2020.

［72］WESTOBY M，WALKER B，NOY–MEIR I. Opportunistic management for rangelands not at equilibrium［J］. Rangeland Ecology & Management/Journal of Range Management Archives，1989，42（4）：266–274.

［73］ARCHER S. Have southern texas savannas been converted to woodlands in recent history?［J］. The American Naturalist，1989，134（4）：545–561.

［74］鲍尔曼(Bormann,F.H.)著. 森林生态系统的格局与过程［M］. 李景文等译. 北京：科学出版社，1985.

［75］黄建辉，韩兴国. 生物多样性和生态系统稳定性［J］. 生物多样性，1995,3(1)：31–37.

［76］GRIMM V，Wissel C. Babel，or the ecological stability discussions：An inventory and analysis of terminology and a guide for avoiding confusion［J］. Oecologia，1997，109（3）：323–334.

［77］ODUM E P，Barrett G W. Fundamentals of ecology［M］. Saunders Philadelphia，1971.

［78］WALKER B H. Biodiversity and ecological redundancy［J］. Conservation

Biology, 1992, 6（1）：18–23.

［79］党承林，黄瑞复.生态系统的冗余与营养结构模型［J］.生态学杂志，1997，16（4）：39–46.

［80］韩博平.生态系统稳定性：概念及其表征［J］.华南师范大学学报（自然科学版），1994（02）：37–45.

［81］柳新伟，周厚诚，李萍，彭少麟.生态系统稳定性定义剖析［J］.生态学报，2004（11）：2635–2640.

［82］岳天祥，马世骏.生态系统稳定性研究［J］.生态学报，1991（04）：361–366.

［83］WU J. Paradigm shift in ecology：an overview［J］. Acta Ecologica Sinica. 1996, 16（5）：449–60.

［84］张继义，赵哈林.植被（植物群落）稳定性研究评述［J］.生态学杂志，2003，22（4）：42–48.

［85］王玲玲，曾光明，黄国和，等.湖滨湿地生态系统稳定性评价［J］.生态学报，2005（12）：3406–3410.

［86］韩洪凌，李志忠.新疆玛纳斯河流域生态系统稳定性研究［J］.干旱区资源与环境，2009，23（10）：95–99.

［87］GIAVELLI G，ROSSI O，SIRI E. Stability of natural communities：Loop analysis and computer simulation approach［J］. Ecological Modelling, 1988, 40（2）：131–143.

［88］GODRON M，FORMAN R T T. Landscape modification and changing ecological characteristics［M］//Ecological Studies. Berlin，Heidelberg：Springer Berlin Heidelberg，1983：12–28.

［89］刘小阳，吴开亚.天童森林植被的群落稳定性与物种多样性关系的研究［J］.生物学杂志，1999（05）：17–18.

［90］姚秀粉.黄河三角洲湿地生态系统稳定性评价［D］.泰安：山东农业大学，2013.

［91］渠晓毅，刘小鹏，邵宁平.西北干旱区湖泊湿地生态系统稳定性评价——以宁夏银川市为例［J］.宁夏工程技术，2009，8（1）：69–72.

［92］张福群.卧龙湖湿地生态系统稳定性分析与评价研究［D］.沈阳：东北大

学，2010.

［93］李晓秀. 北京山区生态系统稳定性评价模型初步研究［J］. 农村生态环境，2000，16（1）：21–25.

［94］张平，刘普幸. 河西走廊瓜州绿洲生态系统稳定性评价与生态风险防御对策［J］. 农业现代化研究，2009，30（06）：731–734.

［95］王茜，吴胜军，肖飞，等. 洪湖湿地生态系统稳定性评价研究［J］. 中国生态农业学报，2005，13（4）：178–180.

［96］任宪友. 两湖平原湿地系统稳定性评价与生态恢复设计［D］. 上海：华东师范大学，2004.

［97］俞孔坚. 论景观概念及其研究的发展［J］. 北京林业大学学报，1987，9（4）：433–439.

［98］DEADMAN P，BROWN R D，GIMBLETT H R. Modelling rural residential settlement patterns with cellular automata［J］. Journal of Environmental Management. 1993，37（2）：147–60.

［99］MITSOVA D，SHUSTER W，WANG X. A cellular automata model of land cover change to integrate urban growth with open space conservation［J］. Landscape and Urban Planning. 2011，99（2）：141–53.

［100］TOBLER W R. A computer movie simulating urban growth in the Detroit region［J］. Economic geography. 1970，46（sup1）：234–240.

［101］Batty M，XIE Y. From cells to cities［J］. Environment and planning B：Planning and design. 1994，21（7）：S31–S48.

［102］THAPA R B，MURAYAMA Y. Urban growth modeling of Kathmandu metropolitan region，Nepal［J］. Computers，Environment and Urban Systems. 2011，35（1）：25–34.

［103］詹云军，朱捷缘，严岩. 基于元胞自动机的城市空间动态模拟［J］. 生态学报，2017，37（14）：4864–4872.

［104］王越，宋戈，张红梅. 黑龙江省县域土地利用格局优化研究［J］. 经济地理，2016，36（8）：147–151.

［105］黎夏，李丹，刘小平. 地理模拟优化系统（GeoSOS）及其在地理国情分析中的应用［J］. 测绘学报，2017，46（10）：1598–1608.

［106］李丹，黎夏，刘小平，等. GPU-CA 模型及大尺度土地利用变化模拟［J］.科学通报，2012，57（11）：959-969.

［107］吴晶晶.基于 GIS 和 CA-Markov 模型的乌江下游地区土地利用变化情景模拟与生态环境效应评价［D］.重庆：西南大学，2017.

［108］崔敬涛.基于 Logistic-CA-Markov 模型的临沂市土地利用变化模拟预测研究［D］.南京：南京大学，2014.

［109］林晓丹.基于 GIS 和 Logistic-CA-Markov 模型的土地利用 / 覆被变化与模拟研究［D］.福州：福建农林大学，2017.

［110］何丹，金凤君，周璟.基于 Logistic-CA-Markov 的土地利用景观格局变化——以京津冀都市圈为例［J］.地理科学，2011，31（8）：903-910.

［111］孙贤斌.湿地景观演变及其对保护区景观结构与功能的影响［M］.合肥：中国科学技术大学出版社，2013.

［112］闫文文.基于 3S 和 CA 的盐城滨海湿地景观格局演变及预测模拟研究［D］.青岛：国家海洋局第一海洋研究所，2012.

［113］BROWN S S, REINERT K H. A conceptual framework for ecological risk assessment［J］. Environmental Toxicology and Chemistry, 1992, 11（2）：143-144.

［114］许妍，高俊峰，赵家虎，等.流域生态风险评价研究进展［J］.生态学报，2012，32（1）：284-292.

［115］SKAARE J U, LARSEN H J, LIE E, et al. Ecological risk assessment of persistent organic pollutants in the arctic［J］. Toxicology, 2002, 181/182：193-197.

［116］KIENAST F, WILDI O, BRZEZIECKI B. Potential impacts of climate change on species richness in mountain forests—An ecological risk assessment［J］. Biological Conservation, 1998, 83（3）：291-305.

［117］GRAHAM R L, HUNSAKER C T, O' Neill R V, et al. Ecological risk assessment at the regional scale［J］. Ecological Applications, 1991, 1（2）：196-206.

［118］BIKSEY T, SCHULTZ A C, BERNHARDT A, et al. Ecological and human health risk assessment［J］. Water Environment Research, 2012, 84（10）：

1856–1877.

[119] MUNNS W R Jr, REA A W, SUTER G W II, et al. Ecosystem services as assessment endpoints for ecological risk assessment [J]. Integrated Environmental Assessment and Management, 2016, 12（3）: 522–528.

[120] HARRIS M J, STINSON J, LANDIS W G. A Bayesian approach to integrated ecological and human health risk assessment for the south river, Virginia mercury–contaminated site [J]. Risk Analysis, 2017, 37（7）: 1341–1357.

[121] 周汝佳, 张永战, 何华春. 基于土地利用变化的盐城海岸带生态风险评价 [J]. 地理研究, 2016, 35（6）: 1017–1028.

[122] 张慧霞, 庄大昌, 娄全胜. 基于土地利用变化的东莞市海岸带生态风险研究 [J]. 经济地理, 2010, 30（3）: 489–493.

[123] 颜磊, 许学工. 区域生态风险评价研究进展 [J]. 地域研究与开发, 2010, 29（1）: 113–118, 129.

[124] 谢花林. 基于景观结构和空间统计学的区域生态风险分析[J]. 生态学报, 2008（10）:5020–5026.

[125] 李谢辉, 王磊, 李景宜. 基于 GIS 的渭河下游河流沿线区域生态风险评价 [J]. 生态学报, 2009, 29（10）: 5523–5534.

[126] 谢贤鑫, 陈美球, 田云, 等. 国内近 20 年土地生态研究热点及展望——基于 Ucinet 的知识图谱分析 [J]. 中国土地科学, 2018, 32（8）: 88–96.

[127] 田鹏, 李加林, 史小丽, 等. 浙江省土地利用格局时空变化及生态风险评价 [J]. 长江流域资源与环境, 2018, 27（12）: 2697–2706.

[128] 彭建, 党威雄, 刘焱序, 等. 景观生态风险评价研究进展与展望 [J]. 地理学报, 2015, 70（4）: 664–677.

[129] 康鹏, 陈卫平, 王美娥. 基于生态系统服务的生态风险评价研究进展[J]. 生态学报, 2016, 36（5）: 1192–1203.

[130] LI J L, PU R L, GONG H B, et al. Evolution characteristics of landscape ecological risk patterns in coastal zones in Zhejiang Province, China [J]. Sustainability, 2017, 9（4）: 584.

［131］KAPUSTKA L A，GALBRAITH H，LUXON M，et al. Using landscape ecology to focus ecological risk assessment and guide risk management decision–making［J］. Toxicology and Industrial Health，2001，17（5/6/7/8/9/10）：236–246.

［132］LANDIS W G，WIEGERS J K. Ten years of the relative risk model and regional scale ecological risk assessment［J］. Human and Ecological Risk Assessment：an International Journal，2007，13（1）：25–38.

［133］WIEDMAN N T，MIN X J. A definition of 'carbon footprint［R］. Durham：ISAUK Research & Consulting，2007.

［134］HERTWICHE G，PETERS G P. Carbon footprint of nations：Aglobal，trade–linked analysis［J］. Environmental Science & Technology，2009，43（16）：6414–6420.

［135］PETERS G P. Carbon footprints and embodied carbon atmultiplescales［J］. Current Opinionin Environmental Sustainability，2010，2（4）：245–250.

［136］WACKERNAGEL M，REE S W. Our ecological footprint：reducing human impact on the Earth［M］. Gabriola Island：New Society Publishers，1996.

［137］王永琴，周叶，张荣. 碳排放影响因子与碳足迹文献综述：基于研究方法视角［J］. 环境工程，2017，35（1）：155–159.

［138］FANG K，HEI J，DESNOOR G. Theoretical exploration for the combination of the ecological，energy，carbon，and water footprints：Overview of a footprint family［J］. Ecological Indicators，2014，36：508–518.

［139］张琦峰，方恺，徐明，等. 基于投入产出分析的碳足迹研究进展［J］. 自然资源学报，2018，33（4）：696–708.

［140］方恺，董德明，沈万斌. 基于净初级生产力的能源足迹模型及食与传统模型的比较分析［J］. 生态环境学报，2010，19（9）：2042–2047.

［141］赵荣钦，黄贤金，钟太洋. 中国不同产业空间的碳排放强度与碳足迹分析［J］. 地理学报，2010，65（9）：1048–1057.

［142］庞军，高笑默，石媛昌，等. 基于 MRIO 模型的中国省级区域碳足迹及碳转移研究［J］. 环境科学学报，2017，37（5）：2012–2020.

［143］陈操操，刘春兰．北京市能源消费碳足迹影响因素分析：基于 STIRPAT 模型和偏小二乘模型［J］．中国环境科学，2014，34（6）:1622-1632.

［144］WANG S J，FANG C L. Spatial differences and multi-mechanism of carbon footprint based on GWR model in provincial China［J］．Journal of Geographical Sciences，2014，24（4）：612-630.

［145］PADGETT J P，STEINEMANN A C，CLARKE J H，et al. A comparison of carbon calculators［J］．Environmental Impact Assessment Review，2008，28（2/3）：106-115.

［146］王雪娜，顾凯平．中国碳源排碳量估算办法研究现状［J］．环境科学与管理，2006，31（4）：78-80.

［147］孙瑞红．基于碳排放清单的九寨沟自然保护区碳足迹及碳管理研究［D］．上海：上海师范大学，2013.

［148］刘春英，周文斌．我国湿地碳循环的研究进展［J］．土壤通报，2012,43(5):1264-1270.

［149］HOPKINSON C S，CAI W J，HU X. Carbon sequestration in wetland dominated coastal systems：a global sink of rapidly diminishing magnitude［J］．Current Opinion in Environmental Sustainability，2012，4（2）：186-194.

［150］李建国，王文超，濮励杰，等．滩涂围垦对盐沼湿地碳收支的影响研究进展［J］．地球科学进展，2017，32（6）：599-614.

［151］仲启铖，王开运，周凯，等．潮间带湿地碳循环及其环境控制机制研究进展［J］．生态环境学报，2015，24（1）：174-182.

［152］管清成，赵慧杰，耿绍波，等．向海湿地鹤类核心区植被生物量与碳储量研究温带林业研究，2018，1（3）：42-48.

［153］李建国，袁冯伟，赵冬萍，等．滨海滩涂土壤有机碳演变驱动因子框架［J］．地理科学，2018，38（04）:580-589.

［154］邵学新，杨文英，吴明，等．杭州湾滨海湿地土壤有机碳含量及其分布格局［J］．应用生态学报，2011，22（3）：658-664.

［155］YANG W-B，YUAN C S，TONG C. Diurnal variation of CO_2，CH_4，and N_2O emission fluxes continuously monitored in-situin three environmental

habitats in a subtropical estuarine wetland [J]. Marine Pollution Bulletin, 2017, 19 (1): 289–298.

[156] NAHLIK A M, FENNESSY M S. Carbon storage in US wetlands [J]. Nature Communications, 2016, 7: 13835.

[157] DAVIS JL, CURRIN C A, O'Brien C, et al. Living shorelines: Coastal resilience with a blue carbon benefit [J]. Plos One, 2015, 10: e0142595.

[158] 仝川, 鄂焱, 廖稷, 等. 闽江河口潮汐沼泽湿地 CO2 排放通量特征 [J]. 环境科学学报, 2011, 31 (12): 2830–2840.

[159] BAI J, WANG J, YAN D, et al. Spatial and temporal distributions of soil organic carbon and total nitrogen in two marsh wetlands with different flooding frequencies of the Yellow River Delta, China [J]. Clean–SoilAir Water, 2012, 40 (10): 1137–1144.

[160] 郗敏, 隋晓敏, 孔范龙, 等. 胶州湾典型河口湿地土壤无机碳分布及影响因素 [J]. 地理科学, 2018, 38 (9): 1551–1559.

[161] 宋鲁萍, 张立华, 邵宏波. 黄河三角洲滨海盐沼 CO2、CH4 通量特征及其影响因素 [J]. 武汉大学学报: 理学版, 2014, 60 (4): 349–355.

[162] 张容娟, 布乃顺, 崔军, 等. 土地利用对崇明岛围垦区土壤有机碳库和土壤呼吸的影响 [J]. 生态学报, 2010, 30 (24): 6698–6706.

[163] 王纯, 刘兴土, 仝川. 盐度对滨海湿地土壤碳库组分及稳定性的影响 [J]. 地理科学, 2018, 38 (5): 800–807.

[164] HOWARD J, SUTTON–GRIER A, HERR D, et al. Clarifying the role of coastal and marine systems in climate mitigation [J]. Frontiers in Ecology & the Environment, 2017, 15: 42–50.

[165] KRAUSE–JENSEN D, DUARTE C M. Substantial role of macroalgae in marine carbon sequestration [J]. Nature Geoscience, 2016, 9: 737–742.

[166] 章海波, 骆永明, 刘兴华, 等. 海岸带蓝碳研究及其展望 [J]. 中国科学: 地球科学, 2015, 45 (11): 1641–1648.

[167] 曹磊, 宋金明, 李学刚, 等. 中国滨海盐沼湿地碳收支与碳循环过程研究进展 [J]. 生态学报, 2013, 33 (17): 5141–5152.

[168] CHMURA GL, ANISFELD S C, CAHOON D R, et al. Global carbon

sequestration in tidal, saline wetland soils [J]. Global Biogeochemical Cycles, 2003, 17（4）: 182–195.

[169] 刘赵文. 湿地生态系统的碳循环研究进展[J]. 安徽农学通报, 2017, 23（6）: 121–138.

[170] 夏楚瑜. 基于土地利用视角的多尺度城市碳代谢及"减排"情景模拟研究 [D]. 杭州: 浙江大学, 2019.

[171] 付超, 于贵瑞, 方华军, 等. 中国区域土地利用/覆被变化对陆地碳收支的影响 [J]. 地理科学进展, 2012, 31（1）: 88–95.

[172] 赖力. 中国土地利用的碳排放效应研究 [D]. 南京: 南京大学, 2010.

[173] 杨文, 陈燕, 贺肖芳, 等. 基于土地利用的上海市碳足迹研究 [J]. 长江流域资源与环境, 2013, 22（Z1）: 1–5.

[174] 彭文甫, 周介铭, 徐新良, 等. 基于土地利用变化的四川省碳排放与碳足迹效应及时空格局 [J]. 生态学报, 2016, 36（22）: 7244–7259.

[175] 田志会, 刘瑞涵. 基于京津冀一体化的农田生态系统碳足迹年际变化规律研究 [J]. 农业资源与环境学报, 2018, 35（2）: 167–173.

[176] 赵荣钦, 刘英, 马林, 等. 基于碳收支核算的河南省县域空间横向碳补偿研究 [J]. 自然资源学报, 2016, 31（10）: 1675–1687.

[177] 赵秦龙, 袁丽萍, 周顺福, 等. 论碳补偿视角下云南林业可持续发展模式 [J]. 林业科技情报, 2016, 48（4）: 48–49.

[178] 费芩芳. 旅游者碳补偿支付意愿及碳补偿模式研究——以杭州西湖风景区为例 [J]. 江苏商论, 2012（11）: 120–122.

[179] 于谨凯, 杨志坤, 邵桂兰, 等. 基于影子价格法的碳汇渔业碳补偿额度分析——以山东海水贝类养殖业为例 [J]. 农业经济与管理, 2011（6）: 83–90.

[180] 余光辉, 耿军军, 周佩纯, 等. 基于碳平衡的区域生态补偿量化研究——以长株潭绿心昭山示范区为例 [J]. 长江流域资源与环境, 2012, 21（4）: 454–458.

[181] 胡小飞, 邹妍, 傅春. 基于碳足迹的江西生态补偿标准时空格局 [J]. 应用生态学报, 2017, 28（2）: 493–499.

[182] LIU Y C, LIU Y X, LI J L, et al. Evolution of landscape ecological risk

at the optimal scale: A case study of the open coastal wetlands in Jiangsu, China [J]. International Journal of Environmental Research and Public Health, 2018, 15 (8): 1691.

[183] 孙小祥. 江苏盐城滨海湿地景观格局变化与模拟[D]. 南京: 南京农业大学, 2010.

[184] 刘力维, 张银龙, 汪辉, 等. 1983~2013 年江苏盐城滨海湿地景观格局变化特征 [J]. 海洋环境科学, 2015, 34 (1): 93–100.

[185] 闫文文. 基于 3S 和 CA 的盐城滨海湿地景观格局演变及预测模拟研究 [D]. 青岛: 国家海洋局第一海洋研究所, 2012.

[186] 任美锷. 江苏将海岸带和海涂资源综合调汽报告[M]. 北京: 海洋出版社, 1986.

[187] 李文艳. 天津滨海湿地生态系统退化指标体系的构建与评价研究[D]. 济南: 山东师范大学, 2011.

[188] 韩大勇, 杨永兴, 杨杨, 等. 湿地退化研究进展[J]. 生态学报, 2012, 32(4): 289–303.

[189] 李宁云. 纳帕海湿地生态系统退化评价指标体系研究 [D]. 昆明: 西南林学院, 2006.

[190] 史瑞和, 鲍士旦, 秦怀英. 土壤农化分析 [M]. 北京: 中国农业出版社, 1996.

[191] 鲍士旦. 土壤农化分析（第 3 版）[M]. 北京: 中国农业出版社, 2007.

[192] 陈雅春, 程淑芳, 潘保原. 黑龙江省土壤保护重要性评价 [J]. 环境科学与管理, 2007, 32 (11): 53–54, 97.

[193] 魏复盛, 国家环境保护总局, 水和废水监测分析方法编委会. 水和废水监测分析方法 [M]. 北京: 中国环境科学出版社, 2002.

[194] 王毛兰, 周文斌, 胡春华. 鄱阳湖区水体氮, 磷污染状况分析[J]. 湖泊科学, 2008 (03): 334–338.

[195] 吕士成, 孙明, 邓锦东, 等. 盐城沿海滩涂湿地及其生物多样性保护[J]. 农业环境与发展, 2007, 24 (1): 11–13.

[196] 陈雅如, 肖文发, 滕明君, 等. 三峡库区景观格局粒度效应及其对土地利用变化过程的响应 [J]. 自然资源学报, 2018, 33 (4): 588–599.

[197] 田鹏,李加林,姜忆湄,等.海湾景观生态脆弱性及其对人类活动的响应——以东海区为例 [J].生态学报,2019,39(04):1463-74.

[198] 傅伯杰,陈利顶,马克明.黄土丘陵区小流域土地利用变化对生态环境的影响——以延安市羊圈沟流域为例 [J].地理学报,1999(03):51-56.

[199] XIAO R, WANG G, ZHANG Q, et al. Multi-scale analysis of relationship between landscape pattern and urban river water quality in different seasons [J]. Scientific reports, 2016, 6: 25250.

[200] 傅伯杰.黄土区农业景观空间格局分析 [J].生态学报,1995(02):113-120.

[201] 谢花林.基于景观结构的土地利用生态风险空间特征分析——以江西兴国县为例 [J].中国环境科学,2011,31(04):688-695.

[202] LAMBIN E F, TURNER B L, GEIST H J, et al. The causes of land-use and land-cover change: moving beyond the myths [J]. Global Environmental Change, 2001, 11(4): 261-269.

[203] 王小平,张飞,李晓航,等.艾比湖区域景观格局空间特征与地表水质的关联分析 [J].生态学报,2017,37(22):7438-7452.

[204] SLIVA L, WILLIAMS D D. Buffer zone versus whole catchment approaches to studying land use impact on river water quality [J]. Water Research, 2001, 35(14): 3462-3472.

[205] RIMER A E, NISSEN J A, REYNOLDS D E. Characterization and impact of stormwater runoff from various land cover types [J]. Journal Water Pollution Control Federation, 1978: 252-264.

[206] NASH M S, Heggem D T, EBERT D, et al. Multi-scale landscape factors influencing stream water quality in the state of Oregon [J]. Environmental monitoring and assessment, 2009, 156(1): 343-360.

[207] MAILLARD P, SANTOS N A P. A spatial-statistical approach for modeling the effect of non-point source pollution on different water quality parameters in the Velhas river watershed-Brazil [J]. Journal of Environmental Management, 2008, 86(1): 158-170.

［208］ALBERTI M，BOOTH D，HILL K，et al. The impact of urban patterns on aquatic ecosystems：An empirical analysis in Puget lowland sub–basins ［J］. Landscape and Urban Planning，2007，80（4）：345–361.

［209］DONOHUE I，McGarrigle M L，Mills P. Linking catchment characteristics and water chemistry with the ecological status of Irish rivers［J］. Water Research，2006，40（1）：91–98.

［210］BOLSTAD P V，SWANK W T. Cumulative impacts of landuse on water quality in a southern Appalachian watershed 1［J］. JAWRA Journal of the American Water Resources Association，1997，33（3）：519–533.

［211］PACHECO F A L，FERNANDES L F S. Environmental land use conflicts in catchments：a major cause of amplified nitrate in river water［J］. Science of The Total Environment，2016，548：173–188.

［212］TU J. Spatially varying relationships between land use and water quality across an urbanization gradient explored by geographically weighted regression ［J］. Applied Geography，2011，31（1）：376–392.

［213］WILSON C，WENG Q. Assessing surface water quality and its relation with urban land cover changes in the Lake Calumet Area，Greater Chicago ［J］. Environmental Management，2010，45（5）：1096–1111.

［214］曹灿，张飞，朱世丹，等.艾比湖区域景观格局与河流水质关系探讨[J].环境科学，2018，39（4）：1568–1577.

［215］BECKERT K A，FISHER T R，O'Neil J M，et al. Characterization and comparison of stream nutrients，land use，and loading patterns in Maryland coastal bay watersheds［J］. Water，Air，& Soil Pollution，2011，221（1）：255–273.

［216］韩黎阳，黄志霖，肖文发，等.三峡库区兰陵溪小流域土地利用及景观格局对氮磷输出的影响［J］.环境科学，2014，35（3）：1091–1097.

［217］孙金华，曹晓峰，黄艺.滇池流域土地利用对入湖河流水质的影响[J].中国环境科学，2011，31（12）：2052–2057.

［218］吉冬青，文雅，魏建兵，等.流溪河流域景观空间特征与河流水质的关联分析［J］.生态学报，2015，35（02）：246–253.

［219］MENESES B M，REIS R，VALE M J，et al. Land use and land cover changes in Zêzere watershed（Portugal） —Water quality implications［J］. Science of the Total Environment，2015，527：439-447.

［220］KING R S，BAKER M E，WHIGHAM D F，et al. Spatial considerations for linking watershed land cover to ecological indicators in streams［J］. Ecological applications，2005，15（1）：137-153.

［221］赵军，杨凯，邰俊，单福征. 区域景观格局与地表水环境质量关系研究进展［J］. 生态学报，2011，31（11）：3180-3189.

［222］周俊菊，向鹃，王兰英，等. 祁连山东部冰沟河流域景观格局与河流水化学特征关系［J］. 生态学杂志，2019，38（12）：3779-3788.

［223］范志平，刘建治，赵悦，等. 蒲河水质空间异质性特征及其对流域土地利用方式的响应［J］. 生态学杂志，2018，37（4）：1144.

［224］柳凤霞，史紫薇，钱会，等. 银川地区地下水水化学特征演化规律及水质评价［J］. 环境化学，2019（9）：2055-2066.

［225］刘阳，吴钢，高正文. 云南省抚仙湖和杞麓湖流域土地利用变化对水质的影响［J］. 生态学杂志，2008（03）：447-453.

［226］胡和兵，刘红玉，郝敬锋，等. 南京市九乡河流域景观格局空间分异对河流水质的影响［J］. 环境科学，2012，33（3）：794-801.

［227］郭玉静，王妍，刘云根，等. 普者黑岩溶湖泊湿地湖滨带景观格局演变对水质的影响［J］. 生态学报，2018，38（5）：1711-1721.

［228］LENAT D R，Crawford J K. Effects of land use on water quality and aquatic biota of three North Carolina Piedmont streams［J］. Hydrobiologia，1994，294（3）：185-199.

［229］黄金良，李青生，洪华生，等. 九龙江流域土地利用/景观格局-水质的初步关联分析［J］. 环境科学，2011，32（1）:64-72.

［230］TIAN P，CAO L，LI J，et al. Landscape Grain Effect in Yancheng Coastal Wetland and Its Response to Landscape Changes［J］.International Journal of Environmental Research and Public Health.2019，16（12）:2225.

［231］LEPŠ J，ŠMILAUER P. Multivariate analysis of ecological data using CANOCO［M］. Cambridge University Press，2003.

［232］张大伟，李杨帆，孙翔，等.入太湖河流武进港的区域景观格局与河流水质相关性分析［J］.环境科学，2010，31（8）：1775-1783.

［233］HWANG S J，LEE S W，SON J Y，et al. Moderating effects of the geometry of reservoirs on the relation between urban land use and water quality［J］. Landscape and Urban Planning，2007，82（4）：175-183.

［234］UUEMAA E，ROOSAARE J，MANDer Ü. Scale dependence of landscape metrics and their indicatory value for nutrient and organic matter losses from catchments［J］. Ecological Indicators，2005，5（4）：350-69.

［235］叶剑平，高峰.我国快速城镇化背景下滨海地带土地开发利用探讨［J］.现代管理科学，2017（6）：9-11.

［236］李莉，叶涛焱，张璐，等.围垦工程地理位置对杭州湾水沙环境的影响［J］.哈尔滨工程大学学报，2019，40（11）：1870-1875.

［237］王银银，翟仁祥.海洋产业结构调整、空间溢出与沿海经济增长——基于中国沿海省域空间面板数据的分析［J］.南通大学学报（社会科学版），2020，36（1）：97-104.

［238］徐谅慧.岸线开发影响下的浙江省海岸类型及景观演化研究［D］.宁波：宁波大学，2015.

［239］郭海英.滨海景观设计的可持续发展应用研究［D］.青岛：青岛理工大学，2019.

［240］张婕.东居延海湿地生态系统健康评价及服务功能评估［D］.兰州：兰州大学，2018.

［241］崔保山，杨志峰.湿地生态系统健康的时空尺度特征［J］.应用生态学报，2003（01）:121-125.

［242］DUNING X，XIUZHE L. Spatial ecology and landscape heterogeneity［J］. Acta Ecologica Sinica，1997，17（5）：543-461.

［243］陈晓珍.宁夏彭阳县土地利用变化及驱动力分析［J］.宁夏工程技术，2019，18（4）：334-337.

［244］史涵，王向东.2000～2018年山东省土地利用时空变化特征分析［J］.国土与自然资源研究，2019（05）：63-64.

［245］李翠漫.钦州湾海岸带景观格局时空演变及生态系统健康评价［D］.南宁：

南宁师范大学，2019.

［246］邵娟，王西涛.基于 AHP 法的旅游资源定量评价研究——以厦门滨海旅游资源为例［J］.阜阳职业技术学院学报，2018，29（3）：76–81.

［247］张浩.基于 AHP– 模糊综合评价法的项目风险评价研究［D］.南京：南京邮电大学，2019.

［248］杨光华，包安明，陈曦，等.新疆博斯腾湖湿地生态质量的定量评价［J］.干旱区资源与环境，2009，23（2）：119–124.

［249］解钰茜，张林波，罗上华，等.基于双目标渐进法的中国省域生态文明发展水平评估研究［J］.中国工程科学，2017，19（4）：60–66.

［250］陈睿彤.海洋生态经济质量评估研究——以沿海 11 省市为例［J］.国土与自然资源研究，2019（6）：62–63.

［251］李雪松.查干湖湖泊健康评估研究［D］.长春：吉林大学，2018.

［252］孙天翊.白洋淀生态系统健康评价研究［D］.北京：北京林业大学，2019.

［253］盐城市统计局.盐城统计年鉴—2019［J］.2019.

［253］韩增林，孟琦琦，闫晓露，等.近 30 年辽东湾北部区土地利用强度与生态系统服务价值时空关系研究［J］.生态学报，2020（8）：1–12.

［254］BAI–XIANG F，JIA–LIN L I，GAI–LI H E，et al. Research on changes of coastal land use intensity in bay area during past 30 years——A case study of Xiangshan Bay［J］. Marine Science Bulletin，2018，20（02）：28–43.

［255］于思佳.包头黄河湿地生态系统健康评价研究［D］.呼和浩特：内蒙古农业大学，2018.

［256］宋金蕊.庆阳市景观格局动态变化分析与预测研究［D］.兰州：甘肃农业大学，2016.

［257］刘苗苗，赵鑫涯，毕军，等.基于 DPSR 模型的区域河流健康综合评价指标体系研究［J］.环境科学学报，2019，39（10）：3542–3550.

［258］蔡立根.盐城市生态市建设对策探讨［J］.资源节约与环保，2014（08）：160–161.

［259］韩兴国，李凌浩，黄建辉.生物地球化学概论［M］.北京:高等教育出版社，1999.

[260]高翔，黄娉婷，王可．宁夏沙坡头干旱沙漠自然保护区生态系统稳定性评估［J］.生态学报，2019，39（17）：6381–6392.

[261]陈宜瑜.中国湿地研究［M］.长春：吉林科学技术出版社，1995.

[262]冯耀宗.人工生态系统稳定性概念及其指标[J].生态学杂志，2002（05）：58–60.

[263]ORIANS G H. Diversity, stability and maturity in natural ecosystems［M］//Unifying concepts in ecology. Springer, Dordrecht, 1975：139–150.

[264]崔保山，杨志峰.湿地生态系统健康研究进展[J].生态学杂志，2001（3）：31–36.

[265]廖玉静，宋长春，郭跃东，等.三江平原湿地生态系统稳定性评价指标体系和评价方法［J］.干旱区资源与环境，2009，23（10）：89–94.

[266]刘振波，赵军，倪绍祥.绿洲生态环境质量评价指标体系研究——以张掖市绿洲为例［J］.干旱区地理，2004（4）：580–585.

[267]郭巧玲，杨云松，陈志辉，等.额济纳绿洲植被生态需水及其估算[J].水资源与水工程学报，2010，21（3）：80–84.

[268]ODUM EP.Properties of agroecosystems［J］.Agricultural Ecosystems，1984：5–11.

[269]KING AW，PIMM SL.Complexity, diversity, and stability：a reconciliation of theoretical and empirical results［J］.The American Naturalist，1983，122（2）：229–239.

[270]IVES A R，CARPENTER S R. Stability and Diversity of Ecosystems［J］.Science，2007，317（5834）：58–62.

[271]靳宇弯，杨薇，孙涛，等.围填海活动对黄河三角洲滨海湿地生态系统的影响评估［J］.湿地科学，2015，13（06）：682–689.

[272]王国重，李中原，张继宇，等.基于压力－状态－响应模型的河南省水库生态安全评估［J］.水资源与水工程学报，2018，29（4）：12–17.

[273]朱玉林，李明杰，顾荣华.基于压力－状态－响应模型的长株潭城市群生态承载力安全预警研究［J］.长江流域资源与环境，2017，26（12）：2057–2064.

[274]戴科伟.江苏盐城湿地珍禽国家级自然保护区生态安全研究［D］.南京：

南京师范大学，2007.

[275] 吕士成.盐城沿海丹顶鹤种群动态与湿地环境变迁的关系［J］.南京师大学报（自然科学版），2009，32（4）：89–93.

[276] 刘大伟，张亚兰，孙勇，等.江苏盐城滨海湿地越冬丹顶鹤种群动态变化与生境选择［J］.生态与农村环境学报，2016，32（3）：473–477.

[277] 吕士成.盐城沿海滩涂丹顶鹤的分布现状及其趋势分析［J］.生态科学，2008，27（3）：154–158.

[278] 沈永明，冯年华，周勤，等.江苏沿海滩涂围垦现状及其对环境的影响［J］.海洋科学，2006，30（10）：39–43.

[279] 曹铭昌，刘威，刘彬，等.盐城滨海湿地及水鸟栖息地保护［J］.环境生态学，2019，1（1）：74–79.

[280] 王加连，刘忠权.江苏盐城国家级珍禽自然保护区生物多样性保护现状与对策［J］.安徽师范大学学报（自然科学版），2006，29（5）：475–479.

[281] 王加连，刘忠权.盐城滩涂生物多样性保护及其可持续利用［J］.生态学杂志，2005，24（9）：1090–1094.

[282] 李加林，杨晓平，童亿勤，等.互花米草入侵对潮滩生态系统服务功能的影响及其管理［J］.海洋通报，2005，24（5）：33–38.

[283] 李加林，许继琴，张殿发，等.杭州湾南岸互花米草盐沼生态系统服务价值评估［J］.地域研究与开发，2005（5）：58–62，80.

[284] 李加林.基于MODIS的沿海带状植被NDVI/EVI季节变化研究——以江苏沿海互花米草盐沼为例［J］.海洋通报，2006（6）:91–6.

[285] 许岚，郭会玲.江苏省湿地保护立法评析［J］.湿地科学，2009，7（2）：112–117.

[286] 张军.盐城海滨湿地生态旅游开发研究［D］.南京：南京农业大学，2010.

[287] 王媛.盐城海滨湿地生态旅游开发中的社区参与研究［D］.南京：南京师范大学，2006.

[288] 闫伟.区域生态补偿体系研究［M］.北京：经济科学出版社，2008.

[289] WU J. Key concepts and research topics in landscape ecology revisited：30

years after the Allerton Park workshop[J]. Landscape Ecology, 2013, 28 (1): 1–11.

[290] WU J, HOBBS R.Key issues and research priorities in landscape ecology: an idiosyncratic synthesis [J]. Landscape Ecology, 2002, 17 (4): 355–365.

[291] TURNER M G. Landscape Ecology: What is the State of the Science?[J]. Ann Rev Ecol Syst, 2005, 36 (36): 319–44.

[292] 傅伯杰, 吕一河. 生态系统评估的景观生态学基础 [J]. 资源科学, 2006, 28 (4): 5.

[293] 赵文武, 傅伯杰, 陈利顶. 景观指数的粒度变化效应 [J]. 第四纪研究, 2003, 23 (3): 326–333.

[294] 邬建国. 景观生态学中的十大研究论题[J]. 生态学报, 2004(09):2074–6.

[295] FU B, LIANG D, LU N. Landscape ecology: Coupling of pattern, process, and scale [J]. Chinese Geographical Science, 2011, 21 (4): 385.

[296] 傅伯杰, 吕一河, 陈利顶, 等. 国际景观生态学研究新进展[J]. 生态学报, 2008 (02): 798–804.

[297] TURNER M G. Landscape Ecology: The Effect of Pattern on Process [J]. Annual Review of Ecology & Systematics, 2003, 20 (20): 171–97.

[298] 邬建国. 景观生态学: 格局、过程、尺度与等级 [M]. 北京: 高等教育出版社, 2007.

[299] WIENS J A. Spatial scaling in ecology[J]. Functional Ecology, 1989, 3(4): 385–97.

[300] PICKETT S T, Cadenasso M L.Landscape ecology: spatial heterogeneity in ecological systms [J]. Science, 1995, 269 (5222): 331–334.

[301] PETERSON D L, PARKER V T. Ecological scale: theory and applications [M]. Columbia University Press, 1998.

[302] 曹银贵, 周伟, 王静, 等. 三峡库区 30a 间土地利用景观特征的粒度效应 [J]. 农业工程学报, 2010, 26 (6): 315–321.

[303] 陈永林, 谢炳庚, 李晓青. 长沙市土地利用格局变化的空间粒度效应[J]. 地

理科学，2016，36（04）：564–570.

［304］郭冠华，陈颖彪，魏建兵，等.粒度变化对城市热岛空间格局分析的影响［J］.生态学报，2012，32（12）：3764–3772.

［305］徐丽，卞晓庆，秦小林，等.空间粒度变化对合肥市景观格局指数的影响［J］.应用生态学报，2010，21（05）：1167–173.

［306］王新明，王长耀，占玉林，等.大尺度景观结构指数的因子分析［J］.地理与地理信息科学，2006，22（1）：17–21.

［307］张庆印，樊军.高精度遥感影像下农牧交错带小流域景观特征的粒度效应［J］.生态学报，2013，33（24）：7739–47.

［308］LÜ Y，FENG X，CHEN L，et al. Scaling effects of landscape metrics：a comparison of two methods［J］. Physical Geography，2013，34（1）：40–49.

［309］汪桂芳，穆博，宋培豪，等.基于无人机航测的漯河市土地利用景观格局尺度效应［J］.生态学报，2018，38（14）：5158–5169.

［310］任梅，王志杰，王志泰，等.黔中喀斯特山地城市景观格局指数粒度效应——以安顺市为例［J］.生态学杂志，2018，37（10）：3137–3145.

［311］吴未，许丽萍，张敏，等.生态斑块粒度效应研究——以长三角地区无锡市为例［J］.地理与地理信息科学，2014，30（5）：88–92.

［312］吴未，范诗薇，许丽萍，等.无锡市景观指数的粒度效应研究［J］.自然资源学报，2016，31（3）：413–424.

［313］郭琳，宋戈，张远景，等.基于最佳分析粒度的巴彦县土地利用景观空间格局分析［J］.资源科学，2013，35（10）：2052–2060.

［314］TENG M，ZENG L，ZHOU Z，et al. Responses of landscape metrics to altering grain size in the Three Gorges Reservoir landscape in China［J］. Environmental Earth Sciences，2016，75（13）:1055.

［315］WU J，JELINSKI DE，LUCK M，et al. Multiscale analysis of landscape heterogeneity：scale variance and pattern metrics［J］.Geographic information sciences，2000，6（1）：6–19.

［316］WU J，SHEN W，SUN W，et al. Empirical patterns of the effects of changing scale on landscape metrics［J］.Landscape Ecology.2002，17（8）:761–82.

［317］WU J. Landscape ecology, cross–disciplinarity, and sustainability science ［J］. Landscape Ecology, 2006, 21（1）: 1–4.

［318］WIENS J A, CHR N, VAN HORNE B, et al. Ecological mechanisms and landscape ecology［J］, Oikos, 1993: 369–380.

［319］易海杰, 张丽, 罗维, 等.1990—2013 年洋河流域土地利用景观格局的粒度效应［J］.中国农学通报, 2018, 34（19）: 83–95.

［320］张皓玮, 李欣, 殷如梦, 等.旅游城镇化地区土地利用景观格局指数的粒度效应——以扬州市广陵区为例［J］.南京师大学报（自然科学版）, 2018, 41（3）: 122–130.

［321］马学垚, 杜嘉, 梁雨华, 等.20 世纪 60 年代以来 6 个时期长江三角洲滨海湿地变化及其驱动因素研究［J］.湿地科学, 2018, 16（3）: 303–312.

［322］欧维新, 叶丽芳, 孙小祥, 等.湿地功能评价的尺度效应——以盐城滨海湿地为例［J］.生态学报, 2011, 31（12）: 3270–3276.

［323］孙超, 刘永学, 李满春, 等.近 25a 来江苏中部沿海盐沼分布时空演变及围垦影响分析［J］.自然资源学报, 2015, 30（9）: 1486–1498.

［324］孙贤斌, 刘红玉.土地利用变化对湿地景观连通性的影响及连通性优化效应——以江苏盐城海滨湿地为例［J］.自然资源学报, 2010, 25（6）: 892–903.

［325］李秀珍, 布仁仓, 常禹, 等.景观格局指标对不同景观格局的反应［J］.生态学报, 2004, 24（1）: 123–134.

［326］张玲玲, 赵永华, 殷莎, 等.基于移动窗口法的岷江干旱河谷景观格局梯度分析［J］.生态学报, 2014, 34（12）: 3276–3284.

［327］HOBBS R. Future landscapes and the future of landscape ecology ［J］. Landscape and Urban Planning, 1997, 37（1/2）: 1–9.

［328］TURNER M G, GARDNER R H. Landscape metrics［M］//Landscape Ecology in Theory and Practice. New York: Springer New York, 2015: 97–142.

［329］GARRETT R D, LAMBIN E F, Naylor R L.The new economic geography of land use change: Supply chain configurations and land use in the Brazilian Amazon［J］. Land Use Policy, 2013, 34（12）: 265–275.

［330］HEMSTROM M A, MERZENICH J, REGER A, et al. Integrated analysis of landscape management scenarios using state and transition models in the upper Grande Ronde River Subbasin, Oregon, USA［J］. Landscape & Urban Planning, 2007, 80（3）: 198–211.

［331］翁异静, 邓群钊, 杜磊, 等. 基于系统仿真的提升赣江流域水生态承载力的方案设计［J］. 环境科学学报, 2015, 35（10）: 3353–3366.

［332］WEHNER S, HERRMANN S, BERKHOFF K.CLUENaban—A land use change model combining social factors with physical landscape factors for a mountainous area in Southwest China［J］.Ecological Indicators, 2014, 36（x）: 757–65.

［333］SILVA E A, CLARKE K C. Calibration of the SLEUTH urban growth model for Lisbon and Porto, Portugal［J］. Computers Environment & Urban Systems, 2002, 26（6）: 525–52.

［334］CLARKE K C H S, GAYDOS L. A self–modifying cellular automaton of historical urbanization in the San Francisco Bay area［J］. Environ Plan B–Plan Design, 1997, 24（2）: 247–261.

［335］许小娟, 刘会玉, 林振山, 等. 基于CA-MARKOV模型的江苏沿海土地利用变化情景分析［J］. 水土保持研究, 2017, 24（1）: 213–218, 225.

［336］赵莉, 杨俊, 李闯, 等. 地理元胞自动机模型研究进展［J］, 地理科学. 2016, 36（8）: 1190–1196.

［337］米洁琼. 基于矢量元胞自动机的城市土地利用演化模拟［D］. 南京: 南京师范大学, 2017.

［338］褚琳, 张欣然, 王天巍, 等. 基于CA-Markov和InVEST模型的城市景观格局与生境质量时空演变及预测［J］. 应用生态学报, 2018, 29（12）: 4106–4118.

［339］WU F, WEBSTER C J. Simulation of land development through the integration of cellular automata and multicriteria evaluation［J］. Environment and Planning B: Planning and Design, 1998, 25（1）: 103–126.

［340］岳东霞, 杨超, 江宝骅, 等. 基于CA-Markov模型的石羊河流域生态承载力时空格局预测［J］. 生态学报, 2019, 39（6）: 1993–2003.

［341］胡碧松，张涵玥.基于 CA-Markov 模型的鄱阳湖区土地利用变化模拟研究［J］.长江流域资源与环境，2018，27（6）：1207–1219.

［342］周杰，张学儒，牟凤云，赵瑞一，周伟，李梦梅.基于 CA-Markov 的土壤有机碳储量空间格局重建研究——以泛长三角地区为例［J］.长江流域资源与环境，2018，27（7）：1565–1575.

［343］孟成，卢新海，彭明军，等.基于 Markov–C 5.0 的 CA 城市用地布局模拟预测方法［J］.中国土地科学，2015，29（6）：82–88，97.

［344］井云清，张飞，张月.基于 CA-Markov 模型的艾比湖湿地自然保护区土地利用 / 覆被变化及预测［J］.应用生态学报，2016，27（11）：3649–3658.

［345］徐蕖.基于 CA-Markov 模型的沿海县市土地利用变化研究［D］.徐州：江苏师范大学，2017.

［346］肖蕾.基于 CA-Markov 模型的抚仙湖流域土地利用变化情景模拟［D］.昆明：昆明理工大学，2017.

［346］LEUVEN RSEW，GNE IP. Riverine landscape dynamics and ecological risk assessment［J］. Freshwater Biology，2010，47（4）：845–865.

［347］曹祺文，张曦文，马洪坤，等.景观生态风险研究进展及基于生态系统服务的评价框架：ESRISK［J］.地理学报，2018，73（5）：843–855.

［348］TIAN P，CAO L D，LI J L，et al .. Research on Land Use Changes and Ecological Risk Assessment in Yongjiang River Basin in Zhejiang Province，China［J］. Sustainability，2019，11（10）：2817.

［349］周平，蒙吉军.区域生态风险管理研究进展［J］.生态学报，2009，29（4）：2097–2106.

［350］孙天弘，雷平.国内土地利用生态风险研究进展［J］.资源与产业，2019，21（1）：95–104.

［351］BELIAEFF B，BURGEOT T. Integrated biomarker response：a useful tool for ecological risk assessment［J］. Environmental Toxicology & Chemistry，2010，21（6）：1316–1322.

［352］SOLOMON K R，GIESY J P，Lapoint T W，et al .Ecological risk assessment of atrazine in North American surface waters［J］. Environmental Toxicology

& Chemistry，2013，32（1）：10–11.

[353] FORBES V E，CALOW P. Developing predictive systems models to address complexity and relevance for ecological risk assessment［J］. Integrated Environmental Assessment & Management，2013，9（3）：e75–e80.

[354] 臧淑英，梁欣，张思冲.基于 GIS 的大庆市土地利用生态风险分析［J］.自然灾害学报，2005，14（4）：141–145.

[355] 巩杰，谢余初，赵彩霞，等.甘肃白龙江流域景观生态风险评价及其时空分异［J］.中国环境科学，2014，34（8）：2153–2160.

[356] 何珍珍，王宏卫，杨胜天，等.渭干河—库车河绿洲景观生态安全时空分异及格局优化［J］.生态学报，2019，39（15）：5473–5482.

[357] 胡金龙，周志翔，滕明君，等.基于土地利用变化的典型喀斯特流域生态风险评估——以漓江流域为例［J］.应用生态学报，2017，28（6）：2003–2012.

[358] 李加林,徐谅慧,杨磊,等.浙江省海岸带景观生态风险格局演变研究［J］.水土保持学报，2016，30（1）：293–299，314.

[359] 李雅婷，赵牡丹，张帅兵，等.基于景观结构的眉县土地利用生态风险空间特征［J］.水土保持研究，2018，25（5）：220–225，233.

[360] 刘永超，李加林，袁麒翔，等.象山港流域景观生态风险格局分析［J］.海洋通报，2016，35（1）：21–29.

[361] 田鹏，龚虹波，叶梦姚，等.东海区大陆海岸带景观格局变化及生态风险评价［J］.海洋通报，2018，37（6）：695–706.

[362] 吕乐婷，张杰，孙才志，等.基于土地利用变化的细河流域景观生态风险评估［J］.生态学报，2018，38（16）：5952–5960.

[363] 汪翡翠，汪东川，张利辉，等.京津冀城市群土地利用生态风险的时空变化分析［J］.生态学报，2018，38（12）：4307–4316.

[364] 孙洪波，杨桂山，苏伟忠，等.沿江地区土地利用生态风险评价——以长江三角洲南京地区为例［J］.生态学报，2010，30（20）：5616–5625.

[365] 田鹏，史小丽，李加林，等.杭州市土地利用变化及生态风险评价［J］.水土保持通报，2018，38（4）：274–281.

[366] 许妍，曹可，李冕，等.海岸带生态风险评价研究进展［J］.地球科学进展，

2016，31（2）：137–146.

［367］王美娥，陈卫平，彭驰.城市生态风险评价研究进展［J］.应用生态学报，2014，25（3）：911–918.

［368］CAO L，LI J，YE M，et al. Changes of Ecosystem Service Value in a Coastal Zone of Zhejiang Province，China，during Rapid Urbanization［J］. International Journal of Environmental Research & Public Health，2018，15（7）：1301.

［369］刘永超，李加林，袁麒翔，等.中美港湾流域生态系统服务价值变化比较——以浙江象山港与佛罗里达坦帕湾为例［J］.地理研究，2019，38（2）：357–368.

［370］何改丽，李加林，刘永超，等.1985–2015年美国坦帕湾流域土地开发利用强度时空变化分析［J］.自然资源学报，2019，34（1）：66–79.

［371］姜忆湄，李加林，龚虹波，等.围填海影响下海岸带生态服务价值损益评估——以宁波杭州湾新区为例［J］，经济地理.2017，37（11）：181–190.

［372］徐羽，钟业喜，冯兴华，等.鄱阳湖流域土地利用生态风险格局［J］.生态学报，2016，36（23）：7850–7857.

［373］赵卫权，杨振华，苏维词，等.基于景观格局演变的流域生态风险评价与管控——以贵州赤水河流域为例［J］.长江流域资源与环境，2017，26（8）：1218–1227.

［374］王娟，崔保山，刘杰，等.云南澜沧江流域土地利用及其变化对景观生态风险的影响［J］.环境科学学报，2008（2）：269–277.

［375］林佳,宋戈,张莹.基于景观生态风险格局的盐碱地分区规划防治研究——以黑龙江省林甸县为例［J］.生态学报，2018，38（15）：5509–5518.

［376］环境保护部.对31处申请晋升和调整的国家级自然保护区进行公示［EB/OL］.［2012–01–20］.http://www.mee.gov.cn/gkml/hbb/bgg/201201/t20120130_222967.htm.

［377］江苏盐城湿地珍禽国家级自然保护区管理处.江苏盐城湿地珍禽国家级自然保护区管理处保护区概况［EB/OL］.［2019–03–15］.http://www.yczrbhq.com/about.asp?id=43.

［378］张丽，杨国范，刘吉平.1986—2012年抚顺市土地利用动态变化及热点

分析［J］. 地理科学，2014，34（2）：185–191.

［379］朱会义，李秀彬. 关于区域土地利用变化指数模型方法的讨论［J］. 地理学报，2003，58（5）：643–650.

［380］乔伟峰，盛业华，方斌，等. 基于转移矩阵的高度城市化区域土地利用演变信息挖掘——以江苏省苏州市为例［J］. 地理研究，2013，32（08）：1497–1507.

［381］欧维新，甘玉婷婷. 耦合种群动态的生境格局变化分析粒度与景观因子选择——以盐城越冬丹顶鹤及其生境的变化为例［J］. 生态学报，2016，36（010）：2996–3004.

［382］杨黎芳，李贵桐. 土壤无机碳研究进展［J］. 土壤通报，2011，42（4）：986–990.

［383］TSUNOGAI S，WATANABE S，SATO T. Is there a "continental shelf pump" for the absorption of atmospheric CO_2?［J］. Tellus B：Chemical and Physical Meteorology，1999，51（3）：701–712.

［384］THOMAS H，BOZEC Y. Response to Comment on ''Enhanced Open Ocean Storage of CO［J］. Science，2004，306（5701）：1477d.

［385］王秀君，章海波，韩广轩. 中国海岸带及近海碳循环与蓝碳潜力［J］. 中国科学院院刊，2016，31（10）：1218–1225.

［386］胡好国，万振文，袁业立. 南黄海浮游植物季节性变化的数值模拟与影响因子分析［J］. 海洋学报（中文版），2004，26（6）：74–88.

［387］段晓男，王效科，逯非，等. 中国湿地生态系统固碳现状和潜力［J］. 生态学报，2008，28（2）：463–469.

［388］卢俊宇，黄贤金，陈逸等. 基于能源消费的中国省级区域碳足迹时空演变分析［J］. 地理研究，2013，32（02）：326–336.

［389］李甜甜. 江苏省农田碳源、碳汇分布特征及影响因素分析［D］. 南昌：江西财经大学，2017.

［390］李强，杨文慧，邹晨昕，等. 滨海滩涂垦区主要大田作物生产碳足迹研究——以江苏省盐城市为例［J］. 中国农业资源与区划，2019，40（7）：188–198.

［391］布乃顺，杨骁，黎光辉，等. 互花米草入侵对长江口湿地土壤碳动态的

影响 [J].中国环境科学，2018，38（7）：2671–2679.

[392] 宋鲁萍，张立华，邵宏波.黄河三角洲滨海盐沼 CO_2，CH_4 通量特征及其影响因素 [J].武汉大学学报（理学版），2014，60（4）：349–355.

[393] 徐鹏.崇明岛滨岸湿地植被碳估算模型及部分参数估计 [D].上海：华东师范大学，2014.

[394] 王淑琼，王瀚强，方燕，等.崇明岛滨海湿地植物群落固碳能力 [J].生态学杂志，2014，33（4）：915–921.

[395] 揣小伟.沿海地区土地利用变化的碳效应及土地调控研究 [D].南京：南京大学，2013.

[396] 苑韶峰，唐奕钰.低碳视角下长江经济带土地利用碳排放的空间分异[J].经济地理，2019，39（2）：190–198.

[397] 张梅，赖力，黄贤金，等.中国区域土地利用类型转变的碳排放强度研究 [J].资源科学，2013，35（4）：792–799.

[398] 孙贤斌.安徽省会经济圈土地利用变化的碳排放效益[J].自然资源学报，2012，27（3）：394–401.

[399] 张威.基于土地利用的盐城滨海湿地碳足迹研究 [D].上海：东华大学，2013.

[400] 韩召迎，孟亚利，刘丽平，等.基于区域土地利用变化的能源碳足迹改进算法及应用 [J].农业工程学报，2012，28（9）：190–195.

[401] VENETOULIS J，TALBERTH J. Refining the ecological footprint [J]. Environment, Development and Sustainability，2008，10（4）：441–469.

[402] 王琳，景元书，李琨.江苏省植被 NPP 时空特征及气候因素的影响[J].生态环境学报，2010，19（11）：2529–2533.

[403] 岑晓腾.土地利用景观格局与生态系统服务价值的关联分析及优化研究 [D].杭州：浙江大学，2016.

[404] 罗春霖.乡村旅游发展过程中碳排放估算及其碳补偿实证研究[D].福州：福建农林大学，2018.

[405] 魏晓燕，夏建新，吴燕红.基于生态足迹理论的调水工程移民生态补偿标准研究 [J].水土保持研究，2012，19（5）：214–222.

[406] 刘娣.碳中立视野下区域净碳排放测算与补偿机制研究 [D].长沙：湖

南科技大学，2017.

[407] 杨光春.基于理论碳赤字的东北三省碳补偿费用预测［J］.东北财经大学学报，2019，121（1）：87–96.

[408] 李晓光，苗鸿，郑华，等.生态补偿标准确定的主要方法及其应用［J］.生态学报，2009，29（8）：4431–40.

[409] 武曙红，张小全，宋维明.国际自愿碳汇市场的补偿标准［J］.林业科学，2009，45（3）：134–139.

[410] 张巍.陕西省重点生态功能区碳汇/碳源核算与生态补偿研究［J］.生态经济，2018（10）：191–194.

[411] 葛颖.云南省农田生态系统净碳汇及其补偿机制研究［D］.云南：昆明理工大学，2017.

[412] 梅德文.碳交易：中国不应总是随人后［N］.中国经济导报，2010–2–6（c03）.

[413] 陈儒，邓悦，姜志德.基于修正碳计量的区域农业碳补偿时空格局［J］.经济地理，2018，38（6）：168–177.

[414] 徐婕，潘洪义，黄佩.基于LUCC的四川省主体功能区碳排放与生态补偿研究［J］.中国生态农业学报（中英文），2019，27（1）：142–152.

[415] 李璐，董捷，徐磊，等.功能区土地利用碳收支空间分异及碳补偿分区——以武汉城市圈为例［J］.自然资源学报，2019，34（5）：1003–1015.